- 밤하늘 약속 -

용사여 과거에서 미래로 울리는 것

추천사

IT 관련 정보공학과 전자공학의 발달은 사회를 급격히 변화시키고 있으며 마찬가지로 기계공학 분야도 격변기를 맞이하고 있다. 이러한 사회의 대전환기를 살아가는 우리 젊은 세대의 의식을 깨우고 미래를 재단하는데 나침반 같은 지침서가 될 필독서이다.

엔지니어는 물론 우리 산업의 근간을 이루는 제조업에 관심을 가지는 모든 층의 독자, 그리고 더 나은 내일을 꿈꾸는 우리 젊은이들이 흥미롭게 접할 수 있는, 과거이지만 현재이고, 또 미래에도 활약할 포니맨들, 그들의 지혜와 숨결을 가득 실은 시간여행으로 어제의 무기력한 나, 구태의연한 일상을 탈출하여 새로운 희망의 신세계로 비상하고픈 분들에게 강력히 추천하는 바이다.

\- 이성환

한양대학교 기계공학과 교수

태동기에 있던 우리나라 자동차 산업을 바탕으로 펼쳐지는 당시의 고유모델 개발의 생생한 스토리가 현재 자동차 업계의 화두인 전기, 수소차, 자율주행 등 미래의 자동차 모습과는 격세지감을 느낄 수 있지만, 읽으며 따라가다 보면 선배 공학인들의 열정과 불굴의 의지로 오늘날 우리나라가 자동차 강국으로 우뚝 서게 된 배경과 근간을 엿볼 수 있다.

이제 4차 산업혁명의 시대를 맞아, 모든 경영인은 공학의 원리와 더불어 그것이 적용되는 생산현장을 이해해야 한다는 것을 깨우치게 해주는 이야기로 기본을 이해하고 할 수 있다는 자신감과 충실해야 한다는 교훈을 주는 사례가 인상적이다.

\- 민경덕

서울대학교 공과대학 기계항공공학부 교수

대한민국 최초의 고유모델인 포니는 한국 자동차 공업의 자립을 선언한 모델로, 자동차 역사의 한 획을 그은 차이다.

이 책은 오래 전 한국을 떠나 약 20여 년간 외국에서 자동차 디자이너로 살고 있는 나에게, 그 제목만으로도 어린 시절 포니를 실물로 처음 봤을 때의 향수를 자극시키기에 충분했다. 게다가 마치 오래 전에 적어 두었던 메모를 우연히 찾아 읽는 듯해서 그 당시의 생생한 현장감을 마음 속 깊게 느낄 수 있었다. 특히, 1980년대에 쓰여진 책임에도 불구하고 전기차, 수소차 이야기가 나오는 장면에서는 내 눈을 의심할 수 밖에 없었다.

오래된 추억 앨범을 보는 가벼운 기분으로 첫장을 넘겼는데, 대한민국 출신 디자이너로서 자긍심을 가지고 더 노력해야겠다는 책임감을 느끼면서 마지막 장을 덮었다.

- Junmo Park

Ford Motor Company, Senior designer

굳이 포니를 몰라도, 자동차를 알지 못해도, 기계공학과 담 쌓고 지내던 이들에게도 충분히 흥미로운 내용이다. 기계과 공학적인 내용이 주로 서술돼 있지만, 아버지의 일기장을 꺼내보는 것처럼 촉촉하고 감미롭다. 설계 도면을 수채화처럼 그려낸 필체를 따라 들어가면, 왠지 모를 자신감과 한국인이라는 자부심이 콧등을 콕콕 찔러낸다. 자동차를 좋아하는 한국인이라면 뿌듯하게 간직해야할 소중한 책이다.

- 장진택

미디어오토 기자, 전 기아차 디자이너, 현 자동차 저널리스트

추천사

역사의 한 페이지를 들추어 보면, 시대와 관습은 달라도 사람이 생각하는 방식은 똑같다는 걸 깨닫는다. 과거에 일어났던 사건은 오늘 다시 진행되고 있으며, 내일 또다시 일어난다. 그 래서 우리는 종종 현재와 미래를 풀어가는 열쇠를 찾기 위해 과거를 들여다본다.

이 책은 1974~1980까지 저자 강명한 님이 현대자동차 재직시절 우리나라 최초의 고유모델 자동차, '포니' 개발에 직접 참여했던 경험을 담은 글이다. 당시 우리나라는 산업근대화를 이 루기 위해 몸부림치던 시기였으나, 실상은 가난한 농업국의 모습을 채 벗어나지 못하는, 전형 적인 낙후된 개발도상국의 모습이었다. 기계공업이 막 걸음마 단계에 접어든 시절이라 공장 을 제대로 짓고 싶어도 아무도 이끌어줄 사람이 없었던 시절이다.

이 책에는 무에서 유를 창조하고야 말겠다는 강인했던 우리 선배들의 모습이 들어있다. 지금 우리가 가진 많은 풍족한 것들이, 그들에겐 없었으나 그들은 꿈과 희망을 무기로 삼아 개척 하고 노력했다. 그리고 그들은 결국 이루어 냈다.

다가오는 미래는 늘 새롭지만, 과거의 미래가 오늘이었음을 알고, 미래를 개척하려는 여러분 께 이 책의 일독을 권한다.

- 권상순
제35대 한국자동차공학회 회장

지금
이 순간에도 산업과 경제의 뒷방에서
묵묵히 제품 개발과 품질 향상에 애쓰는
대한민국의 모든 엔지니어들께
감사의 말씀을 올립니다.

응답하라 교사연

응답하라 포니원

포니를 만든 별난 한국인들

Reply Pony 1

강명한 지음 / 강태호 편저

차례

추천사
들어가며 35년 만에 드리는 인사 13

제1부 배우면서 세운 엔진공장

1장 왕이 된 토끼 18
2장 호랑이 등에 올라타다 29
3장 아라반 소장 38
4장 언어장벽 48
5장 하루는 25시간, 일주일은 8일 62
6장 말 못 하는 고민 71
7장 경력사원이 없는 엔진부 81
8장 공학자가 아닌 기술자가 되라 93
9장 땀과 집념 그리고 용기 102
10장 실패를 딛고 115
11장 악당 127
12장 별난 한국인 132

제2부 도약을 위한 모색

13장 달 따러 가자 148
14장 이제는 공작기계다 154
15장 해보고야 알게 된 우리 능력 166

16장 도면 없는 톱니바퀴   176

17장 아들 낳는 산실   185

18장 Sure, it's the best plant!   196

19장 휘청거리는 철판과 들뜨는 페인트   203

20장 페인트 공장의 물   211

21장 일하기 편한 직장   219

22장 1만 명이 한 사람같이   229

제3부 세계로 뻗는 길

23장 기술은 곧 상품이자 국가 경쟁력   244

24장 돼지고기 회를 먹다   250

25장 디젤엔진 개발   260

26장 미래의 예측은 신중하게 최선을 다해   270

27장 네마와시   282

28장 정주영 회장과 구보 회장   293

29장 이루어지지 않은 라이벌과의 제휴   297

30장 포니를 만든 별난 한국인들   304

헌사 과거에서 미래로 올리는 메아리   314

나가며 플라스틱 모델 자동차   317

12

들어가며
35년 만에 드리는 인사

이 책의 원제목은 '포니를 만든 별난 한국인들'입니다. 작고하신 저의 부친, 강명한 님이 1973~1980년까지 현대자동차의 엔진부장에서 공장장에 이르기까지 겪었던 일들을 묘사하여 1986년 정우사에서 출간했던 책입니다. 오랜 세월이 흘러 책이 절판되었으나, 우리나라 자동차산업의 태동기를 1인칭 시점으로 생생히 묘사한 책이 드물어 사료적인 가치도 있고, 고인이 생전에 가장 사랑했던 기계에 대한 열정을 잘 알아볼 수 있는 글이기에, 자식으로서 꼭 재출간하여 아버지가 현역에서 뛰시던 모습을 누구나 언제든 볼 수 있도록 해야겠다는 결심을 하게 되어 이렇게 다시 책을 내게 되었습니다.

저는 1989년부터 1992년까지 현대자동차 울산 기술연구소의 승용차체 설계부 외장설계과에서 X-CAR 팀(엑셀 차종 팀)의 설계자로 근무하였습니

13

다. 그때, 저는 아버지처럼 훌륭한 엔지니어가 되기 힘들겠다는 것을 깨닫고는 미국에 유학하여 치과의사가 되었습니다. 당시 아버지는 제게 아마 실망을 하셨겠지만, 내색은 하지 않고 오히려 격려를 해주셨습니다.

이 책이 처음 출간된 지 35년의 세월이 지났고, 지금 현대자동차는 세계에서 손꼽히는 자동차 메이커로 성장하여 선진국 반열에 오른 대한민국의 위상을 드높이는 초일류 기업이 되었습니다. 독자 개발한 연료 분사식 가솔린 엔진은 말할 것도 없고, 수소연료전지차, 전기차 등 각광 받는 최첨단 자동차로 세계 자동차산업을 주도하는 반열에 오른 현대-기아 자동차그룹은 앞으로 거세어지는 친환경차 시장의 주도권 전쟁에서 그 활약이 기대되는 중입니다.

그런데, 이러한 세계적인 회사도 한때는 남에게 도면을 받아서 엔진을 겨우 만드느라 전 직원이 밤잠을 설쳐가며 고생하던 시절이 있었습니다. 스스로 자동차를 만들 기술이 없어서 미국, 유럽, 일본의 자동차회사를 돌아다니며 기술협약을 맺기 위해 애를 써야 했고 또 그렇게 고생하여 받아온 기술이 일회성으로 끝나지 않고 회사 내부적으로 독자기술을 잉태할 씨앗으로 만들어 거름을 주고 싹을 틔우기 위해 온갖 노력을 기울여야만 할 때가 있었습니다. 실은, 저도 당시의 현대자동차 공장의 모습을 기억하는 사람 중의 하나입니다. 제가 초등학교 4학년 때에 아버지는 가족을 서울에 둔 채 혼자 울산으로 떠나 현대자동차의 독신자 숙소에 머물고 계셨습니다. 그때 아버지는 자동차회사에서 엔진을 만드는 일이 너무나 즐거우셨는지, 여름방학이 되면 저를 울산으로 불러서 현대자동차 공장의 엔진 조립 라인을 구경시켜 주면서 엔진에 관해 설명을 해주셨습니다. 당시 막 만들기 시작한 포니 엔진의 공기 흡입부의 부품인 '인렛 매니폴드' 중에 구멍이 난 불량품 하나를 가져와서 제게 기념품으로 주시기도 했습니다. 방학이면 공장을 방문하여 지나치던 액슬 공장의 기름 냄새는 아직도 제 코끝에서 기억이 날 정도입니다.

응답하라 포니원은 '포니를 만든 별난 한국인들'의 원글을 제가 옮기는 과정에서, 좀 오래된 표현이나 매끄럽지 않은 문장들을 현대식 문장으로 수정하였고, 독자들에게 저자가 전달하고자 하는 의미가 좀 더 쉽게 와 닿도록 설명을 더 했습니다. 그리고, 마지막에는 저의 서울공대 동창인 최재호 군이 직접 겪은 현대자동차의 진화 과정을 간략히 설명하며 본문에서 묘사된 현대자동차의 여명기 이후, 어떻게 지금의 현대자동차로 성장했는지, 그 단서를 보탰습니다. 이 자리를 빌려 그에게 감사의 마음을 전합니다.

우리나라 산업 발전 역사에 굵은 획을 그었던 포니, 그 뒤쪽에서 묵묵히 일했던 수많은 우리 선배들의 기름내, 땀내 나는 이야기가 이렇게 다시 책으로 만들어졌습니다. 이제 독자 여러분의 책꽂이 한구석에 놓여, 궁금하고 어려웠던 시절을 극복해낸 영광의 순간을 언제든지 말없이 증언해 주기를 바랍니다.

2022년 2월, 봄을 기다리며,
편저자 강태호
Taeho Kang, D.D.S.

제1부
배우면서 세운 엔진공장

1장
왕이 된 토끼

"이봐, 미스터 강, 당신 엔진 좀 알아?"

1973년 5월 하순 어느 날 오후, 서소문에 있는 배재빌딩 5층에 자리 잡은 현대자동차 사장실에서였다. 정세영 사장이 며칠 전부터 나를 찾더라는 이야기를 전해 듣고 그동안 인사도 못 드려 송구하던 차에 겸사겸사 찾아갔는데 마치 늘 보는 사람에게 무심코 던지듯 정세영 사장이 내게 거두절미하고 불쑥 물었다.

"엔진이요? 저는 잘 모릅니다. 학교에서 내연기관을 공부하긴 했었습니다만, 지금 기억이 희미합니다. 학점도 간신히 땄습니다. 졸업한 뒤에 엔진이라고는 자동차가 고장 났을 때 본네트Bonnet가 열린 채 들여다본 게 전부이고, 이 참! 시멘트 공장 시을 때 킬른Kiln (시멘트 제조용 원통형 가마)에 딸린 비상용 엔진을 몇 번 시동 걸어 본 적은 있습니다만…."

18

정 사장이 미국에서 공부를 마치고 귀국한 지 얼마 되지 않아 맡았던 단양시멘트 공장 프로젝트에서 나는 1963년부터 함께 참여하여 기획, 시운전, 생산에 이르기까지 4년에 걸쳐 그의 곁에서 보좌한 일이 있었다. 아무런 오락거리가 없던 산골짜기 같은 단양에 함께 있다 보니 일할 때뿐만 아니라, 일이 끝난 다음에도 마치 친형님을 따르듯 정 사장이 가는 술자리와 사냥터를 매일 함께 다니곤 했다.

그렇게 함께 지내다 보니 어느새 가족과도 같은 끈끈한 정이 들어버린 정 사장이 몇 년 후, 어느 날 갑자기 나를 부르더니 뜬금없이 엔진을 좀 아느냐고 물은 것이었다. 어설프게 아는 것을 잘 안다고 거짓말하지 못하는 성미인지라 잘 모른다고 불쑥 내뱉고는 말았지만, 이내 중요한 기회를 놓친 게 아닌가 하는 후회가 바로 밀려왔다.

모른다는 내 대답을 듣는 둥 마는 둥 고개를 끄덕이던 정 사장의 입에서 다음과 같은 말이 흘러나왔다.

"엔진을 만들려고 하는데 말이야…."

이 말에 나의 귀는 번쩍 뜨이고 정신이 퍼뜩 들었다. 초속 100킬로 속도로 머리를 회전시키며 다음과 같이 생각했다. '아하, 코티나를 생산하다 보니 누가 엔진을 개발해 보자고 한 걸까? 그래서 시험용 엔진이 서너 대 필요한 건가? 예산이 충분하면 쇠 깎는 기계는 영등포에 가서 빌리고, 내가 직접 달라붙어 깎아대면 그 정도야 어찌어찌 만들 수 있겠지…. 자신 없다고 하면 다른 사람에게 넘길 테니 자신 있게 대답해야겠다.'

"예? 엔진을 만든다고요? 도면만 주시면 제가 쇠칼로 후벼 파서라도 만들어 볼 수는 있죠, 그런데…, 몇 대나 만드시려고요?"

제1부 배우면서 세운 엔진공장 **19**

"5만 대야."

"예? 5만 대요?" 나는 내 귀를 의심했다.

한 달에 코티나Cortina를[1] 기껏 많이 팔아봤자 겨우 5백 대 정도로 알고 있었는데 혹여 잘못 들은 게 아닌가 싶어 재차 물었다. 당시 우리나라에 등록된 자동차 숫자가 총 17만 대이던 시절이었다.

"맞아, 연간 5만 대야, 이 사람아. 제대로 된 자동차 공장을 지으려고 해. 연간 5만 대가 최소 단위라고 하는군그래."

예상 밖의 숫자에 압도된 나는 한동안 아무 말도 할 수 없었다. 5만이라는 쇠몽둥이로 내 머리를 세게 얻어맞은 느낌이었다. 아, 나하고는 아무런 상관이 없는 커다란 숫자가 이렇게 지나가는구나 하는 허망함이 머리를 스치면서 곧 허탈해졌다.

정 사장이 갑자기 큰 공장을 짓는다는데 나는 현대자동차 직원도 아니니…. 더구나 경험도 없는 사람이 지금 무슨 말을 해야 하나…. 더욱 참담해진 마음을 추스르며 가만히 그를 지켜보고 있었다. 그런 내 얼굴을 물끄러미 보던 정 사장은 아무렇지도 않은 듯 말을 이어갔다.

"그런데 말이야, 그 공장을 당신이 맡아 해 주었으면 좋겠어."

오호라~ '아닌 밤중에 홍두깨'라는 옛말이 바로 이런 거로구나! 나는 또한 번 내 귀를 의심했다. 정 사장의 너무나도 갑작스럽고 황당한 제의에 감사하다는 말도 못 한 채 기괴하게 굳어진 표정을 짓고 서 있었던 거 같다. 단지 정 사장 머리 위의 허공을 응시한 채 자동차 엔진 5만 대라는 숫자는 도대체 얼마나 많은 양인 걸까? 하고 정신을 추슬러가고 있었다.

내 고향은 함경도 함흥의 변두리 지역이었는데, 동네에 철공소가 많아 어

---

[1] 코티나: Cortina, 영국 포드사의 모델로 현대자동차가 1968년 계약하여 국내에서 생산 및 출시한 첫 차종.

린 시절 나는 철공소 주위를 맴돌며 쇠를 깎는 광경을 오랫동안 구경하며 자랐다. 그랬던 탓에 쇠를 깎는 기계를 능숙하게 다루는 사람들이 자연스레 내 우상처럼 되어버렸다.

커다란 공작기계工作機械를 제 손 놀리듯 척척 다루면서 단단한 강철 덩어리를 마치 나무를 깎듯 각양각색의 형상으로 만들어내는 것을 쪼그리고 앉아 지켜보며, 그들이야말로 이 세상에서 가장 위대한 기술자들이라고 믿게 되었다.

언제부턴가 나도 그들을 흉내 내어 작은 공구로 나뭇조각을 깎아 자동차와 비행기 모형을 만들기 시작했고, 어른이 되면 그들처럼 쇠를 깎는 기술자가 되겠다고 다짐했다. 고교 진학 때, 주위에서는 공과 대학에 가려면 먼저 인문계 고등학교에 가야 한다고 충고를 해 주었지만, 쇠를 빨리 깎아보려는 욕심이 앞선 나는 공업 고등학교를 선택했다. 그 때문에 나중에 서울공대를 지망하게 되었을 때 영어와 수학이 남보다 딸려 고생을 했지만, 공업 고등학교에서 일찌감치 쇠를 만지는 즐거움을 누릴 수 있었기에 그다지 큰 후회는 없었다.

내 어린 시절의 그런 꿈을 마치 한꺼번에 성취시켜주려고 나타난 사람처럼, 정 사장이 오늘 불쑥 내게 원 없이 쇠를 깎아 5만 대의 엔진을 만들어보라고 하는 것이었다.

마음속으로는 골든벨이 울리는 듯 기쁨이 넘쳐났지만, 한편 다시 찬찬히 생각해보니 정 사장이 베푸는 호의를 이용해 내 꿈을 성취하겠다고 그의 꿈, 즉 엔진을 5만 대나 만들어내겠다는 그의 계획을 망가뜨릴 수는 없다는 생각이 들었다.

그냥 못하겠다고 말하고 이 자리에서 일어나 버릴까? 연간 5만 대라면, 한 달에 약 4천 2백 대를 만들어 낼 수 있는 본격적인 현대식 기계공장을 세우고, 동시에 기계공업의 꽃이라 할 자동차 엔진을 만들어내는 꿈같은 일인데, 내가 그걸 한다면 얼마나 멋질까? 그냥 눈 딱 감고 하겠다고 말할까?

공과 대학을 졸업한 뒤, 기계공장에서의 경력은 겨우 2년 정도였다. 대신 기계에 대한 애착 때문에 '기계기술機械技術'과 '기계연구機械の研究'라는 일본 기술 잡지를 매달 구독하여 꾸준히 공부하고 있었으므로 기계공작이나 절삭에 관한 이론은 꽤 알고는 있었으나, 단지 겨우 몇 권의 관련 서적을 통해 알게 된 알량한 수준의 지식만으로, 선뜻 자동차 엔진공장을 짓고 엔진 5만 대를 깎아 드리겠노라 말할 수는 없는 노릇이었다.

'예, 해보겠습니다'라는 말이 머릿속을 맴돌 뿐 차마 입 밖으로 나오지를 않았다.

"저… 안 되겠는데요…. 연간 5만 대를 생산하려면 일반 공작기계가 아니고 전용기계專用機械와 트랜스퍼머신Transfer machine이 필요할 텐데…. 제가 공작기계 공부는 좀 했지만, 그와 같은 전용기계는 전혀 모릅니다."

어느새 자신감을 잃어버린 나는 기어들어 가는 목소리로 간신히 입을 열었다.

이 말을 들은 정세영 사장은 윗몸을 고쳐 앉으며 자세를 바꾸었다. 그리고는 이렇게 말했다.

"이봐, 미스터 강, 지금 대한민국에 그런 경험 가진 사람이 어디 있어? 이제부터라도 배워가며 하면 되지. 당신 배워가면서 일 잘하잖아?"

그는 기가 죽은 동생에게 용기에 불어 넣어주는 형님처럼 자상하게 말을 이어갔다.

"괜찮으니까, 당신 한번 해보란 말이야."

정 사장의 말에 갑자기 용기백배 기운이 났다. 머릿속에선 기아산업의 마규하 군을 떠올렸다. 서울공대 동창인 마규하 군은 기아산업에 들어가서 브리사 엔진을 만들었다. 그리고 새한 자동차에서 엔진을 깎아 만든 우리 2년 선배인 이우철도 떠올렸다.

그들은 엔진을 만들어 본 경험이 없었지만 결국 엔진공장을 지었다. 5만 대라는 거대한 숫자가 가슴을 짓누르기는 했지만 나도 기술자로서 그들 못지않다는 자부심이 있었고, 그들이 만든 것보다 더 좋은 엔진을, 더 많이 만들어 보고 싶다는 투지도 솟아올랐다. 그래, 나도 할 수 있다. 그래, 해보자.

"배우면서 해보라고 하신다면, 꼭 해보고 싶습니다. 단양시멘트 공장 때처럼 잘 해낼 수 있을지 모르겠지만, 멋진 공장을 꼭 한번 만들어 보고 싶습니다."

"응, 그래 됐어. 내일부터 나와. 근데 말이야, 직책은 일단 부장으로 하고, 월급은 15만 원(현재가치 약 250만 원)밖에 안 되는데…. 그래도 괜찮겠어?"

"제겐 지금 직함이나 월급이 그다지 중요하진 않습니다. 엔진공장을 짓는 데 과장인들 어떻겠습니까, 그리고 월급은 일이 잘되면 차차 올려주십시오."

"그래, 좋아 알았어."

꾸벅 인사를 하고 건물 밖으로 걸어 나오면서 가슴이 마구 뛰기 시작했다.

구름 위를 걷는다는 게 이런 기분일까? 꿈은 아니겠지? 집으로 돌아오는 길에 사람들 모습이 달라 보였다.

제1부 배우면서 세운 엔진공장　23

그런데 또 집으로 돌아와 다시 생각해보니 불현듯 회의감과 두려움이 일어 입이 바짝 타들어 갈 지경이었다. 호기 있게 장담은 했건만, 그런 어마어마한 규모의 공장을 과연 내가 지을 수 있을까? 라는 불안감에 온몸이 경직되어 가는 것 같았다.

실은 학창시절, 엔진 부품을 깎아본 경험이 있긴 했다. 한국에서 자동차 엔진을 수작업으로나마 처음으로 만든 것은 1956년 무렵이었다. 미군 지프를 그대로 카피하여 만들었던 시발택시始發Taxi(우리나라 최초의 택시)에 탑재한 엔진이다. 당시 서울공대 2학년에 재학 중이던 나는 여름방학 동안 실습을 해보고 싶어 안달이 나, 여기저기 받아줄 곳을 찾다가 겨우 아는 분 소개로 영등포 시장 근처에 있었던 삼성공업사라는 조그만 철공소에서 일해볼 기회를 얻었다. 그 무렵의 우리나라 기계공업은 지금의 기준으로선 믿기 어려울 정도로 형편없이 낙후되어 있었다.

인천의 한국기계, 부산의 조선공사, 영등포의 대한중기, 진해의 해군공창을 제외한 나머지는 모두 작은 가내 수공업 철공소 수준이어서 공대생이 실습할 자리를 구하기도 어려운 형편이었다. 삼성공업사는 그때 시발始發 자동차의 엔진을 가공하고 있었다. 청량리에 있는 어느 주물공장에서 쇳물을 부어 만들어 왔다는 엔진블록Engine block을 삼성공업사로 가져와 가공했는데, 블록을 깎다 보면 동전 크기만 한 기포氣泡 구멍이 드러날 만큼 주물 생산 기술이 형편없었다.

블록 가공에 쓰이는 기계설비 역시 보잘것없었다. 삼성공업사에는 엔진블록을 가공하는, 플레이너Planer라고 불리는 평면을 깎는 자그마한 기계 한

대가 있었고, 그밖에 구멍을 뚫는 작은 드릴링머신Drilling machine 몇 대가 있었는데, 드릴링머신을 조잡하게 개조하여 보링Boring (이미 난 구멍을 정밀 확장하는 가공 공정) 작업과 호닝Honing (보링작업 후 구멍의 안쪽 면을 매끈하게 만드는 가공 공정) 작업을 하고 엔진 블록 형태로 완성하였다.

후에 현대자동차에서 제대로 만든 엔진과 비교한다면, 그것은 차마 엔진이라고 부르기조차 민망한 제품일 수 있었으나, 당시 시발택시의 엔진 도면이라고 부르던 것은 미군 지프 엔진을 분해하여 그 부품을 아주 엉성하게 측정한 다음 종이에 그린 것에 불과하였고 그것은 정밀도 표시조차 안 되어 있는, 도면이라고 부르기도 어려운 수준의 스케치 같은 것들이었다.

그 정도 상황이다 보니, 당시 그런 그림에 의존하여 삼성공업사에서 엉성한 기계로 어처구니없게 날림으로 깎더라도 불합격 처리되는 일은 단 한 번도 없었다. 이리저리 대충 끼워 맞춰 가공 후, 마지막에 드릴링머신으로 하나씩 구멍을 뚫고, '탭Tap'이라 하는 공구로 나사산을 내고 나면 완성이 되었다.

'엔진블록은 이렇게 만드는 것이다'라고 믿으며, 열심히 들여다보던 나는 마지막 공정인 나사 구멍 내는 작업을 도왔다. 각 블록마다 수십 개의 구멍을 만들고, 그 구멍마다 크기가 맞는 탭을 골라 석유 칠을 하여 손으로 돌려서 나사산을 내는 작업이었다.

그러던 어느 날, 그 공장의 유일한 기술자인 공장장이 나를 좀 보자며 손짓을 했다. 사무실로 따라 들어갔더니 평소 하얀 천이 씌워져 있던, 공장에 딱 한 대뿐인 귀중한 기계인 밀링머신Milling machine을 가리켰다. 천을 조심스레

제1부　배우면서 세운 엔진공장　　25

걷어낸 뒤 내게 마치 보물인 양 보여주더니, 이 기계로 타이밍 기어 깎는 법을 아느냐고 내게 물었다.

공장장은 나이가 오십 정도로 머리가 하얗게 센 사람이었는데, 학교 교육은 받지 않았지만, 현장에서 평생을 보낸 분이었다. 그는 기계 편람을 가지고 있었지만, 그 편람에서 밀링머신을 다루는데 필요한 부분을 스스로 찾지 못했다. 내가 공과 대학에 다닌다고 하니, 뭘 좀 알지 않을까 생각이 들어서 내게 물었을 것이다. 경험이 많은 공장장이 내게 물어본다는 사실만으로도 왠지 우쭐한 마음이 들어, 기계 편람을 찾은 다음 몇 번짜리 인볼류트 기어 커터Involute gear cutter를 구입해야 된다고 알려주었고, 인덱스Index를 꺼내어 두라고 말했다.

주문한 커터가 온 후, 공장장은 흡족한 마음이었는지, 아예 나더러 그가 그토록 아끼던 밀링머신을 직접 운전하라 하였다. 며칠 후부터 나는 어렸을 때부터 꿈꾸어오던, 한 사람의 당당한 밀링머신 운전공이 되었다.

톱니를 하나씩 인덱스로 정확한 위치에 돌려놓고, 커터로 깎아내는 나의 모습을 바라보는 공장장의 주름진 얼굴에 함박웃음이 가득했다. 그는 감개무량한 듯한 표정으로 이렇게 말했다.

"내가 열네 살에 원산에서 왜놈 철공소에 들어갔는데, 한번은 어떤 어선의 기어가 박살이 나서 우리 철공소에 들어온 거야. 새 기어를 깎아 달라는 거였어. 근데 그놈의 철공소에는 선반旋盤 한 대와 드릴링머신 한 대밖에 없었지. 선반에서 철 재료를 둥그렇게 가공한 다음 겉에다 분필로 톱니를 그려 넣고 하나씩 다가네たがね(금속 표면을 손으로 다듬을 때쓰는 쇠끌)로 따내고 줄질을 해서 급하게 만드느라 열흘 동안 한숨도 못 잔 일이 있었어."

"얼마나 큰 기어였는데요?"

"학생이 깎는 지금 그 기어보다 조금 더 큰 거야. 이런 좋은 기계가 있었더라면 하루 만에 너끈히 마쳤을 일이었는데…." 그가 빙긋이 웃었다.

사실 밀링머신에서 깎는 기어는 근사치에 불과하여 그리 정밀하지 못한 것인데도, 그는 그것을 아는지 모르는지 내가 조작하는 기계에서 기어가 나오는 광경에 감탄을 연발했다. 하지만 삼성공업사에서 이렇게 깎은 엔진을 조립해 얹은 시발택시가 성능이 좋다는 평판은 드물었다. 그래도 내가 그 일부를 만들었다는 뿌듯함에 시발택시를 탈 때마다 꼭 운전기사분들께 물어보곤 했다.

"기사님, 요즘 국산 엔진 성능이 어떻습니까?"

"엉망이에요, 엉망! 두어 달 되면 힘이 다 빠져 버려요."

어김없이 짜증이 난다는 투의 운전기사들 목소리를 들을 수 있었다.

"아, 그렇습니까?"

그래도, 한두 번쯤은 괜찮다는 소리를 들을까 싶어 매번 물어보는 질문에 돌아오는 답은 늘 한결같았다.

"젠장할… 이 차도 중고 미군 지프차 엔진 간신히 구해서 바꿔 다느라고 생고생을 했어요."

그러니 시발택시 엔진의 부품으로 들어가 있던, 내가 그렇게나 뿌듯하게 여겼던 기어도 기껏 두어 달 수명으로 그치고 말았을 것이었다. 그다지 자랑스럽지도 않은, 오히려 감추고 싶었던 과거였고, 나와 엔진의 인연은 딱 거기까지인 줄 알았는데, 이제 와서 갑자기 연간 5만 대 생산 계획의 본격적인 현대식 엔진 공장을 떠맡게 된 이유는 오로지 그 무렵의 우리나라 기계

공업 수준이 워낙 뒤떨어져 있었기 때문이었다.

비단 기계공업뿐만 아니라 다른 산업도 비슷한 수준이어서 산업현장 전반에 걸쳐서 중책을 맡아야 할 기술자들이 절대적으로 부족하였기에, 나 같은 풋내기 기술자들이 나설 수밖에 달리 대안이 없던 시절이었다. 부족한 경험과 기술을 보완하기 위해 그들은, 온갖 노력과 열정으로 무장한 채, 임전무퇴의 각오로 주어진 상황에 정면으로 맞닥뜨려 임무를 완수하고자 했다, 설령 그러다 쓰러지는 한이 있더라도.

호랑이 없는 골에서는 토끼가 왕 노릇을 한다는 속담이 있다. 이것은 당시 우리나라 기계공업의 실정에도 해당되는 말이었고 그 토끼는 다른 포식자에게 잡아먹히기 전에 얼른 호랑이로 자라야만 했다.

2장

호랑이 등에 올라타다

1973년 6월 초순경, 현대자동차에 입사한 지 3일째 되던 날, 구내식당에 혼자 늦은 점심을 먹으러 가게 되었다. 대부분 직원들의 식사가 끝난 후라, 조용한 탓에 옆 테이블에 앉아 있던 몇몇의 이야기가 크게 들렸다.

"아이고, 이제 우리 회사 정말 큰일 났습니다. 처음엔 1만 대라고 하더니 며칠 후 2만 대로 바뀌고, 점점 불어나더니 지금은 5만 대까지 왔는데, 얼마나 더 크게 잡을지는 아무도 몰라요. 이게 대체 말이나 되는 소립니까?"

"아니, 연간 5천 대도 간신히 팔릴까 말까 한 판국에 연간 5만 6천 대를 만들겠다니, 머리가 어떻게 된 게 아닐까요?"

"맞아요, 완전히 돌았어요. 게다가 외국과 기술제휴도 없이 독자적으로 만들겠다네요, 나 원 참, 그게 어디 되겠어요? 아이고, 해도 해도 정도껏 해야지!"

제1부 배우면서 세운 엔진공장 **29**

"포드 Ford 자동차를 조립해 만든 것도 말썽이 나서 다들 죽을 지경인데 뭐 이젠 순 국산으로 만들겠다니…. 그걸 누가 사주겠어요? 조만간에 회사가 망해 버리지 않을까 걱정됩니다."

"상식적으로, 포드 자동차가 연간 5천 대 팔렸으면 국산은 3천 대로 잡아도 팔릴까 말까 할 텐데 연간 5만 대라니, 나 원…."

"기획실 사람들이 돌았나, 정말 큰 일입니다."

새로 들어온 나를 알아보지 못하니 자기들끼리 마음 놓고 빈정거렸는데 아마도 그들은 영업부 직원들인 것 같았다. 그러잖아도 몸에 맞지 않은 큰 옷을 입고 금방 입사하여 심란했던 내게 그들의 우려 섞인 비아냥거림은 더 큰 불안감과 두려움으로 다가왔다. 배치받은 기획실은 열 평 남짓한 방이었다. 나를 포함, 세 명의 부장에 부하 직원 각 2명씩, 전부 성인 아홉 명이 빼곡히 끼어 앉아 있어야 하는 방이었다. 곁눈질로 흘끔흘끔 이들이 하는 일을 보니, 마치 하늘에서 뜬구름 잡으려는 듯해서, 허무맹랑한 숫자놀음을 하는 곳이 기획실이 아닐까, 라는 생각이 들 정도였다.

한편, 다른 사람들이 나를 보는 눈초리가, 사장이 개인적으로 꽂아준 낙하산쯤으로 의심하는 듯하여 앉은 자리가 가시방석 같았다. 내가 나서야 할 임무가 주어질 때까지는, 좁은 공간에서 눈총받는 게 힘들어도 모르는 체하고 참으며 지낼 수밖에 없었다. 첫날 영업부 직원들이 나누던 이야기로 인한 강한 선입견 때문이었는지, 내 눈에 비친 기획부서의 플랜들은 허황하게만 보였다. 현대자동차는 포드 자동차와 기술제휴라는 명목으로 1967년부터 코티나를 조립 생산, 판매하고 있었다. 그러나 '기술제휴'는 현대자동차 측에서 일방적으로 부르는 명칭에 불과할 뿐, 포드 자동차 측에서 본다면 현대자동차는 한낱 뜨내기 조립업자에 지나지 않을 터였다.

소위 기술제휴라는 자동차 기술도 인사치레에 불과하여, 판매 위주의 A/S에 겨우 지장이 없을 정도로만 건네어 주는 수준이었다. 코티나 조립이 시작되자마자 바로 현대건설 기획실에서는 포드의 기술제휴로 엔진공장을 지어보려고 여러 차례 교섭을 벌였고, 마지막에는 포드 측과 합자 투자 형식까지 제의했으나, 끝내 포드 측은 수요가 부족하다는 핑계로 제의를 수락하지 않았다. 그러던 1973년 초, 우리 정부는 대당 2천 달러 수준의 국민차 계획을 발표하였다. 당시로서는 매우 획기적이고 야심 찬 계획으로, 이때 현대 측은 마지막으로 한 번 더 포드에게 접근하여 엔진공장 설립을 회유해 보았으나 그들은 이마저 응해주지 않았다.

이에 정세영 사장은 아예 독자적으로 자동차를 개발할 계획을 모색하기 시작하였다. 기술을 담당했던 정 차장과 유럽을 시찰하며 조사한 후 내린 결론은, 엔진만 기술제휴로 만들어낼 수 있다면 나머지 자동차 차체 부분의 독자적 개발은 이탈리아에 있는 자동차 설계 회사들의 도움을 얻어 가능할 것이라는 거였다. 내가 입사한 1973년 6월 초, 엔진 기술제휴에 긍정적인 회답을 보내온 회사로는 상용차 디젤 엔진을 만드는 영국의 퍼킨스 Perkins, 가솔린 엔진 제작 기술을 보유한 영국의 BLMC British Leyland Motor Corporation, 그리고 일본의 미쓰비시 Mitsubishi 자동차 등 세 곳뿐이었다. 외국의 도움을 받는다고 하더라도 과연 우리 손으로 새로운 자동차를 개발한다는 게 가능할까? 또 그렇게 개발한 차를 사람들이 과연 인정하고 구입해줄까?

포드 자동차 측에서, 우리나라의 국내수요는 아직 본격적인 생산라인을 건설했을 때 쏟아져나올 물량을 소화해 내기에는 턱없이 작은 규모라는 이

제1부 배우면서 세운 엔진공장 **31**

유로 거절을 한 터였다. 그런데 우리가 자체적으로 기획한 자동차의 생산량은 정작 지금 팔리는 포드 자동차의 열 배가 되는데, 과연 그런 무모해 보이는 계획으로 지어지는 공장의 가동률이 떨어지기 시작한다면 과연 얼마나 버틸 수 있을까, 등의 의문들이 꼬리에 꼬리를 물고 떠올랐다.

답답한 마음에, 자동차 산업이 과연 어떤 것인지에 대한 기초공부가 가장 중요하겠다는 생각이 들어 직접 책을 찾아보기로 했다. 현대자동차 회사에 '자동차공업사自轉車工業史'라는 책과 '닛산자동차30년사日産自轉車三十年史'라는 책이 있었다. 그리고 명동의 외국서점을 뒤져, 부튼 헌든Booton Herndon이 쓴 포드Ford라는 책도 구했다. 그런 뒤 밤을 새워 세 권의 책을 몇 차례나 통독하였다. 이런 식으로 자동차 산업을 이해하고 난 뒤, 기획실에서 그때까지 해놓은 일들을 차근차근 다시 들여다보니, 이전까지는 몰랐던 무언가가 서서히 눈에 보이기 시작했다. 동시에, 우리의 계획이 결코 불가능한 허무맹랑한 것만은 아니라는 생각도 들기 시작했다.

그리고 좀 더 눈이 뜨이고 보니, 토끼에 불과한 내가 겁도 없이 달려들어 붙잡은 것이 무서운 호랑이의 꼬리라는 것도 알게 되었다. 정 사장의 주도로 기획실이 만들어낸 야심 찬 계획은, 내 눈엔 어쩌면 무서운 도박처럼도 보였다. 이곳에서 함께하기 위해서는 담력이 필요했다. 엔진 국산화의 중책을 맡은 내가 무너지면 모든 계획이 물거품이 될 수도 있다는 비장한 각오로 잠을 이루기가 힘들었다.

자동차라는 상품은 처음부터 두 가지 기능을 염두에 두고 만들어졌다. 차 본연의 타는 기능 이외에 타는 사람의 품격, 또는 아이덴티티를 나타내는 기능이 바로 그것이다. 처음에는 귀족이나 부자들을 위한, 말이 없는 마차로 출발했던 자동차는 높은 가격 때문에 아무나 탈 수 없는, 일종의 신분 상징과 같은 고급 상품이 되었는데, 포드의 컨베이어 시스템을 통한 혁신적인 가격 인하로 결국 대중화되었고, 그 후 광활한 아메리카 대륙에서는 말을 대신하고, 철도를 대신하여, 단 하루도 없어서는 아니 될, 일반 미국인들의 필수 교통수단으로 자리 잡게 되었다. 부자들은 옛날 자신들이 타던, 호사스러운 마차를 장식하던 별도의 특별한 기능을 하는 부품이나 외관의 멋들어진 장식이, 그들이 타는 자동차에도 똑같이 추가되어, 자신들의 높은 신분이 드러나 남들에게 과시되기를 원했다. 일반 대중이 타는 자동차 역시, 규모는 작아도 마찬가지였다. 달리는 기능 외에 타는 사람의 성격이나 취향 등, 개성적인 아이덴티티를 표현하는 외관이나 특징이 겸비돼야만 하는 몹시 까다로운 상품으로 발전하였다. 다시 말하자면, 자동차는 안전하고 안락하며 보통 사람들이 크게 부담갖지 않을 정도로 저렴한 비용의 교통수단이면서, 동시에 무엇인가 남들과는 다른 개성 연출의 욕구를 충족시켜 주어야만 하는 상품이었다.

기본적으로 차의 가격을 낮추려면, 그것을 대량 생산하는 길밖에 없다.

동시에 수출된 현지 국가의 각각 다른 환경과 법규에 맞게 만들어야 하고, 최종적으로는, 생산한 각각의 자동차는 외관 또는 트림 Trim (여러 가지 내·외장 조합을 가진 사양)을 조금이라도 다르게 만들어야 구매자들이 추구하는 최소한의 개성표현 욕구에 부응할 수 있는 것이었다. 결국, 종래에 알고 있던 전통적인 단일 품종 대량 생산이 아니라 다품종 대량 생산이라고 봐야만 한다. 그러니 가격을 낮출 수 있는 대량 생산의 장점과 충돌이 일어난다. 게다가 자동차는 어른들의 장난감 같은 속성도 갖고 있다. 즉, 아무리 좋은 차를 만들

제1부 배우면서 세운 엔진공장   33

어도 일정 기간이 지나면 고객들은 쉽게 싫증을 느껴버린다. 따라서 계속해서 새로운 모습으로 교체하며 유행을 만들어내지 않으면 안된다. 장난감 제조업자가 그러하듯, 자동차 또한 새롭고 멋진 신제품을 항상 개발하지 않으면 똑같은 재고 상품은 곧 팔리지 않게 되어 결국은 기업이 도태되고 마는 것이다.

이렇게 어려운 것이 자동차이고, 내가 맡은 엔진은 그중에서도 가장 핵심이 되는 부분이었다. 자동차 디자인과 여타 기능이 아무리 뛰어나도 그 차를 구동하는 엔진이 힘이 없고, 잦은 고장 때문에 말썽이 나거나, 연료가 많이 들고, 유지비가 많이 든다는 평판이 나기 시작하면, 큰 비용을 들여 개발한 그 차를 고객들이 외면하게 되고, 회사는 큰 타격을 받게 된다.

선진 시장에서 팔리는 하이 퍼포먼스 자동차의 경우, 고성능 엔진 자체가 제품의 구매 포인트가 되는 데 비해, 실용성이 강조되는 콤팩트카Compact car의 경우 소비자들의 눈에는, 일견 엔진의 역할이 그다지 중요해 보이지 않을 수도 있다. 가령, 실용성 위주의 소형차를 구매한 고객이 있다고 치자. 디자인이나 안락성 등에서 고급 차보다 다소 떨어지더라도 이코노미형 소형차라서 그런가 보다 하고 이해해줄 사람들도, 만일 자기가 산 소형차의 엔진까지 말썽이 나기 시작한다면, 더는 못 참고 차에 대해 험담을 하기 시작할 것이다. 한편, 이코노미형 소형차가 잘 팔리게 되더라도 엔진이 좋아서 팔린다는 얘기를 듣기는 어렵다. 소형차에서의 엔진이란, 그냥 당연히 돌아가는 것으로 치부되고 말 것이기 때문이다. 차가 잘되면 정상이고, 안되면 그야말로 독박을 쓰며 책임을 져야 하는 것이 소형차 엔진 담당 기술자의 숙명이었다.

이런 이치를 깨닫게 되자, 다시 한번 포니Pony 엔진 국산화를 책임진다는 것이 얼마나 엄중한 일인지 알게 되었다. 만일 실패하게 된다면 나는, 우리나라 기계공업의 역사에 포니 실패의 책임자라는 오명으로 기록될 것만 같았다. 무슨 일이 있더라도 엔진은 반드시 성공해야만 했다.

인생을 사는 방법 중에는, 쉽고 안전한 길을 택하는 방법이 있다.

그것은 편안하지만 지루한 길일 수도 있다.

반면, 모험에 찬 길은 고달프고 어렵지만 지루할 겨를은 없을 것이다.

게다가 성공적으로 목표에 도달했을 때의 성취감이란, 그 무엇과도 바꿀 수 없는 극도의 희열일 것이다. 나는 나에게 닥친 기회를 움켜쥐기로 했다.

죽자사자 달려들어 끝장을 보고 싶다는 투지가 생겼다.

내가 기술적인 분야에서 모험의 전율을 처음으로 느꼈던 것은, 첫 직장이었던 대한중기(현세아베스틸의모태)에서였다. 1959년 공과 대학을 졸업한 뒤, 바로 입사한 그곳에서 입사 동기이자 대학 동창인 최해복 군과 함께 주조공장鑄造工場에 배치되었을 때였다. 한국에서는 본격적인 규모로 처음 시도해보는 전로제강轉爐製鋼의 프로젝트를 맡게 되었다.

전로제강은 강철을 제련하는 한 방법으로, 용해로에서 나오는 주철을 '전로'라고 불리는 로에 옮겨 담아 압축공기를 불어넣어 주철 안에 들어있는 탄소와 망간 등 불순물을 태움으로써 강철을 만드는 것이었다. 이 방식의 또 다른 이름은 '베세머 제련Bessemer process'인데 최근의 고급 제련법으로 얻는 강철만큼은 아니지만, 작은 에너지를 소비하여 비교적 양질의 강철을 대량 생산할 수 있는 제련방식이다.

6·25전쟁 후, 우리나라에는 고철이 남아 돌만큼 흔했으나 발전소가 부

제1부 배우면서 세운 엔진공장 35

족했던 시기라, 당시 전기는 수시로 단전이 될 정도로 귀했다. 그 때문에 전기를 가장 적게 쓰면서도 빠르게 대량의 강철을 만들어낼 수 있는 전로제강 방식의 공장을 세우는 게 시급했다. 그때만 해도 제련소를 세워본 경험 있는 기술자가 거의 없을 때라, 대한중기의 주조과장인 박경민 씨의 주도로, 최해복 군과 내가 짓게 된 것이었다. 오직 책으로만 이론을 파악한 후, 박경민 과장, 최해복 군, 그리고 나 셋은 24시간 교대 작업으로 책에 적힌 제련 과정을 실물로 제작하였다. 글로 묘사된 방법을 공정화하며 처음으로 만들다 보니, 예상 밖의 돌발적 사건들이 연달아 일어났다. 그때마다 서로 머리를 맞대어 문제를 하나씩 해결해가며 격전을 치르듯 수개월을 힘겹게 보냈다. 마침내 책에서만 존재하던 전로 제강의 공정이 우리 눈앞에 실제로 완성되어, 계획한 대로 강철이 생산되는 장엄한 현장을 목도하게 되었을 때의 그 벅찬 감동과 기쁨의 순간은 필설로 다하기 힘들 정도였다. 그때 이후, 한동안 우리나라의 모든 건축물에 쓰는 철근의 대부분은 바로 이 방식으로 생산된 것들이었다.

그러나 매일 매일의 업무가 정상으로 돌아가고 똑같은 일이 반복되는 생산공장의 일상이 시작되자 나의 지루함도 점점 커졌다. 2년이 지난 1961년 초, 동양시멘트에서 새로운 킬른을 설치하고 공장을 확장하기 위해 직원을 뽑는다는 소문이 들렸다. 새로운 도전에 대한 갈망과 성취욕에 휩싸인 나는 어느새 그곳을 지원하고 말았다. 200대 1의 지원 경쟁을 뚫고 입사, 새로운 킬른 공사와 시운전에 참여하게 되었다. 동양시멘트의 확장공사도 어느덧 끝나고 나는 생산부에 배치되었다. 다시 또 책상에 오래 앉아 있는 생활이 시작된 것이다. 그때, 정주영 회장이 단양에 현대시멘트를 짓는다는 이야기가 들려왔다. 1963년 초였다. 앞뒤 가릴 것도 없이 나는 다시 그쪽으로 달려갔다. 정세영 사장과의 인연은 그렇게 내가 모험을 찾아가는 여정 중에 조우하여 맺어졌다. 힘들었으나 보람차고 즐거웠던 건설작업이 끝나고 현대시멘트가 정상가동에 들어갈 무렵인 1967년 어느 날, 결국 나는 회사를 그만두고 기계 설치 회사를 직접 차렸다.

그리고 고속도로 강철 교량의 제작과 설치, 광주, 인천, 서울에 새로 마련하는 최신식 정수설비 설치 및 시운전 등 남들이 어렵다고 하는 일을 찾아다녔다. 공과 대학 문을 나선 이래, 14년 동안을 나는 방랑자처럼 새로운 도전을 찾아 돌아다닌 셈이다. 어려운 일을 맞아 문제를 해결하며 성취감을 얻는 것에 중독이라도 걸린 듯한 내게, 이번 현대자동차 엔진공장 설립은 어쩌면 환상적인 최고의 도전이라 할 수 있었다. 물론 너무나 큰 도전이라, 자칫 크게 실패하여 만신창이가 될 수도 있는, 내 생애 마지막 도전이 될 수도 있다는 생각에 불안과 공포감마저 들기도 했다.

그러나 기왕 잡은 호랑이의 꼬리, 나중에 잡아먹히는 한이 있더라도 혼신을 다해 싸울 수 있을 때까지 싸워 보겠다는 각오로 그 두려움을 떨쳐내려 애를 썼다. 현대자동차에 합류한 지 두 달째인 1973년 8월, 퍼킨스와 디젤 엔진에 관한 기술제휴가 이루어졌다. 같은 해 10월에는 일본의 미쓰비시 자동차와 가솔린 엔진에 관한 기술제휴의 원칙도 합의되었다. 또, 이탈디자인 Italdesign의 조르제토 주지아로 Giorgetto Giugiaro 씨와는 자동차 스타일링 디자인과 아울러 모델 카 제작에 관한 계약도 이루어졌다. 회사 전반적인 분위기는 아직 회의감에 차 있었지만 일단 계획대로 호랑이를 잡으러 갈 출정 준비는 끝난 셈이었다.

3장

아라반 소장

"어이, 강 상, 내일 집에 돌아가나? 그간 얼마나 있었지?"

곧 귀국하게 되어 소지품을 챙기고 있었는데, 미처 작별인사를 하기도 전에 아라이荒井齊勇 소장이 불쑥 나타나 물었다. 그런데 이날은 여느 때와 같이 혼자 나타난 게 아니라, 업무과장과 주임기사 등, 평상시 우리를 교육하던 사람들과 함께였다.

"예, 벌써 돌아가게 되었습니다. 지난 11월에 왔으니 이제 석 달이 다 되었네요."

"그래. 그동안 여기 교토에서 무얼 좀 배웠는기?"

아무렇지도 않게 툭 던지는 질문이었지만 순간 나는, 함께 온 기사들의 표정이 일시에 긴장으로 굳어지는 모습을 놓치지 않았다. 그렇다, 이것은 평범한 대답을 원하는 질문이 아닌 것이다. 원하는 대답이 돌아오지 않으면

재떨이건 접시이건 손에 잡히는 대로 마구 집어 던지며 화를 낸다는 아라이 소장의 질문은 주변 모든 이들을 바짝 긴장하게 만드는 위력이 있었다. 지금 내가 만일 아라이 소장이 만족할 만한 대답을 하지 못한다면, 손님인 나 대신, 나와 동료들을 가르친 기사들에게 화를 낼 것이므로, 아라이 소장 곁에 서 있는 기사들은 초긴장 상태의 조마조마한 눈으로 나의 입을 쳐다보고 있었다.

이것이 졸업시험이 되는 셈인데, 어떻게 대답을 해야 현대자동차의 부장 직위인 내가 회사의 명예도 실추시키지 않고, 또 애써 우리를 가르쳐 준 기사들에게도 화가 미치지 않을까, 라는 생각에 순식간에 이마에 식은땀이 솟아났다. 잠시 마른침을 꿀꺽 삼킨 후 아랫배에 힘을 준 채 이렇게 대답했다.

"여기 계신 주임님들께서 그동안 여러 가지 부품들에 관해, 각각 어느 곳을 얼마나 정밀하게 가공하는지 하나하나 놓치지 않고 자세히 설명해 주셨고, 특히 엔진 조립 시에 어디를 주의해야 하는지도 열심히 가르쳐 주셨는데도, 머리가 썩 좋지 않아 전부 다는 기억하지 못합니다만, 그래도 석 달을 배운 끝에 터득한 것이 있다면, 대량 생산을 할 때 가공을 하여야 할 소재에 일일이 '마킹'을 하지 않고도 어찌하면 도면에 표기된 그대로 쉽게 가공할 수 있는지 그 방법에 대해, 항상 연구하는 자세가 가공 공정의 가장 중요한 포인트라는 사실입니다."

나의 대답을 무표정한 얼굴로 가만히 듣던 아라이 소장이 말했다,

"마, 좋아. 그만하면 됐어. 이제 실제로 가공해 보면서 실패도 경험해가면서 배워 나가는 거야."

이 말을 듣자 주위의 기사들 표정이 비로소 밝아졌다. 나중에 들은 이야

기지만 그만한 평을 들으면 거의 만점에 가까운 것이라 했다. 아라이 소장은 미쓰비시 자동차에서 실력은 출중하나, 성격이 까칠하고 성미가 급하기로 유명한 사람이었다. 그는 교토 제작소의 소장으로 부임하여 2년도 채안 되어 생산 원가를 20퍼센트나 절감한 전설적인 인물이었다. 그런 권위자를 만나 지도를 받을 수 있었다는 것은, 포니 프로젝트를 진행하는 동안나에게도 가장 잊을 수 없는 큰 행운이었다. 그는 진심을 다해 우리의 지식습득을 정성껏 지도해 주었다.

내가 세 명의 후배 직원을 데리고 미쓰비시 교토 제작소로 엔진 제조과정을 배우러 떠난 것은 1973년 11월 초, 현대자동차에 입사한 지 5개월이 되었을 무렵으로, 미쓰비시와 가솔린 엔진의 기술 협약에 대한 원칙은 합의되었으나 세부적인 계약사항은 채 이루어지기 전이었다. 교토에 도착하자마자 우리는 미쓰비시 자동차 공장의 사무실로 직행하였다. 현대자동차에서온 기술자들이라고 간략히 소개한 뒤, 아라이 소장님을 만나 뵈러 왔다고하자 업무과장이 우리를 응접실로 안내하고는 잠깐 기다리라고 하였다. 아라이 소장의 명성은 이미 알고 있었던 터라, 우리는 미쓰비시의 최고 권위자를 만난다는 흥분과 긴장감에, 의자 끄트머리에 엉덩이를 걸친 채 목을 죽빼고 앉아 있었다. 곧 누군가가 종종걸음으로 빠르게 걸어 들어왔다. 우리는 반사적으로 그 자리에서 벌떡 일어났다. 아라이 소장이었다. 그는 키가아주 작고 왜소한 체구의 사나이로, 일본인 중에서도 꽤 작은 편에 속했다. 좀 재미있게 표현하자면, 얼굴은 흡사 며칠 굶은 원숭이 상과 유사했고, 유달리 번쩍거리는 눈으로 빤히 노려보는 모습이 마치, 상상으로 그려보았던일본 역사책 속의 도요토미 히데요시豊臣秀吉가 불쑥 현실로 툭 튀어나온 것

40

이 아닌가 싶을 정도였다. 내가 허리를 굽혀 인사를 먼저 하자, 그는 나를 꿰뚫어 보는듯한 눈으로 쏘아보더니, 마치 몇 년 전부터 알고 지내던 사람에게 말을 건네듯, 허물없는 어조로 이렇게 말을 시작하였다.

"어이, 강 상, 얼마 전 나도 당신네 공장에 다녀 왔어요. 경주를 구경시켜 주길래 그곳도 잘 구경했습니다. 그때 제대로 고맙다는 얘기를 못 했는데 당신한테라도 대신 감사하다고 말하고 싶군요. 경주에 가보니 이곳 일본의 교토나 나라에 있는 것처럼 옛날 유적들이 많이 있어서 참으로 보기 좋았습니다. 솔직히 말하자면, 경주가 이곳 교토보다 훨씬 훌륭합니다. 일본 역사학자들이 별소리를 다 하고 있지만, 나 같은 사람은 한번 직접 훑어보면 단번에 다 알 수 있어요.

예전에는 당신들이 우리의 선생이었던 거지요. 이번에는 우리가 가르쳐 줄 터이니 무엇이든 물어보시오. 우리 공장에도 속이 좁은 놈들이 몇몇 있어서 그런 사람들에게 배우다 보면 가르치는 데에 인색하다는 기분이 들 때도 있을 것이오. 그런 생각이 들 때면 아무 때나 바로 내게로 와서 직접 물어보세요."

초면에 이렇게 직설적으로 말하는 그의 솔직함과 기백에 압도되어 선뜻 뭐라고 말을 해야 할지 몰라 잠시 머뭇거렸다. 그저 감사하다는 마음만 우러날 뿐이었다. 그의 단호한 지시에 따라, 우리를 지도해 주는 주임급 기사들의 교육은 아주 성의 있고 상세하게 이루어졌다. 나중에서야 알게 되었지만, 미쓰비시 내부에는 우리와의 기술제휴를 반대하는 간부들이 많았다. 더욱이 양측간 기술제휴가 정식으로 승인이 되기도 전이라 아라이 소장이 초청 형식으로 우리를 먼저 불러오게 하여 교육을 곧바로 시작하려 했고 이것을 반대하는 사람도 많았다는 것이었다. 그럼에도 불구하고 아라이 소장의 독단적인 결정과 추진력으로 이렇게 성사되었음을 알게 되었다.

교육 기간 동안 아라이 소장은 며칠에 한 번씩 우리가 쓰는 방에 예고 없이 찾아와 교육의 진전 상태를 점검하곤 했다. 그가 나타나는 때는 주로 점심시간이었다. 점심을 먹은 뒤 책상에 모여 앉아 느긋하게 담배나 피우며 잡담을 할 때쯤이면 예고 없이 나타나 그가 우리를 깨우쳐 주는 질문을 던지거나 '기계쟁이'에게 금언과도 같은 귀중한 교훈을 알려 주곤 했다.

"강 상, 바이트Tool bit에는 클리어런스 앵글Clearance angle, 레이크 앵글Rake angle과 같이 각이 여러 개 있는데, 그중에서 그것이 없으면 절대로 깎이지 않는 가장 중요한 각은 어느 것이지?"

"공작기계라는 것은 말이야, 복잡하게 만들어져 있지만 실제로는 별것 아니야. 재료가 되는 소재와 커터에 상대 운동을 일으키게 하는 것뿐이야. 그런 것은 들여다보면 누구나 금방 알 수 있으니까 중요한 게 별로 없단 말이지.

정말로 중요한 것은 똑같은 쇠붙이가 어떻게 해서 또 다른 쇠붙이를 깎는지 이해를 해야 하는데, 현장에 나가거든 그 점에 대해 잘 생각해보도록 해."

"그라인딩Grinding과 호닝Honing 작업은 어떻게 다르지? 왜 그라인딩의 숫돌은 닳아야 좋고, 호닝의 숫돌은 닳지 않도록 단단하게 만드는 거지?"

이 같은 질문들은 기계 가공의 가장 근본이 되는 이치를 깨닫게 하는 것들이었다. 진작에 미처 그런 것까진 깊이 생각해 본 적이 없는 나로서는 해답을 얻기까지 며칠이 걸리기도 했다. 그러면서 차츰 금속 가공과 기계 선정의 원리를 깨닫기 시작했다.

"조립은 물품 이송移送의 한가지 형태일 뿐이야. 공장에서 꼭 필요한 물품 이송을 제외한 나머지 이동은 할수록 손해야. 물품 이송으로 돈을 버는 곳은 운송업체뿐이라는 걸 명심하게나. 엔진을 만들려면 물품 이송을, 더 이상은 줄일 수 없을 만치 최대한 줄이게. 각 공정에서 필요한 공구나 부품은 최대한 사용하는 장소에 가깝게 두어서 그것을 가지러 가는 시간을 줄이도록 해."

아라이 소장의 이런 가르침은, 조립이라고 하면 조립 순서와 타임-모션 스터디Time-motion study와 같이 공학적인 측면만을 생각하고 있던 내게 전혀 다른 각도의 생산 과정을 일깨워 주었다. 그것은 조립 작업뿐만 아니라 기계 배치를 어떻게 해야 하는가에도 적용되는 매우 중요한 가르침이었다. 상품을 그저 잘 만들기만 하면 되는 것이 아니라 조금이라도 저렴하게 만드는 법을 항상 연구하는 것도 기술자의 중요한 책임이라는 것을 배웠다.

아라이 소장은 본인 판단 시 잘못된 것이 분명하다고 생각되는 것을 목격하는 순간, 위아래 가리지 않고 직설적인 독설을 내뱉는 것으로 유명해서, 회사 내에 반대파도 많았지만 숭배자 또한 많아서 '아라반荒蠻'이라는 별명이 생겼다고 한다. 동경 제대를 나와 일본 최초의 탱크용 디젤 엔진 개발팀에서 활약했고, 탱크의 장갑裝甲 만드는 일을 담당했다. 이때 철판鐵板을 다루는 사람이라는 의미로 그의 이름 앞글자 아라荒 뒤에 철판의 판板과 일본식 발음에서 동음이 되고 거칠다는 뜻의 만蠻자를 붙여 일본식으로 '아라반'이라고 쓰게 된 것이다.

그의 성품이 철판 조각같이 다듬어지지 않았고, 일견 만용과 객기로도 보

일수 있어 이를 비꼬는 별명인데도 본인은 오히려 그 별명이 꽤 마음에 들었는지, 자신이 저술한 생산기술에 관한 책의 제목을 '아라반 학교あらばん学校'라고 지을 정도였다. 그는 나뿐만이 아니라 현대자동차에도 은인이었다.

현대자동차 엔진공장 설립 과정에서 '이노우에井上'라고 하는 나와 동갑내기 일본인 기술자와 매우 친하게 되었는데, 그는 나중에 자기가 아라이 소장을 모시고 한국을 방문했던 일화를 내게 따로 들려주었다. 이미 앞서 나와 첫 대면 때 언급했듯이, 1973년 가을 아라이 소장은 현대자동차를 방문하였는데 그 목적이 미쓰비시 자동차가 현대자동차와의 기술제휴를 진행할지 말지, 여부를 판단키 위해서였다고 했다. 그 무렵 미쓰비시 자동차 내부에서는 현대와 기술제휴를 원칙적으로 반대하는 사람들뿐만 아니라, 미쓰비시가 자랑하는 엔진을 과연 현대가 제대로 만들 수 있을지 우려하는 사람들이 상당히 많았다고 했다. 기술제휴라는 명목으로 현대에서 생산한 엔진이 형편없는 제품이 되어버리면 미쓰비시 이름에 먹칠을 하게 된다는 게 그 염려의 핵심이었다. 이에, 미쓰비시 기술을 대표하는 아라이 소장이 미쓰비시 자동차 사장의 특명을 받고, 그 부분을 판단하기 위해 한국을 방문하게 된 것이었다.

이노우에 주임도 아라이 소장의 수행원 중 일인이었는데, 울산에 와서 보니 기가 막혔다는 말밖에 달리 표현할 길이 없었다고 했다. 당시 현대자동차는 포드와의 기술제휴로, 매월 약 5백 대의 코티나와 약 4십 대의 버스를 조립하고 있었다. 그런데 미쓰비시사 기준으로 볼 때, 뭔가 체계도 없이 전반적으로 어수선한 분위기의 공장에서, 훈련도 제대로 안 된 듯한 작업자들이 어슬렁거리듯 겨우겨우 조립하는 모습을 보자니, 제대로 된 엔진 생산은 도저히 불가할 것이라는 느낌이 순식간에 밀려왔다고 한다.

이런 현대자동차의 모습에, 아라이 소장과 수행원들 사이에는 부정적인 공감대가 굳어졌고, 숙소로 돌아온 아라이 소장은 평소의 그답지 않게 무척이나 고민하는 모습이었다고 이노우에 주임이 전했다. 그날 저녁 대단한 주당인 이노우에 주임과 아라이 소장은 새벽까지 둘이서 술잔을 권커니 잣거니 하였는데, 당시 그들의 대화 내용은 대략 다음과 같았다고 한다.

"어이, 이노우에, 이놈의 회사에서 과연 엔진을 만들어낼 수 있을까? 자네 생각은 어떠한가?"

"글쎄요, 제대로 된 기계 가공을 해본 사람들 같아 보이지도 않고, 엔진 공장을 짓겠다는 장소는 갯벌인데 그 위에 과연 기계를 설치할 수 있을지도 모르겠습니다. 설령 겨우 설치했다 한들, 지반이 흘러내릴 텐데 제대로 가공이나 할 수 있을까요?"

"허허, 참, 그러게 말이야… 사장이 나더러 결정하라고 하니 이거 참 어쩌면 좋지?"

아라이 소장은 이미 대다수의 일행 사이에 굳어진 부정적인 시각에 수긍하면서도, 무슨 영문인지 이번엔 그답지 않게 주저하는 모습을 보이며 못내 아쉬워하더라는 것이었다. 이렇게 고민하던 다음 날, 경주를 관광하게 되었는데 이노우에는 이때 아라이 소장이 경주의 유적에서 매우 깊은 인상을 받은 것 같았다고 했다. 특히 에밀레종 앞에서 깊은 생각에 잠긴 듯, 한참을 서성거렸는데 그때 그의 얼굴은 무엇인가 결심한 듯 보였다고 했다.

그다음 날, 아라이 소장은 동행했던 모두의 앞에서 그동안 암묵적으로 동의했던 의견을 뒤엎고, 자신은 이제 현대자동차와의 기술제휴를 결심했다며 확신에 찬 목소리로 말했다고 한다. 그의 입을 바라보고 서 있던 수행기사들 앞에서, 그는 한국 조상들이 자기네 조상들보다 우수했으므로, 그 후손들인 한국 사람들도 잘만 가르쳐 주면, 엔진쯤은 반드시 잘 만들 수 있으리라 판단했다고 선언하더라는 것이다. 다들 눈이 휘둥그레졌지만, 그의 권위에 감히 도전한 사람은 아무도 없었다는 것이다.

경주를 다녀온 후 하루아침에 돌변한 아라이 소장은 더 나아가, 배우는 데에 시간이 꽤 걸릴 테니, 아직 계약 전이지만 빨리 사람을 먼저 보내주면 서둘러 교육을 해주겠다고 제의했다. 이처럼 기술제휴의 최종안에 대해 합의를 보기도 전에 우리가 미쓰비시 공장에 갈 수 있었던 것은, 이런 아라이 소장의 적극적인 호의에서 비롯된 것이었다. 그의 가르침은 정말로 고마웠다. 그는 비단 엔진공장 뿐만 아니라 프레스 공장, 조립공장에 이르기까지 많은 조언을 해주었고 결과적으로 포니를 탄생시키는 데에 참으로 큰 도움을 준 사람이었다.

수많은 국내 회사들이 외국 회사들과 기술 협약을 맺고 다양한 상품을 생산하고 있다. 만약 기술제휴라는 것이 단순히 필요한 기계설비를 사들여오고 작동 방법만 가르쳐주는 데에 그친다면, 진정한 상호협력의 정신은 찾기 힘들 것이다. 국내에서 제조하여 판매하는 한철 상품까지는 될 수도 있겠지만, 사람에서 사람에게 전승되는 기술인의 장인정신도 함께 전달되지 못한다면 아무리 기술제휴를 하더라도 단순 기술만 전수받는 측에서는, 스스로 자립하여 독자적인 상품을 개발할 수 있는 실력 배양까지는 희망하기 매우 어려워지기 때문이다.

결국, 필요할 때마다 다음 상품 역시 또 다른 기술 협약을 맺어야만 하므로, 영원히 외국 회사의 종속적인 '기술 협약 시장'으로 전락하기 쉽다.

기술을 제공하는 측과 제공받는 측이 장차 세계시장을 함께 공략하는 파트너쉽으로 발전하기 위해서는, 전수받는 측이 독립해 나갈 수 있도록 기술 공여 측에서 기술자의 장인정신과 함께, 스스로 생각하는 방법까지 진정성을 가지고 지도해 주어야만 한다. 배고픈 자에게 물고기만 파는 데 그치지 않고, 낚시하는 법까지 가르쳐주는 사람이야말로 단순한 장사꾼-손님의 상거래를 넘어선, 진정한 동업파트너라는 것이다. 그렇게 대등한 입장에서 함께 협력할 때, 비로소 더 큰 일을 도모할 수 있고, 동반성장 할 수 있는 좋은 친구가 될 수 있음을 아라이 소장은 모범적으로 보여준 것이었다.

4장
언어장벽

미쓰비시 자동차 교토 제작소에서 우리는 낮에 배운 것을 잊지 않기 위해, 그들이 가르쳐 준 한 구절 한 구절을 되짚어가며 밤이 깊도록 토론하고 복습하는 시간을 가졌다. 첫째 날 수업이 끝난 후, 우리는 저녁을 먹고 다다미방에 모두들 모여 앉아 낮에 필기한 노트를 뒤적이며 서로 비교해 보고 있었다. 이때 일본어로 고생을 하고 있던 이 대리가 물었다.

"저기요, 부장님, 일본어로 '학기리'가 무슨 뜻이죠?"

"학기리?"

"예, '학기리 와까리 마시따까?'라고 자주 말하던데요."

"응 그건 확실히, 분명히, 라는 뜻이지. 확실하게 잘 알아들었냐는 뜻이잖아."

"아, 그냥 그런 뜻이었구나. 저는 또 학기리를 알고 있냐고 묻는 줄 알고,

오늘 배운 것 중에서 학기리를 놓쳤나 싶어 계속 고민하고 있었거든요. 아무리 곰곰이 생각해봐도 도저히 생각이 나질 않아 대답도 하지 못했어요."

아직 채 익숙하지도 않은 일본어로 배운 것을 하나라도 놓치지 않기 위해, 온 신경을 집중하여 강의를 듣다 보면 금방 진이 빠져 졸음이 오기도 했다. 이 대리는 졸음을 참기 위해 무릎을 뾰족한 샤프펜슬로 콕콕 찔렀다고 한다. 비몽사몽 중에 자기만 학기리를 놓친 줄 알고 자책감에 빠져있다가, 이제 학기리가 무엇인지 알게 되자 안도의 한숨을 쉬는 이 대리를 보고 우리는 모두 한바탕 웃었고 그날부터 이 대리의 별명은 '학기리 상'이 되어버렸다. 겉으론 그렇게 웃었지만, 실상 우린 모두 같은 어려움을 겪고 있었다.

익숙치 않은 일본어를 통하여 완전히 새로운 아이디어를 배운다는 이중고는 젊은 이 대리나 강 대리를 하루 만에 지치게 하기에 충분했다. 가장 연장자였던 나는 그나마 해방 전 초등학교 5학년까지 일본어로 수업했었기에 조금 나은 형편이었다. 책 읽기를 좋아했던 나는 해방 이후에도 일어로 쓰인 문학 전집을 계속 읽어왔으므로 일어에 자유롭다는 은근한 자부심까지 갖고 있었으나 사실은 첫날부터, 글에서 보던 일어와는 전혀 다른, '생활 일본어'라는 크나큰 벽을 마주하고는 적잖은 충격에 빠져있었다.

현재도 해외 관광여행이 불허(1989년부터 해외여행 자유화 개시)되긴 하나 교육목적의 해외연수가 자유로워서 일본에 방문하는 사람들이 제법 많지만 1973년 당시는 외국에 나오기가 힘들 때였다. 나 역시 그때 교토에 온 게 난생처음 외국행이어서 바쁜 와중에도 시내 구경을 꼭 한번 해보고 싶어 택시를 타고 교토의 번화가로 나갔다. 교토는 우리나라 경주와도 같이 일본의 옛 수도

제1부 배우면서 세운 엔진공장 **49**

였기에 거리에는 수학여행 온 남녀 학생들로 붐볐고 상점마다 한국에서는 보기 드문 알록달록한 일본 전통 기념품들이 넘쳐났다. 처음 외국에 온 관광객들이 대부분 그러하듯, 나도 두리번거리다가 한 가게에 들어가 그림엽서 몇 장을 골랐다. 마침 지갑에 잔돈이 없어서 1만엔 짜리 지폐를 꺼내 들고, 집어 든 엽서와 함께 주인에게 내밀었다. 그러자 기모노를 차려입은 곱상한 늙은 여주인이 허리를 90도 각도로 굽혀 연방 절을 하며 "오끼니 오끼니" 하는 것이었다.

내가 알기로 '오끼니'는 '크게'라는 뜻이었다. 나는 여주인이 무엇 때문에 내게 "크게, 크게" 라고 하는지 도저히 알 수가 없었다. 몇 푼 되지 않는 엽서를 사면서 너무 큰 돈을 주니 거스름돈이 없어서 곤란하다는 뜻이 아닐까 하고 순간 당황했으나 화를 내는 표정이 아니고 미소를 띤 얼굴이어서 이게 도대체 어떤 상황인지 감을 잡기 힘들었다. 나이 드신 분이 허리를 깊숙히 숙이며 '오끼니 오끼니' 하고 소리치니 말 없이 뻣뻣하게 서 있을 수만은 없었던 나도 연신 고개를 숙이며 헤벌쭉 웃는 수밖에 없었다. 곧 여주인은 내가 고른 엽서를 받아들고 예쁜 봉투에 담아 거스름돈과 함께 건네주며, 이번에는 두 손을 앞으로 모아 다시 또 공손하게 허리를 90도 숙이며 '오끼니'를 연발했다. 나중에 일본인 기사에게 확인해보니 '고맙다'라는 일본어의 표준어는 '아리가토' 라고 한데, 교토에서는 '오끼니' 라고 한다 했다. '고맙다' 라는 일본어는 당연히 '아리가토 고자이마스' 인 줄로만 알았던 나는 현지에서 통용되는 교토 사투리마저 우리를 고달프게 하고 있음을 알고 쓴웃음을 지을 수밖에 없었다.

우리가 보통 배우는 일본어는 표준어인 동경 지방의 언어인데 우리가 머

50

물렀던 곳은 교토 사투리가 심해서 우리가 간신히 배운 일본어가 원활히 통하지 않을 때가 많아 의사소통이 무척 어려웠다. 그뿐 아니라, 공장에서 쓰는 말 중에도 도저히 알아들을 수 없는 말들이 많아, 첫 시간부터 수업 중 질문거리가 기술적인 것보다 주로 일본어의 뜻을 묻는 경우가 더 많을 지경이었다.

설명 중에 '마떼한'과 '셋벤'이라는 단어가 자주 나왔는데 아무리 추측해도 도저히 그 뜻을 짐작할 수가 없어 한참 기술적인 사항에 관해 설명하던 기사를 멈추게 하고 또, 일어 질문을 해야만 했다. 그러자 설명을 하던 기사가 미안하다며 다음과 같이 알려주었다.

"일본에서는 말을 줄여서 쓰는 경우가 많습니다. 실은 '마떼한'이나 '셋벤'은 기술용어라서 보통 일본인들도 잘 모릅니다. 셋벤이라는 단어는 '셋게이 헨꼬설계변경'을 줄인 말이고, '마떼한'은 '마떼리아루 한도링구Material handling'를 줄여서 만든 말입니다."

그는 우리의 일본어 어휘력 수준을 잘 모르기 때문에 우리가 매번 일본어에 대해 질문을 하지 않으면 그냥 지나치고 있었다. 그렇다고 하여 일본어에 대해 자꾸 질문을 계속하다 보면, 원래 진행해야 할 기술 강의가 본질이 다른 일본어 강의로 바뀌어버릴 수 있어서 우리는 따로 일본어 질문을 모아 나중에 한꺼번에 하기로 했다. 그렇지만 모르는 일본어가 기술 수업 중에 자꾸 반복되어 나타나면, 수업의 흐름이 깨어지더라도 내용 이해를 위해 묻지 않을 수가 없었다.

자주 쓰이는 단어로 '오샤까'라는 말이 있었는데 석가모니를 줄여서 '샤까'에다 존대 접두어인 '오'를 붙여서, 원래 부처님을 뜻하는 말이었는데,

어찌 된 영문인지 미쓰비시 교토 공작소에서는 오샤까라는 용어를 불량품을 뜻하는 단어로 쓰고 있었다. 이렇게 보통 일본사람들도 알아듣기 힘든 전문 용어들이 정상적인 일본어 사이에 늘 잠복해 있는 강의를 듣다 보니, 정상적인 일본어에도 미처 익숙하지 못한 우리 기사들은 이게 대체 무슨 말인지 도무지 알아듣지 못했고, 그렇다고 또 멍하게 가만히 앉아 있을 수만은 없는 노릇이어서, 강의 시간은 그야말로 꿈틀꿈틀 좌불안석이 될 수밖에 없었다.

따라서 매일 숙소에 돌아오면 그날 들은 기술에 관한 공부를 하기에 앞서, 그날 들은 일본어 공부부터 열심히 했다. 일본에 오기 전 우리 기사들은 미리 일본어를 수업받아서 표준어를 조금씩은 할 수 있었기에 나름 계산하기를, 일어 반 영어 반 섞어 쓰다 보면 의사소통이야 되겠지 하고 왔던 것인데, 그게 큰 오산이었다. 일본인들은 영어를 전혀 몰랐다. 미쓰비시 교토 공작소 전체에서 영어를 할 줄 아는 일본인 기사는 두세 명에 불과했다. 더구나 그들이 하는 영어라는 것도 발음이 아주 생소한 일본식이어서 흡사 일본어처럼 들리기 때문에, 그들이 말을 하면서 일본어 영어를 섞어 말하면 일본어로만 말할 때 보다 오히려 더 알아듣기 힘들 정도였다.

3개월의 교육을 어렵사리 마치고 현대자동차로 돌아온 나는 그다음 해부터 시작될 미쓰비시 교토 공작소 기술연수에 갈, 다음 팀을 선별 조직했다. 그리고 연수를 가기 전, 무엇보다도 기사들에게 일본어가 충분히 습득되어야만 한다는 점을 강조하였다. 이를 위해, 아침 일찍 사내 일본어 교육을 시작하도록 하였다. 시중의 일본어 교과서는 일반회화 위주로 구성되어 있기에 기술용어와 공장일을 배우는 데에 필요한 단어를 집중적으로 단기간에 습득하는 데에 적합하지 않아 교재는 내가 직접 만들었다. 아라이 소장이 쓴 '기계공작법機械工作法'이라는 책을 입수하여 초보자들이 모르는 단어나 기술용어를 따로 모아 적도록 하였다. 그리고 그 단어들을 이용하여 간단한 예문을 만들었다.

"이것은 기계입니다."

"이것은 공작기계입니다."

"이것은 구멍을 뚫는 공작기계입니다."

이렇게, 간단한 예문에서 출발하여 조금씩 복잡해지는 예문을 함께 적는 식으로 모든 단어를 망라하여 예문을 완성했다. 그런 다음, 그 예문들을 카세트 테이프에 녹음하여 반복하여 듣고 따라 하도록 진행을 하였다. 평생 일본어라고는 전혀 접해보지 못했던 기사들에게 갑자기 이런 교육을 하겠다고 하자, 학창 시절 영어로 고생을 했던 기억의 상처가 너무 컸었는지, 돌연 사내에 공포 분위기가 조성되었다. 학창 시절 6년을 해도 입을 떼지 못하던 외국어의 악몽을 딛고 갑자기 또 다른 외국어를 속전속결로 마스터해야 하는 부담감 때문인지 사원들은 겁을 먹었고, 이것을 없애주기 위해 거짓말을 해야 했다. 일본어는 한국어의 사투리 정도에 불과하여 누구나 마음만 먹으면 아주 쉽게 배울 수 있다고 안심을 시켰다. 혹여, 일어 관련학을 전공하신 분들이 이 글을 보신다면 직원들의 사기진작을 위한 나의 선의의 거짓말을 양해해 주시기 바란다.

수업의 목표는, 일어를 전혀 모르는 사원도 3개월 안에 미쓰비시 교토 제작소에 갔을 때 일어로 기술 강의를 수강하기에 지장이 없고 숙소 생활도 편안하게 할 정도의 간단한 일본어 문장을 능숙하게 구사하게 만드는 것이었다. 학기리 상을 비롯해 먼저 연수받은 기사들이 이번에는 강사가 되어, 특강을 하며 그들이 겪었던 여러 가지 에피소드를 들려주게 하여 현장감을 높였다. 마떼한, 셋벤, 오샤까도 빠짐없이 메뉴에 있었다. 수업 중간마다 점검하며 직원들에게 강조한 게 있었으니, 아무리 기술 실력이 좋은 사람일지라도 일본어 수업 후 치르는 시험에서 성적이 저조하면 일본 연수를 갈 수 없다는 원칙이었다. 미쓰비시에 갔을 때 일본인 기사들이 아무리 열심히 가르쳐주어도 우리 수강생들이 그걸 알아듣지 못해, 회사가 애써 조직한 기술 연수가 헛된 일이 된다면, 제대로 된 엔진은 고사하고 포니 생산 전체가 흔들릴 수 있다는 판단에서였다.

일본어 공부가 끝난 다음 해, 기술연수 1기를 보냈고 4주 차쯤 되었을 무렵 업무차 미쓰비시 제작소에 방문하였던, 나는 그들이 가장 궁금하여 먼저 만나보기로 하였다. 민 대리가 공항에 마중 나와 있었다. 교토로 향하는 버스 안에서 민 대리에게 언어 때문에 고생을 하고 있는지, 떠나기 전 회사에서 받은 일본어 교육이 효과가 있었는지를 물어보았다.

"아니 부장님, 교재에 나온 그 단어들은 어떻게 다 수집하신 겁니까? 그걸 암기하고 왔더니 첫날부터 공장에서 해주는 설명이 다 들려서 깜짝 놀랐습니다. 그리고 홍 대리처럼 교재를 달달 외워 완벽하게 공부한 친구들은 처음 보는 일본사람과 아예 일본어로 의사소통이 되길래, 그걸 지켜본 모두가 전부 깜짝 놀랐어요. 나머지 사람들과 저도 좀 더듬거리기는 해도 조금씩 의사소통은 이루어졌습니다."

"흠, 그런가?" 나는 듣고 싶었던 반가운 소리에 기쁨이 밀려왔다.

"그런데 말입니다, 부장님이 만들어주신 교재로 열심히 공부한 홍 대리라도 가와라마치에 가니까 아무 말도 못 하던데요?" 그는 이렇게 말을 하며 낄낄 웃었다.

"하하, 여보게, 그 교재는 자네가 한번 만들어 봐."

가와라마치는 근처 관광지로서 관광객을 상대로 하는 기념품 가게와 술집이 늘어선 번화가이다. 교재에서 배우는 직선입니까, 곡선입니까, 전용기로 깎는다, 모서리를 잘라낸다, 등의 일본어가 입에서 아무리 술술 나와도 가와라마치의 상점을 돌아다닐 때 가격을 흥정할 수는 없었다. 아침에 잠깐씩 하는 3개월 속성 일본어 강습으로 모든 분야의 단어와 표현을 가르친다는 것은 어차피 불가능했기에, 안타깝지만 그런 부분은 배제되어 있었다.

4년제 대학을 졸업하여 현대자동차에 입사한 사람들은 그냥 일본어만 공부하면 되었지만, 2년제 전문대학을 졸업하고 입사한 친구들은 추가로 영어 보강 수업도 받아야만 했다. 1975년 가을, 전문대 출신을 모집하였는데, 그때 입사한 사람 중에 유난히 영어를 못 해, 내가 관심을 갖고 영어공부를 하도록 채근한 사람이 하나 있었다. 그는 입사 시험에서 전문과목 성적은 상당히 좋아 평균 점수로 규정된 합격선은 뛰어넘었지만, 영어 점수는 0점이었다. 머리는 좋은 것 같았는데 필시 어떤 사연이 있으리라 생각되어, 면접에서 내가 그 이유를 물었던 이 기사였다. 당시 군복을 입은 채 면접시험장에 온 그는 제대를 앞둔 현직 육군 대위로, 호명에 우렁차게 대답하며 절도있게 한 걸음 앞으로 나서더니 면접관들에게 거수경례를 하였다. 면접위원장이었던 신 상무가 물었다.

"자네는 전문과목 성적은 아주 우수한데 영어는 왜 0점이지? 영어를 전혀 모르는가?"

"예, 공부를 하기는 했습니다만, 전문대학 졸업 후 3사관학교를 다시 나오고 일선에서 중대장을 맡아 열심히 군대 생활을 하다 보니 그나마 조금 알던 것마저 다 잊어버렸습니다. 시험문제를 보니 억지로 몇 자 적을 수는 있겠다 싶었지만, 정확하게 모르면서 끄적거리는 건 부끄러운 짓 같아서 그냥 백지를 냈습니다." 그는 조금도 망설임 없이 군대식으로 소리치듯 말했다. 이 기사를 불합격 처리하자는 반대표가 많았지만, 솔직한 그의 성품이 마음에 들어, 내가 그에게 영어를 할 수 있도록 가르친다는 조건부로 합격을 시켜, 내가 담당하는 엔진부로 발령을 냈다. 제대 일자 때문에 남보다 조금 늦게 입사한 그는 오자마자 제일 먼저 내게로 찾아와 인사를 했다. 나는 명령에 익숙한 그가 알아듣기 쉽도록, 최대한 근엄한 목소리로 말했다.

"오, 그래 왔나? 자네가 영어를 할 수 있게 만드는 책임을 내가 진다는 조건으로 입사가 허락된 거야. 그러니 오늘부터 당장 영어공부를 하게. 복잡한 문장 같은 건 필요 없고, 영어 편지 같은 것도 안 시킬 테니 우리랑 같이 일하는 영국 사람들 데리고 다니면서 의사소통만 할 수 있도록, 어떻게든 배워 봐. 아직 자넨 젊으니깐, 테이프를 구해서 통째로 외워 보라고."

"예, 알았습니다." 여전히 군인티가 가시지 않은 우렁찬 목소리로 거수경례 후 그는 돌아갔다. 상사 앞이라 큰소리로 대답은 했겠지만, 이 기사가 정작 마음속으로는 아마 영어공부법에 대해 적잖은 고민을 하고 있었을 것이었다. 그를 위한 나의 계획은 따로 있었다. 며칠 후, 총무부에서 텔렉스가 왔다. 내용인즉, 퍼킨스에서 영국인 기술자 한 명이 비행기로 부산에 도착할 테니, 마중 나가서 데리고 가라는 연락이었다. 비행기 도착 시각을 보니 곧 나가야 할 시간이었다. 나는 이 기사를 불러 그에게 지시를 했다.

"어이, 이 기사, 영국인 기술자 한 명을 부산에 가서 만나 데리고 오라는데 자네가 갔다 와. 3시 비행기니까 바로 나가야 해. 내 차를 타고 수영 비행장에 가서 그 사람을 데리고 와. 그동안 영어공부 좀 했으니 이 정도는 할 수 있겠지?"

"예, 다녀오겠습니다."

이 기사는 여전히 절도 있고 시원스럽게 대답하고 자리로 돌아갔다. 나는 '이 친구, 속으로는 당황 좀 하고 있겠지' 하고 짐작은 하면서도 겉으로는 짐짓 무표정한 얼굴로 그의 동정을 살폈다. 그는 서랍을 열어 영한사전과 한영사전 각 한 권씩을 양손으로 집어 양쪽 점퍼 주머니에 찔러넣고, 태연하게 밖으로 저벅저벅 걸어 나가더니 몇 시간 후, 영국인 기사를 대동하고 나타났다. 그런데 그는 마치 원래 영어깨나 했던 사람인 양, 자신감 있는 큰 소리로 소위 콩글리시를 구사하며 영국인에게 말을 하고 있었다. 나는 이 기사에게, 방금 도착한 영국인 엔지니어는 주말 동안 낯선 곳에서 할 일이 없을 테니, 그를 데리고 다니며 경주 구경을 시켜주라고 지시했다.

엔진공장 설립 시 도움을 준 아라이 소장이 경주에 깊은 감명을 받았다는 사실을 알게 된 이래, 나는 경주 역사와 우리나라 범종에 관한 공부를 하였고 이것을 간략히 요약한 뒤, 처음 한국을 방문하는 외국인 기술자들이 경주를 구경할 때마다 이 설명을 들도록 함으로써, 아라이 소장과 비슷한 효과가 나도록 하였다. 적어도 우리 선조들은 뛰어난 금속 기술을 가지고 있었다는 걸 알려 줌으로써, 그 후손인 우리들이 능력 있는 파트너라는 걸 각인시키는 일이었다. 이번에는 이 기사와 함께 또 다른 기사 몇 명을 추가로 합류시켰다. 기왕에 생긴 공짜 영어 회화 선생이니 여러 명이 혜택을

제1부 배우면서 세운 엔진공장 **57**

보게 함이었다.

몇 주 후, 같이 일하게 된 영국인 기술자들 모두와 엔진부 직원들이 함께 불고깃집에서 저녁 회식을 할 때였다. 불판 위에 불고기가 한참 익을 무렵, 바로 그날 아침에 도착한 영국인 한 명이 내게 오더니, 어색한 포즈로 무릎을 꿇고 앉아 두 손으로 담배를 권하는 게 아닌가. 내가 고맙다고 인사를 하며 담배 한 개비를 뽑으니, 그는 얼른 라이터를 켜 불까지 붙여 주는 거였다. 분명 누군가가 한국의 풍습이라며 가르쳐 준 것임이 틀림없었다. 나는 큰 소리로 물었다.

"이 양반은 오늘 도착한 사람인데 누가 벌써 이런 걸 가르쳐 줬나?"

이 말에 좌중은 모두 낄낄거리며 이 기사를 가리켰다. 얼마 후 술이 거나하게 한 잔씩 돌아가자, 이번에는 영국인들에게 한국식 주도를 가르치고 있던 이 기사의 취한 목소리가 들려왔다.

"여보시오, 영국 신사 양반, 한국에 와서 이 주일이 되었으면 한국말도 좀 배우세요."

안되는 영어로 열심히 해보았지만, 도저히 통하지 않으니까 술김에 한국말로 푸념을 한 것이었다. 얼마 지나지 않아, 이 기사는 비록 문법은 맞지 않았고 손짓·발짓도 동원되긴 했지만, 공장 내의 영국인 기술자들과 의사소통을 거의 할 수 있게 되었다.

자신만만해하는 그에게 가끔 나는 농담으로,

"이 기사, 자네 말이야, 필름이 끊기도록 취하면 가까스로 배운 영어를 다 잊어버릴 텐데…. 자네는 조건부인 거 알지? 아무리 취해도 영어는 잊어버리면 안 되네!" 하고 점잖게 일러주면, 주변의 동료들이 깔깔거리며 웃었다.

그다음 해에는 이 기사가 영어에 전혀 겁을 내지 않게 되었고, 일본어에도 숙달하여, 일본에 기어 부품을 검수하러 가서 훌륭하게 일을 해낼 정도로 외국어에 자신감을 가지는 기술자로 성장을 하였다.

엔진부가 일본어와 영어를 과외로 배우는 동안, 포니의 디자인을 담당하게 되어 이탈리아에 있는 디자인에 가야 할 기술부 직원들은 각자 주경야독으로 이탈리아어 공부를 해야 했다. 기술계통의 지식은 눈썰미가 좋은 한국인들이 언뜻 눈으로 쓱 훑어보고 어깨너머로 배울 수 있는 것으로 보이지만, 그건 결국 수박 겉핥기에 지나지 않아, 그렇게 얻은 얕은 지식으로는, 주변 상황이나 조건이 조금만 달라져도 제대로 사용하지 못하게 된다. 근본 원리를 이해하지 못하면 응용을 할 수 없기 때문이다. 기술이전을 할 때, 많은 경우, 자칫 조잡한 모방에 그치기 쉬운 게 바로 그런 이유 때문이다.

완전한 기술적인 자립을 이루기 위해서는 그 기술의 원리를 설명한 언어를 습득하여 이해하고 응용을 해야 함이 필수이다. 아무런 배경 지식이나 경험이 없는 사람이 갑자기 낯선 언어로 무엇인가 새로운 것을 배운다는 것은 상상하기 힘들 정도로 어렵다. 무엇이든 제대로 배우고자 하는 사람은 우선하여, 가르침을 주는 사람의 언어부터 미리 습득해 두는 것이 수업의 첫 단계가 될 것이다. 그저 손쉽고 편하게만 배우려는 욕심에, 비전공 번역자에 의해 내용을 제대로 이해하지 못한 채, 어설프게 자국어로 번역된 글을 통해 성급하게 배우려 하다 보면, 자칫 정확한 근본 원리를 깨우치는 데에 실패하기가 쉽다. 한국어를 전혀 알지 못하는 서양사람들이 태권도를 익힐 때 '경례', '차렷' 등 한국어를 사용하여 배우면 무예의 바른 정신까지 이해할 수 있는 것과도 같은 이치이다.

현재로서는 기술의 약소국인 한국에 태어나 남이 개발한 기술을 익히는 것에 더하여, 그 나라 언어까지 함께 배워야 하는 이중고에 시달리고 있지만, 언젠가 우리 후대에서는 다른 나라 사람들에게 한국어로 무엇인가를 가르쳐줄 날이 꼭 올 것이라 믿는다. 부하 직원들에게 제대로 된 제품을 만들라고 독려하면서 제2 외국어까지 배우라고 하는 나 자신이 한편으론 부끄럽고 직원들에게 면목도 없었지만, 제대로 된 엔진을 만들고 자생력 있는 생산기술을 갖출 천우신조의 기회를 맞아, 내가 할 수 있는 최선의 길은 우리에게 주어진 이번 기회를 살려 반드시 성공해야 하는 것이라 생각했다. 우리 후손들이나마 어깨를 펴고 다닐 수 있는 세상을 만들기 위해서라도, 지금은 이를 악물고 영어든 일어든 빨리 배워야 한다고 후배 기술자들을 몰아세울 수밖에 없었다.

그 후, 13년이 지난 지금, 국내 유수 언론과 경제지에서 '일본 자동차 메이커 한국어 붐'이라는 기사를 보았다. 우리나라 자동차 회사와 제휴한 일본 메이커들이 전문인력을 키우기 위해 한국어 교육을 포함한 외국어 교육을 서두르고 있다는 내용이었다. 기아산업과 제휴하고 있는 마쓰다Mazda가 본사에 한국어 코스를 두고, 대우 자동차와 제휴한 이스즈Isuzu도, 사외이긴 하지만 한글 연수를 하고 있다는 내용을 소개하며 다음과 같이 끝을 맺고 있었다.

"현대자동차와 제휴를 하는 미쓰비시 자동차는, 현대자동차의 과장급이 영어를 거침없이 구사하고 부장급은 일본어를 유창하게 구사하는 것에 깊은 인상을 받았으며 당장 사내 한국어 강좌를 열지는 않겠지만 사외 한국어 연수를 검토하고 있는 것으로 알려졌다."

13년 전 그때의 '학기리 상'들이 고생한 보람으로 이런 기사까지 날 정도가 되고 보니 그저 감개무량할 뿐이었다.

5장

하루는 25시간, 일주일은 8일

"헬로우, 굿모닝, 우리는 코리아에 있는 현대자동차입니다. 당신 회사의 영업부와 통화를 하고 싶습니다, 연결해 주십시오." 국제전화로 이렇게 영어로 요청하면 어김없이 상대는 다음과 같이 묻는다.

"코리아? 어느 회사라고요?"

"현-대 모터 컴퍼니-"

"뭐라고요? 못 알아듣겠습니다. 스펠링을 불러주세요."

"H-Y-U-N-D-A-I"

"H-I-U-L-G-A-Y?"

"노우! 그게 아닙니다! 다시 불러 드리겠습니다.

하우스 할 때 H,

옐로우 할 때 Y,

유니언 할 때 U,

네이비 할 때 N,

덴마크 할 때 D,

에이프릴 할 때 A,

아이스크림 할 때 I"

"오우, 하윤다아이."

"예스, 현-대- 모터 컴퍼니-"

"오, 일렉트릭 모터 만드는 곳입니까?"

어이구, 또 나오는구나, 모터 생산하는 회사냐고 묻는 거. 자동차 회사라고 알려주면 왜 이름이 모터 회사냐고 되묻고, 미국의 포드 모터 컴퍼니Ford Motor Company와 제너럴 모터스General Motors는 자동차 회사 아니냐고 알려주면 그제야 웃으면서 몰랐다고 말하는 영어권 교환수들…. HYUNDAI이라고 쓰면 영국 사람들은 '하윤다이'로 발음하고, 이탈리아 사람들은 '윤다이'로 발음한다. 회사 이름이야 그렇다 하더라도, 자동차 회사를 일개 모터 회사로 강등하여 물어보는 데에는 정말로 자존심이 상하여 화가 치밀어 오르기 일쑤였다.

제너럴 모터스나 포드 모터 컴퍼니는 자동차 회사인 줄 알면서 똑같이, '모터'를 붙인 현대자동차의 하윤다이 모터 컴퍼니는 코리아에 있다고 하니까 설마 한국 같은 나라에서 설마 자동차 같은 것을 만들려고? 하는 의구심 때문인지 자동차 회사라고 알려 주어도 못 믿겠다는 눈치다. 그러한 불신은 현대자동차가 포니를 만들어낸 뒤에도 완전히 사라지지는 않아서, 나중에 생산 규모를 확장하기 위해 추가로 공작기계를 살까 하여 영국을

제1부 배우면서 세운 엔진공장 **63**

방문했을 때, 판매 업자는 깜짝 놀라며 나에게 이렇게 말하는 것이었다.

"다시 사러 올 줄 몰랐소. 당신들이 자동차를 만들겠다길래 팔기는 팔았지만, 당신들 같은 후진국에서 내 기계를 한번 사가고 난 후, 그걸로 만든 상품이 잘 팔린다고 추가로 더 기계를 사러 온 적은 한 번도 없었어요. 이번에도 내 기계로 차를 만들어 보다가 제대로 못 해 그냥 끝날 줄 알았는데, 놀랍군요. 당신들은 다르군요…."

1974년 봄, 유럽인들에게 한국에서 차를 만들 계획이 있고, 그 차에 탑재할 엔진을 만들기 위해 기계를 사려고 한다는 말을 아무리 떠들어도 아무도 믿으려 들지를 않았다. 그래서 거래 상대의 의심을 빨리 풀게 하고자 우리는 이렇게 말을 돌려 해야만 했다.

"미스터 조지 턴불George Henry Turnbull을 아십니까? BLMC 사장이었던 사람입니다."

"Oh, yes, 잘 알고 있습니다."

"그분이 이번에 우리 회사 부사장으로 오셨습니다."

"아, 그렇군요. 듣고 보니 신문에서 본 기억이 납니다. 회장과 싸우고 한국의 어디로 간다는 기사가 났더군요."

"그게 바로 우리 회사입니다. 하윤다이, 기계를 살까 합니다."

"아, 맞다. 이상한 이름이었어요. 지금 거기서 전화하신 건가요? 미스터
턴불과 우리 회사 사장님은 아주 가까운 사이입니다. 미스터 턴불은 우리 기계가 얼마나 좋은 기계인지 잘 알아요. 반갑습니다. 한번 찾아오세요."

"죄송합니다만, 지금 우리가 찾아갈 시간이 없으니까 그쪽에서 이리로 찾아와 주셨으면 합니다. 물론 기계를 파실 의향이 없으시다면, 미스터 턴불

한테 그렇게 전하겠습니다."

미스터 조지 턴불은 당시 영국의 거대 자동차 회사였던 BLMC의 사장을 역임했던 사람으로 영국의 자동차 산업이 내리막길로 접어드는 데에 대한 해결 방안을 두고 BLMC의 회장과 불화가 생겨 사임을 했다. 그때 정세영 사장은 미스터 턴불과 접촉하여 그를 스카우트하는 데에 성공했다. 미스터 턴불은 현대자동차와 3년 계약직 부사장으로 오면서 포니의 개발과 생산을 감리 감독할 기술자들 5명을 데려왔다. 우리는 유럽의 기계 회사들과의 첫 번째 거래 시, 그의 이름을 걸어 구매 업무 수행의 효율을 올리는 방안을 터득하고 있었다. 프레스 기계를 사러 온 김 부장과 그 밖의 여러 장비를 구매하러 유럽으로 파견 나온 다른 이들도 곧 우리처럼 현대자동차의 이름을 힘들게 소개하는 대신, 미스터 턴불의 이름을 팔아 거래처를 확보하는 방법을 스스로 터득하게 되었다. 강 대리와 나는 1974년 3월, 다시 미쓰비시 교토 제작소로 가서, 그곳 엔지니어들과 엔진 생산에 필요한 기계들을 협의하고 결정하였고, 기계들의 명세서를 밤을 새우며 작성하자마자, 바로 또 영국 런던으로 향했다.

연간 5만 6천 대의 엔진을 생산하기 위해, 일반적으로 철공소에서 여러 가지 철재 물건들을 제작할 때 쓰는 -흔히 '공작기계'라고 부르는-, 일반 범용 기계를 쓴다면 생산 속도가 엄청나게 느려지고 투자액은 쓸데없이 커진다. 따라서 공작기계 대신, '전용기계'라고 불리는 커스텀메이드Custom-made 공작기계를 특별 제작해야 하는데, 엔진을 제작하는 전체의 생산공정을 한 개 또는 몇 개의 공정으로 묶어, 그 부분을 담당할 전용기계의 명세서를 만들어야 한다. 그래야만 전용기계 제작소에서는 그 작성된 명세서를 충족시

제1부 배우면서 세운 엔진공장　　65

켜 줄 수 있도록, 커스텀메이드 방식으로 몇 개의 공작기계가 결합한 것 같은 특별 기계를 설계하고 또 그 견적을 뽑을 수 있다.

각 '전용기계'의 명세서에는 자동차 엔진의 어떤 부품, 어느 곳을 어떤 방법으로 가공할 것이며, 시간당 몇 개를 가공할 것인지, 일련의 생산라인을 만들기 위하여 대략 어떤 기계 배치를 할 것인지, 가공할 소재는 어느 쪽으로 들어와 어느 쪽으로 배출하게 될 것인지, 가동 시 절삭제切削劑는 어떤 것을 쓰게 될 것인지, 공구의 설계는 어떤 종류를 쓰게 될 것인지 등을 상세하게 지정해 주어야만 한다.

특히 전용기계는, 중간에 일부의 기계가 다른 제작 업체에서 만든 기계로 교체될 것에 대비하여, 기계들이 일렬로 죽 나열되어 들어섰을 때 가공물이 흐름을 타고 가능하면 일직선으로 운송될 수 있도록 미리 계획되어야 하므로 더욱 꼼꼼하게 명기되어야만 했다. 기계 한 대의 명세서 분량은 A4 용지로 빼곡히 8매 정도가 된다. 엔진공장 에서만 모두 2백여 대의 기계를 구매해야 했으므로 명세서 작성 또한 결코 만만한 일이 아니었다. 낮에는 미쓰비시 기술자들과 각 기계마다 그 특성과 요구 사항들을 협의하고 숙지하느라 눈코 뜰 새 없이 바쁘므로, 밤에만 매달려야 하는 작업이었다. 미쓰비시에 머물며 두 달간 매일 밤을 새우다시피 하여 명세서 작업을 겨우 마친 후, 그길로 바로 런던으로 향했다.

난생처음 밟아본 런던의 정취를 느낄 여유조차 없었다. 공항에 자욱하게 깔려있던 안개만이 이곳이 낯선 이국땅임을 상기시켜 주었을 뿐, 파도처럼 밀려드는 일 때문에 관광 따위는 생각할 겨를도 없이 오직 어서 일을 마치고 한국으로 돌아가고 싶은 심정뿐이었다. 그 무렵, 현대건설이 런던 사무소로 사용하고 있는 작은 룸이 하나 있었는데, 급한 대로 그곳을 함께 사용하여 현대자동차 임시 사무소로 함께 쓰기로 했다. 하나밖에 없는 사무실을 현대건설에서 사용하고 있을 때면, 자동차 손님이 찾아와도 함께 앉을 자리가 없어 대기해야 할 정도로 비좁았다.

그 사무실은 런던에서 가장 고급 백화점인, 해로즈 백화점 부근의 '브럼튼 로드'에 있는 한 건물의 2층에 있었다. 낮에는 기계 구매를 위해 온종일 전화를 하고, 기계 설명을 하거나 세일즈맨의 설명을 들으며 약속을 잡고, 그와 동시에 찾아온 업체들의 영업 사원과 기계 명세, 가격을 얘기하며 협상을 벌였다. 필요한 각 기계마다 여러 곳으로부터 명세서와 가격을 받았기 때문에 밤에는 낮에 받은 모든 견적서를 검토하고 가격을 대비시킨 비교표를 만드는 작업을 하였다.

같은 건물의 4층에서 침식을 해결하였기에, 며칠씩 밖으로 나가지도 못하고 오직 2층과 4층만을 오고 갈 뿐이었다. 런던의 겨울은 오후 2시쯤부터 어둑어둑해지기 때문에 시계를 보기 전에는 때를 알기 힘든 정도라, 종종 시간 감각도 잃은 채 일에 매달렸다. 이런 생활을 두고 우리는 언제부터인가 '브럼튼 감옥'이라 부르기 시작했다. 브럼튼 감옥의 생활상은 귀국한 사람들의 입을 통해 그 악명이 높아져서 처음 한국서 브럼튼으로 발령을 받은 사람들은 잔뜩 긴장하곤 했다. 이미 와있던 사람들은 누군가가 새로 들어오면 환영의 의미로 "몇 개월 선고받았습니까?"하고 묻는 것이 농담 같은 인사가 되어버렸다.

단순 '월급쟁이'라는 직업의식을 넘어, 우리 각자 마음에는 마치 일본 강점기에 독립투사가 독립운동 중 기꺼이 감옥에 다녀오겠다는 비장한 심정마저 되어, 우리나라를 대망의 자동차 수출국으로 만들기 위해선 무슨 일이든 마다치 않겠다는 열망과 각오로 가득했다. 가난한 나라였던 대한민국, 유럽 사람들이 처음 들어보는 나라, 코리아를 그들에게 제대로 알려주고, 마침내 스스로 자동차를 만드는 나라가 될 수 있게 하려고 온 젊음을 다 바쳐 열심히 해보겠다는 투지로 가득 차 있었던 거였다.

새로 오는 사람들은 "6개월 형 선고받았습니다."라는 대답과 함께 짐도 채 풀기도 전에 마치 전투에 뛰어온 자원병처럼 바로 일에 뛰어들었다. 곁에서 그런 우리 모습을 지켜보던 현지 영국인들은 이렇게 말하곤 했다.

"정말 놀랍군요. 나이가 서른 정도들 아니요? 한창 인생을 즐겨야 할 사람들이 마치 하루가 25시간, 일주일이 8일 되는 것처럼 밤낮으로 일만 하고 있으니, 당신들 나라는 머지않아 영국을 앞지르는 나라가 될 것 같소."

밤 11시쯤 되자 브럼튼 감옥의 죄수들은 하나둘씩 침실로 들어온다. 작은 침실에 여러 명이 빼곡히 누워야만 하기에 침대 머리를 벽 쪽으로 두고 촘촘히 양쪽 벽으로 늘어서 있으므로 마치 군대 내무반에 들어온 느낌이었다. 피곤한 몸을 간신히 침대에 털썩 누이고 나면, 그제야 떠오르는 고국 생각에 울컥해지곤 했다.

이 대리의 머리맡 벽에는 아들의 돌사진이 붙어 있었다. 이 대리의 하루는 그 사진을 보는 것으로 시작해서, 다시 그 사진을 보며 꿈나라로 가는 것이 정해진 일과였다. 결혼 후 몇 해 동안 아기를 갖지 못해 전전긍긍하다 겨우 아기가 생겼는가 싶었는데, 출산을 불과 두 달 앞두고 브럼튼 감옥으로 오게 된 이 대리는 고국에서 보내온 아이의 사진을 침대 곁에 붙여두고, 그렇게 그리움을 달래고 있었다. 사진의 아이는 아빠를 닮아, 부리부리하게 크고 잘생긴 눈을 갖고 있었다.

어느 날 밤, 이 대리가 침대에 보이지 않았다. 갈증이 나서 물을 한 잔 마시려 식당으로 갔더니 이 대리가 거기서 양주를 앞에 놓고 작은 테이블 앞에 혼자 앉아 있었다.

"어이, 이 대리 여태 잠 안 자고 뭐 해?"라고 말하며 가까이 가보니 그는 울고 있었다.

"부장님, 이게 대체 뭡니까? 이게 사람이 사는 겁니까? 정말 모르겠습니다, 부장님…. 얼마나 기다렸던 아이인데, 아비라는 작자가 가보지도 못하고, 아들놈 한번 안아보지도 못하고…. 제가 대체 아버지 자격이라도 있는 놈입니까?"

평상시엔 항상 쾌활하고 어떤 어려움에도 아무렇지도 않은 듯 씩씩하게 헤쳐나가던 이 대리가 이렇게 울먹이자 나는 할 말을 잃고 말았다. 나 역시 초등학교 2학년인 딸, 5학년인 아들이 있던 터였다. 집에서 애들하고 마지막으로 놀아준 적이 언제였던가, 생각해보다 나도 그만 함께 울컥해져 그와 마주한 채 말없이 술잔만 비워댔다.

12년이 지난 지금, 이 대리는 현대자동차의 어엿한 부장이 되어 당당하게 한 부서를 책임지는 관리자가 되어있다. 그때 어렵게 얻은 아들은 지금쯤은 한창 개구쟁이가 되어있을 것이다. 당시 이 대리 같은 젊은 직원들이 가족과 다정하게 지냈어야 할 시간을 희생하며 고생한 보람이 있었기에, 지금의 현대자동차는 이제 세계 유수의 어느 자동차 회사와 견주어도 손색이 없는 회사로 자랄 수 있었다고, 많이 늦었지만, 지금에라도 그에게 위로와 격려의 말을 전하고 싶다.

또한, 이 글을 통해, 오늘날 현대자동차가 있기까지 현재엔 그 이름조차 거론되지도 못한 수많은 기술자들의 보이지 않는 뜨거운 열정과 땀이 있었음을 알리고 싶다. 그들은 단순히 봉급에 연연해서가 아닌, 우리나라의 최초의 고유모델 자동차와 그 생산 시설을 만든다는 획기적이고 위대한 작업에 동참하기 위해서, 자신의 몸과 영혼을 불사르듯 혼신의 힘을 다하였었다. 잠시나마 그 역사적인 시간을 그들과 함께했다는 사실이 너무나 자랑스럽고, 또한 영원히 잊지 못할 감동으로 내 가슴 속에 깊이 남아 있다.

6장

말 못 하는 고민

런던에서 바쁘게 보내던 중, 프레스 공장 건설을 담당하는 김 부장, 제갈 과장이 프레스 기계와 금형 깎는 기계를 구매하기 위해 프랑스로 온다는 연락이 왔다. 인력이 부족한 상황이라 하여, 마침 이곳 런던 쪽은 잠깐 여유 가 생겨 내가 잠시 돕기 위해 그쪽 팀과 합류하기로 했다. 월요일 아침부터 프레스 기계를 만드는 공장에 방문하기로 일정이 잡혀있었고, 일단 일이 시 작되면 눈코 뜰 새 없이 바빠질 게 확실했다. 사진으로만 보아왔던 프랑스 의 첫 방문이 감개무량했던 나는 월요일이 시작하기 전, 주말을 이용하여 단 몇 시간만이라도 파리 시내 구경을 하고 싶었다. 그래서 김 부장에게 연 락하여 둘이 파리 구경을 하기로 약속하였다. 아직 시차 적응이 안 되었지 만 난생처음 파리를 구경한다는 흥분감에 평소보다 일찍 잠에서 깬 일요일 아침, 히스로 공항으로 가서 파리행 비행기에 몸을 실었다.

제1부 배우면서 세운 엔진공장 **71**

김 부장은 얼마 전 프랑스를 한 차례 다녀왔던 터였다. 두 번째 방문이라는 자신감 때문이었는지, 우리가 만나기 며칠 전부터 전화상으로 "파리 구경은 나한테 맡기소." 라며 호기 있게 큰소리를 탕탕 치곤 했다. 파리 공항에서 김 부장과 만나 호텔로 와서 가방을 맡기고는, 바로 파리 구경을 시작하기로 했는데, 김 부장이 우리를 안내한 곳은 '파리비죵Paris Vision'이라고 하는 관광버스 회사였다. 김 부장이 장담했던 '파리 구경' 안내가 사실은, 관광버스 회사까지의 안내였음을 깨달은 나는 실소를 금치 못했다. 우리는 버스표를 사 들고 파리 일주 관광버스에 올랐다. 앞 좌석 등받이에 이어폰을 꽂게 되어있어 영어, 독일어, 이탈리아어, 일본어로 설명을 들을 수 있었다.

약 두 시간에 걸쳐 시내의 중요 관광 명소 앞을 지나며, 그곳의 역사와 함께 관련된 여러 이야기를 들을 수 있어서, 비록 주마간산 격이었지만 대략의 구경은 할 수 있었다. 그런데 버스는 천천히 지나가기만 할 뿐, 관광객이 길에 내리는 것은 허용되지 않았다. 아쉬움에 내가 김 부장에게 잠깐이라도 내려서 보고 싶다고 불평을 하자, 김 부장은 태연하게 그렇게 해주겠노라고 장담을 하더니, 우선 대충 무엇이 어디에 있는지만 알아두었다가 나중에 다시 와서 보면 된다고 하였다. 버스가 파리 시내 한 바퀴를 돌고 제자리로 돌아오자, 김 부장이 말했다.

"자, 이제 제가 모셔다드릴 테니, 어디를 가시고 싶으세요?"

나는 얼른, "루브르 박물관"이라고 대답했다. 버스에서 외관과 대략적인 설명은 듣고 지나쳐 왔지만, 기왕 온 김에, 루브르 박물관은 내부 관람까지 꼭 하고 싶었다.

"아, 루브르? 이쪽 길로 죽 가면 됩니다. 가까우니까 택시를 타지 않고 걸어서 가도 됩니다."

김 부장은 자신 있게 말하더니 오페라 극장 정면으로 널따랗게 뚫려있는 애비뉴, 오페라 길을 따라 앞장서 걸어갔다. 길을 따라 세계에서 가장 유명하다는 보석가게들이 즐비하게 늘어서 있어서 유리창 안을 들여다보며 걸어갔다. 박물관에 도착하니 아직 훤한 대낮이었는데도 벌써 출입구를 닫고 있었다. 황급히 뛰어가, 우리는 멀리 한국이라는 나라에서 온 사람들이니 우리까지만 입장을 시켜 달라고 영어로 통사정을 했다. 그러나 문을 닫는 직원은 불어로 뭐라 뭐라 중얼거리며 고개를 절레절레 흔들 뿐이었다. 나중에 안 일이지만, 박물관이 워낙 넓어서 구경하는 데만도 오랜 시간이 걸리므로 그것을 고려하여, 오후 2시 이후에는 입장을 금한다는 것이었다. 맥빠져 있는 내게 김 부장은 다시 아무렇지도 않다는 듯 태연히 말했다.

"할 수 없지요, 뭐. 다음에 또 올 기회가 있겠죠. 자, 이번에는 어디로 갈까요?"

나는 낙담을 했지만, 또 늦으면 안 되겠다 싶어 재빨리 노트르담 사원에 가보자고 했다. '노트르담의 꼽추'는 영화로 두 번이나 감명 깊게 본 적이 있어, '파리'하면 제일 먼저 연상이 되던 곳이었다. 좀 전에 관광버스로 역시 겉모습만 멀리서 보고 왔었다.

"그러시죠. 노트르담은 '시테'섬에 있는데 여기서 그다지 멀지 않아요. 센 강 변으로 경치를 보며 걸어가면 나올 겁니다."

파리의 정취를 느끼며 강변을 따라 한참 걷다 보니, 언젠가 그림엽서에서 본 것처럼 헌책을 파는 수레들이 죽 늘어서 있었다. 저만치 앞에서 노트르

제1부 배우면서 세운 엔진공장　　73

담 사원의 뾰족한 첨탑 부분이 서서히 보이기 시작하여 그쪽으로 걸음을 재촉했지만, 금방 도달할 수 있는 거리가 아니었다. 물리적 거리도 거리였지만, 실은 가깝게 느껴지지 않은 또 하나의 이유가 있었다. 갑자기 화장실이 가고 싶어졌기 때문이었다. 영국에서는 큰길에 눈에 띄게 '젠틀맨'이라는 표찰을 붙여 두고 그 표시 아래 지하로 내려가면 화장실을 만나게 한 곳이 많았다. 파리에도 혹시 그런 곳이 눈에 띄지 않을까, 하는 희망으로 이곳 저곳을 살펴보았으나 허사였다.

"어이, 김 부장, 화장실을 좀 가야겠는데 어떻게 찾지요?"

"하, 저도 실은 아까부터 찾고 있었는데 보이지를 않네요. 영국이라면 젠틀맨이라고 쓰여있을 텐데 이놈의 나라에는 젠틀맨이 아예 흔적도 없이 전부 사라졌나 보네요."

김 부장은 급한 상황에서도 여유 있게 농 섞인 대답을 했다.

영국에 가기 전 우린, 평소 들어왔던 '신사의 나라'를 기대했건만 실지로 런던에 갔을 때 우리가 본 것은, 거지 차림을 한 히피들이 길거리를 메우고 있는 광경뿐, 상상했던 풍경과는 너무나 달랐기에, "이제는 영국에 남아 있는 젠틀맨이라고는 화장실 표지밖에 없는 것 아니야?"라며 웃곤 했었다. 그러니까 김 부장의 말인즉슨, 프랑스에서는 젠틀맨이 사라지다 못해 화장실 표지마저도 없어진 게 아니냐는 뜻이었다.

노트르담 사원은 사람이 많이 모이는 곳이니 분명 화장실이 있을 것이라는 생각으로 걸음을 재촉했다. 사원 앞 광장에 마침 순찰 중인 두 명의 경찰이 보였다. 김 부장이 얼른 달려가 그들에게 말을 걸었다.

"Where is W.C.?" (웨얼 이즈 떠블유 씨?)

경찰은 영어를 모르는지 웃으며 고개를 좌우로 흔든다. 그러나 김 부장은 포기하지 않고 재차 묻는다.

"떠블유 씨? 워시룸? 토일렛? 이씨, 이씨?"

그는 손으로 여기저기를 가리키며 "이씨"를 연발했지만, 경찰은 무슨 뜻인지 전혀 못 알아듣겠다는 듯한 표정이었다.

다급한 마음에 발을 동동 구르다, 문득 오래전 어느 프랑스어 설명서에서 본 듯한 부분이 얼핏 생각났다. 불어에서는 t 발음이 앞에 있을 때는 한글의 '뜨' 발음과 비슷한 된 발음이 되고, oi 발음이 '와'로 발음된다는 구절이었다. 나는 다급히 큰소리로 외쳤다. "또왈렛!"

그랬더니 금세 두 경찰관의 얼굴이 환해지며 이제야 겨우 알아들었다는 듯 고개를 끄덕이며 "아하, 뚜왈렛" 했다. 그러더니 센강 쪽을 가리키며 불어로 무언가를 설명했다. 그가 지시하는 방향을 보니, 지하 쪽으로 향하는 계단에서 사람들 몇 명이 올라오는 것이 보였다. 저기로구나! 하는 생각에 "메르씨, 메르씨" 하고 우리는 황급히 그쪽으로 뛰어갔다. 계단을 내려가 보니 한쪽에 문이 있었다. 여기로구나 싶어 문을 열고 들어가니 안쪽은 넓은 주차장이었다. 문을 닫고 나와 계단을 더 내려가 다시 문을 열었지만 역시 또 주차장이었다. 하는 수 없이 도로 계단을 어기적거리며 올라와 노트르담 사원 안으로 들어갔다. 어두컴컴한 사원 내에는, 세계 곳곳에서 모여든 관광객들이 조각품과 벽 장식품을 구경하느라 북적거렸다. 하지만 나의 눈엔 그런 게 들어올 리 만무했다. 도대체 화장실 표지가 어디 있을까? 하고 두리번거리며 인파를 헤쳐나갔다. 헛수고 끝에 우리는 할 수 없이 돈을 내고 카페에 들어가기로 하였다. 화장실을 한 번씩 쓰고는 커피를 주문했다.

처음 마셔보는 프랑스 커피는 색다른 맛이었다. 소주잔보다 약간 큰 잔에 한약보다 진한 검은 액체를 부어주는데, 설탕을 아무리 많이 넣어도 쓰기만 했다. 한 잔에 우리 돈으로 약 700원이 넘었다. 서울에서 커피 한 잔에 150원 할 때였으니, 화장실을 한번 쓰려고 우리는 거액의 댓가를 지불한 셈이어서 커피 맛이 더욱 쓰게 느껴졌다.

노트르담 사원에서 우리처럼 화장실을 찾느라 고생하는 관광객은 비단 우리만은 아닌듯했다. 몇 해 전 그곳을 다시 찾았을 때, 화장실을 못 찾던 옛날 생각이 나 둘러보니, 이제는 광장 건너편에 서 있는 나무에, W.C.란 글과 함께 화살표 표지도 함께 붙어 있었다. 우리에게 불어로 열심히 설명해주던, 그때 그 경찰들은 대체 무슨 말을 했던 걸까? 분명 센강 쪽을 가리키며 뭐라고 했었는데…. 김 부장에게 아까 손가락으로 가리키며 "이씨" 라고 했던 말이 무슨 뜻이냐고 물었다.

"저도 잘 몰라요. '메르씨보꾸' 하고 '이씨'를 여러 차례 들었는데, '이씨'는 아마 '여기'를 뜻하는 게 아닌가 싶어요."

비록 회사 일로 지나가는 길에 주마간산 격으로 스치는 구경이었지만, 해외여행이 흔치 않을 때였고, 어렸을 때부터 동경해왔던 유럽대륙의 첫 방문이었기에 무척이나 감격스러웠다. 다만, 짧은 시간 내에 제대로 구경하기엔 애초부터 무리였기에 조금 아쉬웠다. '여기까지 왔는데 유명한 장소에 찾아가서 사진이라도 한 장 찍어두자'라는 욕심으로 무리수를 두다 보니 더더욱 실수 연발이 생길 수밖에 없었다. 그래도 이런 일을 겪을 때마다, 마치 훈장을 달아가듯 흐뭇한 마음이 들었던 건, 해외여행이 자유롭지 않은 한국에 돌아가 구경한 얘기를 해줬을 때, 감탄과 경이로움으로 마냥 즐거워할 동료들의 모습이 떠올랐기 때문이었다.

그런데 정말로 우리를 지치게 하는 일들은, 매일 벌어지는 외국 사기꾼들과의 숨바꼭질 놀음이었다. 한국인들이 자동차 공장을 짓는다며 공장에 설치할 기계를 사러 유럽에 왔다는 소식을 전해 들은 온갖 잡다한 기계 세일즈맨들이 우리에게 전화하고 약속을 잡아 우리의 귀중한 시간을 갉아먹었다.

전화상으로 들리는 영어만으로는, 우리의 검토 대상이 될 기계를 파는 진실성이 있는 세일즈맨들인지 판별이 쉽지 않아서, 그럴싸한 말로 하는 그들의 낚시에 우리는 무방비로 노출이 되어있었다. 이들 싸구려 기계 세일즈맨들이 매일 줄지어 우리를 찾아와 상담 요청을 하였는데, 이들 대부분은 마치 우리를 아프리카 정글에서 온 미개국 사람쯤으로 취급하여, 닥치는 대로 아무거나 팔아먹으려는 사기꾼들에 불과했다.

그나마 제대로 된 기계를 가지고 있는 업체들은 처음엔 우리를 의심했다. 그러다 우리가 실제 구매할 의사가 있다는 것을 알게 되는 순간부터는, 이번에는 자기들 기계야말로 우리에게 안성맞춤인 제품이라며 온갖 감언이설로 꼬드기기 시작했다. 마치 미개인들에게 그럴싸하게 설명만 잘하면, 자기들이 갖고 있던 안 팔리는 재고품 기계를 다 떠넘길 수 있겠구나, 라는 검은 속셈을 드러내듯, 그들은 무척 열성적으로 다가왔다. 우리는 이들을 쫓아내다시피 수없이 거절하며, 제대로 된 기계를 가져오라는 주문을 거듭해야 했다.

한번은 업계에서 이름이 꽤 알려진 일반 공작기계 회사에서 찾아와, 자기들 기계를 자랑스레 설명했는데 아무리 들어봐도 우리가 원하는 기계가 아닌 것 같았다. 당시 우리가 필요한 기계는, 적어도 하루에 200-300개의 부품을 개당 3분 정도에 하나씩 생산해낼 수 있는 '전용기계'였다. 우리가 처음에 제시한 명세서 내용을 보기만 해도 잘 알 수 있었을 터인데도 그들은 새로 개발했다는 일반 기계를 들고 와서는 그럴싸한 설명을 이어나갔다.

"이 기계는 전용기계와 비교하면 훨씬 저렴할 뿐만 아니라, 나중에 공정이 바뀌어도, 새로운 공정에 아주 쉽게 적용할 수 있으므로, 귀사에 큰 이익이 될 겁니다. 처음 제품 하나를 수동으로 깎으면 그것을 깎을 때의 동작이 테이프에 자동 기록이 되어 두 번째부터는 그대로 자동으로 깎이게 되어있습니다. 최신형으로 개발된 모델이죠!"

"죄송합니다만, 우리에게 필요한 것은 헤비 듀티Heavy duty용 기계입니다. 24시간 온종일 365일 내내 같은 쇳덩어리 부품을 토해내듯 깎아도, 고장이 나지 않을 기계 말입니다. 이 기계처럼 가벼운 용도로 쓰는 기계가 아니란 말입니다. 테이프에 기록이 된 게 몇 번이나 되풀이되겠습니까? NC 테이프처럼 데이터가 펀칭이 되어있다면 몰라도 녹음테이프에 기록시키는 구조인데, 조금이라도 습기나 온도 변화가 있으면 착오가 생길 것 아니겠습니까? 우리가 요구하는 헤비 프로덕션에는 맞지 않는 것 같습니다."

우리가 이렇게 정중히 거절하여도, 그는 정색을 한 채 끈덕지게 말을 이어갔다.

"그건 당신들이 몰라서 하는 소리요. 헤비 듀티에 쓸 수 있도록 모터를 20마력으로 바꾸면 됩니다. 최신식으로 개발이 된 것이기 때문에, 낭신들이 원하는 대로 움직일 수가 있어요. 아직 잘 이해가 되지 않아서 그러나 본데,

우리 공장에 같이 가봅시다. 가서 이 기계가 얼마나 멋지게 작동하는지 보여주겠소."

어찌나 진지하고 줄기차게 우겨대던지 우리는 혹시나 해서, 마지못해 약속하고는, 마침 또 다른 약속이 이미 되어있던 다른 기계공장 방문 날짜에 같이 맞추어 방문 스케줄을 억지로 구겨 넣었다. 그러나 그날 가서 보니, 그들이 그토록 자랑하던 기계는 시험적으로 만들어놓은 조그마한 밀링머신에 불과했다. 한편으로, 공책만 한 크기의 아주 작은 부품을 몇 개씩 깎는 용도로는 적당한 기계처럼 보이기도 했다. 그런데, 정작 그들이 시범적으로 보여주는 동안에도 기계는 제대로 작동을 하지 않아 담당 기사가 당황하며 여기저기를 손보며 진행하는 거였다. 그들의 속셈은 시험적인 기계를 먼저 만든 뒤, 일단 우리에게 팔아 개발비를 마련하여 차후 고쳐나가겠다는 심산인 것이 뻔했다.

이런 일은 비단 엔진부에만 국한된 게 아니었고, 프레스, 주조, 조립 쪽도 모두 마찬가지였다. 세일즈맨들의 감언이설에 속아, 눈코 뜰 새 없이 바쁜 일정을 쪼개 그들의 공장을 방문하곤 했지만, 번번이 실망만 하고 돌아오는 경우가 다반사였다. 이들의 이 같은 약삭빠른 행위는 안 그래도 힘든 우리를 더욱 지치게 했지만, 이에 굴하지 않고 다시 기운을 내어, 여타 부서에 그들의 정보를 알려줌으로써 두 번 다시 속지 말 것을 서로에게 경고해주곤 했다. 이러한 소모적인 시간 낭비가 따랐지만, 시행착오를 하나하나 거치며 옥석을 가려내야만 했다.

몇 년 뒤인, 1977년 어느 날, 우리가 공장 확장을 할 때 필요한 기계를 사러 유럽에 다시 갔을 때부턴, 더 이상 이런 뜨내기 세일즈맨들은 오지 않았다. 그들에게 한국인들은 결코 미개하지도, 어리석지도 않다는 것을 증명하는 데에 딱 3년이 걸린 셈이다. 포니를 성공적으로 생산하여 보여 줌으로써 그들에게 깨우쳐 준 것이었다. 당시에는 우리가 누구인지 보여줄 그 무엇도 없었고, 회사 이름도 알려지지 않은 데다, 영어마저 유창하지 못했기에, 우리들의 하루하루는 그야말로 '말 못 하는 고민'으로 점철된 나날들이었다.

7장

경력사원이 없는 엔진부

"오, 박 대리, 그 라이터 좀 보여줘 봐. 멋지네!"

"안돼요. 과장님. 지난번에도 제 볼펜 가져가시고 안 돌려주셨잖아요."

"어허, 그냥 구경만 한다니까. 일제 라이터는 어떻게 생겼는지 구경 좀 하려고 그래. 내가 그때 박 대리 볼펜 안 돌려줬던가? 내 바로 찾아서 돌려줄게."

점심시간에 박 대리와 김 과장이 라이터 얘기를 하고 있었다. 부하 직원들이 훌륭한 기술자가 되어 주었으면, 하는 생각으로 온통 머릿속이 가득 차 있었던 나도 거기에 끼어들었다.

"박 대리, 일제 라이터인가? 내 라이터를 한번 보게. 내 것은 독일제인데."

"호오~ 독일제는 묵직하네요. 아주 단단하기도 하고요, 가보로 대대로 물려줘도 될 정도네요."

제1부 배우면서 세운 엔진공장 **81**

"강 부장님, 저도 좀 보여 주세요. 오~ 독일제라 그런지 딱! 하는 소리도 매력이 있네요. 한방에 켜지는데요…."

식사를 마친 후 느긋한 분위기의 잡담 시간, 우리에게 익숙한 제품을 우리 업무와 자연스럽게 연관 지어 설명할 때 집중률이 제일 높으므로 나는 이 기회를 놓치지 않았다. 마침 식사를 다 끝낸 엔진부의 직원들이, 강 부장이 또 무슨 얘기를 하나, 하는 경계 반 호기심 반 눈초리로 우리 주위에 삼삼오오 모여들기 시작했다. 바로 그때 난 핵심적인 질문을 던졌다.

"이봐 박 대리, 국산 라이터는 왜 일제나 독일제만 못 할까?"

"그거야, 기술이 안되니까 그렇겠죠."

"음, 구체적으로 무슨 기술이 안된다는 거지?"

"부품들이 외제처럼 꼭 들어맞지 않고 엉성해요."

"도금도 엉성해서 금방 벗겨지거나 변색이 되고요. 도금 기술도 뒤떨어지는 거죠."

주변에서 한두 마디씩 거드는 것을 보고 나는 이때다, 싶어 앞쪽으로 걸어 나가 칠판 앞에 서서 말했다.

"어이, 다들 서 있지 말고 이쪽으로들 와서 다들 앉아봐." 모두에게 손짓을 하자, '강부장이 또 시작했구나' 하는 표정으로 주섬주섬 앉기 시작했다.

"자, 내가 지금 이 기사의 국산 라이터와 박 대리의 일제 라이터를 들고 있는데, 우리 한번 비교해 보자고.

둘 다 부싯돌에 튕겨서 불을 붙이는 방식으로, 얼핏 보기엔 외관도 재료도 거의 비슷해 보이는데, 국산은 2천 원이고 일제는 8천 원이야. 그 이유를 두고 방금 몇몇이 말하기를, 국산품을 제조하는 회사의 기술이 모자라기 때문이라고 말했지. 그것도 맞는 말이야.

근데, 사실은 그보다 더 근본적인 이유가 있다고 본다. 그건 바로 만드는 사람의 정성이 담겨있는가 하는, '정성'의 유무다. 이 표면을 조금만 더, 단 1분만 더 다듬는 정성을 보였더라면, 또 만일 기계로 가공 피니시를 한 것이라면 단 몇 초만 더 다듬는 성의와 정성을 기울였더라면… 그랬었더라면 적어도 외관이라도 일제와 비슷하게 만들었을 텐데….

그런 정도의 정성도 없으니…. 아예 이건 뭐, '이것은 싸구려입니다.' 하고 자포자기하는 심정을 나타내기라도 하려는 듯한, 일 하다말고 중도에 내팽개치듯 끝낸 마무리를 보라고, 여기를…. 우리가 진정으로 하고자 하는 마음만 있다면 과연 이처럼 라이터 하나도 제대로 못 만드는 수준일까? 지금? 정말로?

일단 우리가 지금까지는 우리 스스로가 만드는 제품에 대한 프라이드와 정성조차 없이 만들었다는 점을 자각하고 반성하지 않으면 안 돼. 먼저 잘못된 걸 인정해야 고치려고 생각할 게 아닌가? 그러지 않으면 절대로 제대로 된 물건이 나올 수가 없다."

이 말을 듣는 직원들의 얼굴이 좀 진지해지기 시작했다. 난 그들에게 자신감과 용기를 더 불어넣고 싶어졌다.

"앞으로 우리는 이 공장에서 미쓰비시 엔진과 똑같은 수준의 엔진을 만들 것이다. 알고 보면 그게 그다지 크게 어려운 건 아니야. 새로 엔진을 개발하는 것도 아니고, 그들이 만들어낸 엔진의 도면을 받아서 그대로 만드는 것일 뿐이다. 내 말을 믿어. 걱정하지 않아도 좋다.

단, 도면대로만 깎아야 한다. 이걸 명심해라. 하나하나 정성스럽게, 도면

제1부 배우면서 세운 엔진공장 **83**

에서 지시한 그대로 깎아야만 한다. 그렇게 도면 그대로 깎아서 만든 부품으로 조립하여 만든 엔진이 일제보다 못한 제품으로 나온다면, 그때는 내가 책임진다. 미쓰비시에 가서 '나는 너희들이 준 도면 그대로 깎았다. 도면의 어디가 잘못된 것인가?'라고 따지겠다."

사뭇 결의에 찬 얼굴로, 엔진부 직원들은 계속되는 나의 말에 열심히 귀를 기울였다.

"엔진부의 자네들은 모두, 이제 막 학교를 마쳤거나 군대를 마치고 첫 직장으로 현대자동차에 온 사람들이다. 경력사원들도 몇 있지만, 그들도 쇠를 깎는 부서가 아닌, 설계나 생산관리 쪽에서 온 사람들이다. 일부러 내가 경력이 없는 당신들을 직접 뽑아서 엔진부에 데려왔다. 왜 그랬을까?

나는 어설프게 아는 사람보다는, 아예 모르는 사람들이 새로운 일을 열심히 배우고 노력할 때에 훨씬 더 성공적인 결과를 낼 수 있다고 믿고 있기 때문이다. 어설프게 아는 사람은, '엔진은 이렇게 만드는 거야, 이 정도면 돼.'라는 생각과 함께 과거 조잡한 엔진을 만들던 때를 떠올리며 일을 할 것이야.

'전에 만들던 것에 비해 이 정도면 훌륭한데, 그래 이만하면 됐어.

그까짓 물이나 지나가는 구멍인데, 어차피 물만 흐르면 됐지, 딱 맞을 필요가 뭐 있나?, 위치가 조금 틀려도 물만 지나가면 된다고.'

현재, 엔진을 좀 안다는 사람들일수록, 자신이 잘못한 부분에 대해 지적받으면 이렇게 변명하는 길 많이 봐왔네. 마치 2천 원짜리 싸구려 라이터를 만드는 사람이 '뭐, 불만 켜지면 되지 껍데기에 광채가 꼭 나야만 하나?'라는 생각으로 자기 제품을 제대로 만들 생각은 않고 변명만 늘어놓는 것과 같은 이치일세.

그런 사람들의 사고방식을 바꾸려 하는 것보다, 차라리 엔진을 전혀 모르는 여러분들이 훨씬 더 도면대로 정확하게 만들 수 있다고 믿는다. 대신, 이유 불문하고 무조건 도면 그대로 만들어야만 한다. 명심하기 바라네.

그리고 내가 조립공장을 지나가면서 직원들이 말하는 걸 들으니

'생산' 100대 중,

불합격이 20대,

합격이 80대,

이렇게 '생산'이라는 말을 함부로 쓰는 걸 들었다.

이것은 아직 '생산'의 의미를 모르고 하는 말이다. 생산이라는 것은, 고객이 만족하고 사용해주는 제품을 완성한 것을 두고 하는 말이다. 불합격품이나 고객에게서 반품된 것은 '생산'이 아니다. 불합격품이나 반품된 제품은, 실컷 고생하여 시간과 노동을 들이고도 헛수고로 끝난 증거품에 불과하다.

불합격품에 '생산'이라는 단어를 갖다 붙이지 마라.

우리 엔진부에는 기계 가공 경험이 전혀 없는 여러분들만 모여있다. 지금 다른 부서 사람들은 우리를 의심의 눈초리로 예의 주시하고 있다.

우리가 실패할 것이라 예상하고 있는 것이다. '일본에 두어 달 다녀온 것만으로, 일본제와 똑같은 엔진을 만들겠다고? 아무리 일본 도면을 가져온대도, 깎는 사람이 한국 사람들인데 일제 엔진이 나올 턱이 있나? 나 원참!…' 이런 생각으로 우리를 비웃고 있는 사람들이 많다.

그러나 나는 자네들을 믿는다. 엔진에 대해서는 걱정하지 말고 도면 그

제1부 배우면서 세운 엔진공장 **85**

대로 정성을 쏟아 부품을 깎아라. 자네들이 할 일은 도면 그대로 깎는 일이다.

그 이후는 내가 책임지겠다. 여러분들이 정성을 다해 깎는다면 분명 우리는 해낼 수 있다. 우리 엔진부에서는 앞으로 절대로 생산 100개, 합격 80개, 불합격 20개, 이런 방식으로 말하지 않겠다.

이제부터 우리는

작업량 100개,

'생산' 80개,

불량 20개, 이렇게 말하기로 하자.

불량품은 우리 모두의 헛된 노동이다. 생산에 절대로 포함 시킬 수 없는 헛수고일 뿐이다. 반드시 이를 줄여나가야 우리가 생산력을 높일 수가 있다. 앞으로는 엔진부를 필두로 제대로 된 생산을 하여, 현대자동차 전체에 우리가 모범을 보여 주겠다, 생산이란 게 어떤 것인지를. 지금은 우리를 비웃는 다른 사람들에게, 이제 우리가 직접 행동으로써 보여줄 시간이다. 알겠습니까?" 나는 마지막에 다시 한번 강조를 했다.

"우리 엔진부에서는 생산이라는 말은 합격품에만 붙이는 단어입니다. 알겠습니까?" 내 말을 듣고 있던 직원들에게도 나의 열정이 전달되었는지 "예! 알겠습니다!"라는 우렁찬 답변이 돌아왔다.

엔진 블록과 캠샤프트를 비롯한 정밀 부품을 깎아야 할 직원들이 쇠를 깎는 일에는 아예 백지상태였기 때문에 전원이 기계가공 기술의 기초지식부터 공부를 병행하지 않으면 안 되는 상황이었다.

절삭이란 무엇인가?

금속으로 또 다른 금속을 깎으려면 어떻게 해야 하는가?

선반과 같은 연속 절삭과, 밀링과 같은 단속적斷續的인 절삭에서 절삭 공구의 날은 각각 어떻게 다른가?

절삭 날의 깎는 깊이와 가공할 재료가 날에 들어오는 속도의 관계는 어떠해야 하는가?

기계를 설치할 때 주의사항은 무엇인가?

기계를 운전하는 사람과 보조하는 사람이 다치지 않게 하려면 어떻게 해야 하는가?

등등 그들은 헤아릴 수 없이 많은 것들을 단기간에 배워야만 했다.

이 모든 것들을 내가 일일이 다 가르치기에는 시간이 턱없이 부족했다. 포니에 장착할 가솔린 엔진뿐만 아니라, 8개월 정도 뒤늦게 시작한 디젤 엔진공장 프로젝트까지 겹쳐서, 유럽과 일본으로 자주 출장을 다녀야만 했기 때문이다. 대신 나는 직원들에게 무엇을, 어떤 생각을 하며 공부해야 하는지에 대해 일러주었다. 각자 자기가 책임져야 할 생산라인에 관련된 분야를 '전공'으로 하고, 절삭제, 표면 조도, 물품 이송 등을 '부전공'으로 따로 정하여, 직원들끼리 정기적으로 세미나를 열어 각자 발표하고 질문하면서 서로를 자극하고 서로에게서 배우도록 하였다. 그리고 다음 날 즉시, 전날 배운 것을 현장에서 실제 작업을 통하여 확인하고 그 결과를 발표하도록 지시했다.

이 방식은 나 자신의 경험을 이용한 것이었다. 지식이란, 남에게서 수동적으로 듣기만 하여 배운다면, 가만히 앉아서 들을 때는 그럴싸하여도 정작 내가 필요할 때에 현장에서 바로 써먹을 수 있는 내 호주머니 속의 물건이 되기는 어렵다. 스스로 애써 찾아 얻은 지식이라야 자기 것이 되어 실제로 이용할 수 있다. 또한, 만일 남의 이야기를 듣는 것으로만 배웠다면, 그 자리에서 즉시 시도해보아야 완전한 내 것으로 흡수하게 된다.

가장 좋은 것은, 내가 현장에서 필요로 하는 것을 즉시 찾아 공부하는 것이라 생각한다.

다행히 엔진공장 에서는 매일 그런 종류의 지식이 눈앞에서 당장 필요했기 때문에, 내가 고안하여 만들어진 생산기술 및 절삭 가공 세미나는 항상 열기를 띤 학습의 장이 되었고, 모두가 열의에 차 공부하고 실습하는 효과적인 배움터가 되었다. 모두 기계를 설치하느라 낮에는 눈코 뜰 새 없이 바빴고, 자신이 맡은 전공과 부전공의 세미나 준비로 밤에도 쉴 틈이 없었다.

하루는 점심을 먹는데 어느 기사가 내게 이런 말을 했다.

"낮에는 기계 설치하느라 뛰어다니고, 밤에는 또 외국어, 전공, 부전공 공부를 해야 하니, 마누라가 그래요. 학창 시절에 지금처럼만 공부했다면 전교 수석을 했을 거 아니냐고요. 그 말 듣고보니 정말 그랬을 거 같더군요. 태어나서 이렇게 열심히 뭔가를 해본 적이 없었어요."

나는 그가 얼마만큼 공부에 시간을 할애하고 그렇게 말하는 것인지 궁금해서 한번 떠보고 싶었다.

"허, 그럴 거야, 고생이 많군. 그래도 좀 쉬어가며 해야지, 어때, 저녁에 가끔 술 한잔은 하는가?"

"하하, 예, 가끔 밤늦게 퇴근하다가 정문 앞 돼지고깃집에 가서 소주 한잔 들이키고 갑니다."

"허어, 그래? 독신자 숙소에서 고스톱판도 벌어진다는데 좀 따나?"

"아, 그거요? 전 잃기만 해요. 김 기사가 싹쓸이해요."

"이 사람아, 자넨 시간이 없는 게 아니구먼그래. 술 마실 시간도 있고 고스톱 할 시간도 있으니 시간이 없어서 공부 못 한다는 말은 하지 말아야 하는 게 아닌가?"

"어이구, 부장님께 걸려들었네! 그건 다들 하는 거예요.

부장님. 저도 스트레스 해소는 해야죠."

"이봐, 김 기사, 자네가 지금 열심히 일도 하고 공부도 하는 걸 내가 알아주긴 하겠는데, 이 세상에 결국 공짜란 없다네. 공짜로 얻어지는 지식이란 없다는 거지. 좌판의 엿을 먹으려 해도 돈을 내야 먹을 수 있는 것처럼 지식도 공짜가 아니라네. 자기 것으로 만들려면 시간과 노력이라는 댓가를 지불해야 하고, 자네가 공을 들이는 딱 그만큼만 자네 것이 된다네. 알겠는가?

사람마다 24시간이라는 시간을 공평하게 부여받았는데, 그 시간을 어디에 쓰는가에 따라, 지식이 자기 것으로 되기도 하고, 또는 고스톱이나 치며 돈이 들락날락하는 걸 보며 허송세월을 보내기도 하는 게 아니겠나? 결국, 모두가 자신의 선택에 달린 거지.

젊어서 시간을 유용하게 써서 지식이 자기 것이 된다면, 많은 세월이 지난 뒤 결코 후회하지 않을걸세. 지식은 자산이 되어 자네의 머릿속에 남아, 더 나은 사람으로 발전하게 되고, 또 회사에도 도움을 주어 결국은, 사회에 이바지하는 보람 있는 인생을 살게 되지 않겠나?" 이 말을 들은 김 기사는 조용히 고개를 끄덕였다.

이 무렵 포니 엔진이 과연 제대로 만들어질 것인지의 문제는 전적으로 이들의 손에 달려있었기에 틈만 나면 나는 그들이 더욱 열심히 공부하도록 격려하였다. 그들이 공부하고 터득하여 빠른 시간 내 제대로 된 기술자로 성장해야만 포니 프로젝트가 성공한다는 것을 알기에 그들의 사기 진작과 교육에 더욱 박차를 가하였다.

1974년 가을, 포니의 프로토타잎Prototype (대량 생산에 앞서 손으로 만든 첫 시작차)이, 당시 세계에서 가장 주목받는 신규 자동차 발표회 중의 하나인, 토리노 모터쇼에 선을 보이게 되었다. 특히 포니 컨셉트카Concept car (생산하지 않고 시험적으로 만든 모델)는, 이탈디자인의 조르제토 주지아로의 명성에 걸맞은 참신한 스타일로, 전 세계 자동차 메이커들의 대단한 주목을 받았다. 주지아로의 최신 자동차 스타일이 포니 컨셉트카에 의해 세계에 선보여진 이후, 전 세계의 자동차 디자인은 둥근 외형에서 직선적 외형으로 유행의 물결이 바뀌게 될 만큼, 포니의 출현은 자동차 디자인 역사에 새로운 한 페이지를 장식할 만한 사건이었다.

우리나라에서 처음으로 대량 생산을 하게 될, 고유모델의 자동차 바디를 제작하기 위해 현대자동차는 프랑스에서 전용 프레스기를 18대 수입했다. 그리고 그 프레스기에 걸어 쓸 금형은 영국과 일본에 발주하였다. 바디 조립용 용접기와 치공구治工具 (부품끼리 접합할 때 제 위치에 잡아주는 공구)들도 역시 일본과 영국에 발주하였지만 점차 자체 제작하기 시작했다.

도장 설비塗裝設備와 의장 라인艤裝 Line (바디에 엔진 및 여러 부품을 조립하는 컨베이어 조립라인) 설비들은 외국에서 주요부품만 수입하고 나머지는 도면을 수입하여 자체 제작을 하도록 했다.

주조공장鑄造工場과 단조공장鍛造工場 설비는 일본에서 수입했다. 이렇게 설비를 하는 데에 드는 비용이 당시 1억 달러(현재가치5천억원이상)정도였다.

기계설비 제조 및 납품 업체들이 개별 기계마다 현장에서 설치 감독을 하고 시운전을 한 뒤, 우리에게 넘겨주는 조건이었으므로, 울산 현장에 기술자들을 파견했다. 전체 공장에 기계 설치를 해가며 동시에 공장 건물이 세워지고 있었으므로 모든 공사가 한꺼번에 진행이 이루어지고 있는 현장의 점심시간에는 직원 식당이 여러 나라에서 온 각양각색의 외국인 기술자들로 뒤섞여, 마치 외국 어느 유명 관광지의 식당에 와 있는 듯한 느낌이 들지경이었다. 이렇게 공장 분위기가 시끌벅적해지면 경험이 없는 엔진부의 젊은 사원들마저 이 분위기에 함께 들뜨게 되고, 그렇게 되면 각자 맡은 전공, 부전공 연구에 쏟아야 할 집중력이 흩어지게 되어 내가 바라던, 세밀하고 차근차근한 공부에 지장을 줄 수도 있었다. 만에 하나 엔진이 잘못될 경우, 그때 가서 젊은 그들의 혈기왕성하고 차분하지 못한 성격을 탓한들 아무런 소용이 없을 터였다. 결국, 모든 잘못의 책임은 내 것이 된다는 것을, 나는 누구보다도 잘 알고 있었다. 잘못된 경험을 많이 한 유경험자보다는, 차라리 경력과 경험이 전무全無한 젊은 사원만 따로 모아 엔진부를 만들자고 한 게 바로 나였으므로, 그 결과가 어찌되건 오롯이 모두 내 몫이 될 것이었다.

따라서 나는 그들이 어수선한 분위기에 이끌려 자칫 흐트러지지 않도록 더욱 긴장된 분위기를 조성하는 데에 최선을 다했다. 1974년 가을, 기계 발주를 끝낸 뒤의 하루하루는 마치 고공에서 외줄 타기로 깊은 절벽 사이를 건너가는 듯한 기분으로 지냈다. 매 순간, 반드시 건너고 말겠다는 성공에의 의지를 다지고, 부하 직원들을 공부시키고, 그들이 엔진을 만드는 데에

만 집중할 수 있도록 매일매일 그들에게 동기 부여를 하는 일에 온 힘을 다
해 매달렸다.

8장

공학자가 아닌 기술자가 되라

"부장님, 생산이 합격품만을 만드는 것이라는 생산의 정의는 인제는 그만 강조하셔도 됩니다. 이제껏 귀에 못이 박히도록 들었으니까요." 저녁을 먹고 잠깐 교육을 하기 위해 모인 자리에서 제일 앞줄에 앉아 있던 이 과장이 나를 쳐다보며 인사 대신하는 말이었다.

"알았어, 오늘은 그거 안 하지. 그런데 이 과장, 내가 하나 물어볼까? 공학하고 기술하고 다른 점을 말해보게"

"글쎄요, 공학하고 기술이라…. 비슷한 거 같은데, 공학은 이론이고 기술은 실제적인 것 아닐까요?"

"그래 잘 얘기했어. 원칙상, 공대를 나오면 기본적으로 공학도라 불리겠지. 공학을 더 공부해서 학위를 따거나 연구소에서 일하면 공학자라 불리는 거고. 공대를 졸업해도 기업에 취직해서 자재부나 생산부에 근무하여 위에

제1부 배우면서 세운 엔진공장 **93**

서 내려오는 지시를 세분화해서 아래로 전달 감독하는 일을 하는 사람이라면, 기술자라기보다는 사무직에 가깝기 때문에 굳이 기술이라는 단어를 붙여주자면, 그들을 '기술 사무원' 쯤으로 불러야겠지?

그러면 공학자와 다르게, 기술자는 무얼 하는 사람들일까? 매일 현장에서 벌어지는 크고 작은 일들을 늘 하던 기계적으로가 아닌, 좀 더 효율적으로 할 수 있는 다른 방법이 없을까, 라는 문제의식을 갖고 있는 깨어있는 사람이 있다고 가정해보자. 그가 현장에서 매일 마주치는 문제에 대하여, 학교에서 배운 공학 교과서가 과연 그에게 제때제때 도움 될 만한 답을 줄 수 있을까?"

"공학 교과서는 우리에게, 공학 이론의 전개와 원리를 통한 논리적인 사고법을 키워 주고, 몇 가지 예제를 들어 어떻게 문제를 해결할 것인지를 보여줄 뿐, 졸업 후 우리가 실제 현장에서 맞닥뜨리는 갖가지 모든 문제를 일일이 다 가르쳐 주지는 않는다. '기술자'는 학교에서 공학을 배웠을 때 습득한, 문제를 해결하는 방법을 스스로 응용하여, 현장에서 벌어지는 크고 작은 일들의 이치를 생각하고 원리를 터득하여, 가장 효과적인 해결책을 스스로 찾아내고 실행할 줄 아는 사람이다. 현장에서는 가끔 아주 사소한 실수로 인하여 크나큰 손실이 발생하기도 한다. 아이러니하게도 이런 일들은 종종, 너무나도 사소한 실수에서 비롯되는 경우가 많은데, 정작 경황없이 사고를 마무리한 뒤로는, 그 사소한 실수의 원인이 무엇이었는지 그리고, 재발 방지 대책은 무엇인지에 대한 생각을 하기는커녕, 다시 기론되지도 않은 채 잊혀지기가 십상이다.

이런 생산 현장에서 일어날 수 있는, 자칫 큰 사고의 원인이 될 수도 있는 사소한 실수의 예방법은 안타깝게도 공학 교과서에도 나오지 않는다. 사실을 말하자면, 공학자들은 이런 문제가 존재하는지조차도 모른다. 훌륭한 기술자들은 이런 사고가 터졌을 때, 수습은 물론이거니와, 어떻게 하면 이런 사고가 재발하지 않을지에 대한 해결책을 세우고, 지금의 현장을 고쳐서 방지책을 실행에 옮기는 사람들이다. 그게 바로 기술자들의 특징이다."

"자네들은 항상 주변의 모든 것을 그냥 지나치지 말고, 주의 깊게 보고 생각하는 습관을 길러라. 이제 곧 미쓰비시와의 기술제휴에 따라 그들이 파견 보낸 기술자들이 이쪽으로 올 것이다. 그러나 그들을 온전히 믿지 마라. 그들은 우리 현장을 모른다. 그들은 절대로 전지전능한 사람들이 아니다. 미쓰비시에서 그들이 사용하는 기계와 우리가 쓰는 기계는 완전 다르다. 미쓰비시는 연간 생산량 40만대를 뽑는 트랜스퍼 머신이 주종인 반면, 우리 기계는 연간 생산량 6천 대 정도의 전용기계들이다.

우리 기계의 트러블로 일어나는 불량에 대한 해결책을 찾을 때, 그들이 우리보다 더 잘 알아서 문제를 해결해 주리라 기대하지 마라. 우리 문제는 우리 스스로 해결하는 수밖에 없다. 문제가 생겼을 때는 절대로 방관하지 말고 모두들 즉각 덤벼들어서 자네들 스스로 해결해라. 직접 나서서 뜯어보고 연구하고, 스스로 하나하나 해결하며 경험 해야만 훌륭한 기술자로 자랄 수 있음을 명심해라. 그리고 이건 아주 중요한 거니 꼭 새겨듣기 바란다. 공학자와 기술자가 크게 다른 점이 또 한 가지 있다. 공학자는 문제를 원칙적으로, 가장 이상적인 방법으로 해결하려고 하는 경향이 있다. 즉, 공학자에게 현장에서 쓸 기계를 하나 골라 달라고 하면, 가장 비싸고 좋은, 최신의 기계를 추천하는 것이 일반적이다.

반면, 기술자는 -그가 진정 훌륭한 기술자라고 가정한다면- 자기가 생산하는 제품의 품질에 영향을 주지 않는 한도 내에서, 기계를 운용할 때 코스트 Cost가 가장 싸게 드는 기계를 선정한다. 쉽게 말하자면, 공학자는 제품단가를 고려하지 않고 제품을 완성하는 데에만 신경을 쓰는 사람들이고, 기술자는 생산 코스트를 고려하여 주어진 생산 단가 내에서 최상의 품질을 가진 제품을 가장 빠른 시간 내에 완성해 내려고 항상 머리를 쓰는 사람들이다. 그렇다면 현장에서 진정 필요한 사람은 누구일까? 두말할 필요 없이 바로 기술자다. 자네들은 공학자가 되지 말고 기술자가 돼라. 공작기계는 영어로 머신툴 Machine tool 즉 기계적 공구라 직역되는데, 공작기계가 기계를 깎는 기계라 하더라도, 주어진 대로 움직이는 하나의 연장 tool에 지나지 않는다.

특별한 부품을 자동으로 깎도록 자동화된 공작기계를 전용기계라 하는데, 그것이 아무리 자동화되어있다 하더라도 저절로 좋은 엔진을 깎아주는 건 결코 아니다. 결국, 훌륭한 기술자의 손에서 기계가 조종되어야 훌륭한 제품이 깎여나오는 것이다. 나중에 여러분들이 이 말을 실감할 때가 반드시 올 것이다. 자동화된 기계로 생산을 하더라도 저절로 생산 코스트가 낮아지는 것이 아니라, 기술자가 전체 공정에서 사람의 손이 덜 가도록 기계를 개선하고 고장이 나지 않도록 제때제때 관리해야 한다. 생산라인의 잦은 기계 고장이나 수리로 인해 곳곳에 반제품과 재고가 쌓이는 일이 발생치 않도록 해야 하고 인건비와 재료비를 줄여야만 제대로 된 생산을 할 수가 있게 된다.

그중에서 코스트에 가장 영향을 주는 것은 불량품이다. 5%의 불량품이

나온다고 가정할 때에, 만일 불량률을 1%로 줄일 수 있다면, 생산되는 완제품의 생산 원가는 대체로 4%가 하락한다. 상품을 제조하는 회사의 이익률이 보통 9% 이하에 불과하므로 생산 원가의 4% 절감 여부는 회사의 이익 창출에 있어, 사활을 건 문제가 되는 것이다. 내가 '생산'은 불량품을 제외한 합격품만을 말한다고 자네들 귀에 못이 박히도록 강조했던 것도 바로 이 때문이다. 아무리 엔진을 잘 만든다 해도 불량률이 높아진다면 그것은 곧 실패를 의미한다.

끝으로, 우리 엔진부에선 공학자나 기술 사무원은 필요치 않네. 엔진부 전원이 항상 원가를 생각하고, 불량률을 낮추고, 재고를 줄이고, 기계 고장을 내지 않고, 계획된 생산 원가 내에서 훌륭한 엔진을 생산하는 진정한 기술자로 남아 주기를 부탁한다."

다행히 부원들 모두가 내 이야기를 열심히 들어주었다. 대부분 사회 초년병으로서, 다른 공장에서 잘못된 습관에 길들지 않은 사람들이라 나의 말을 비판 없이 그대로 흡수하는 듯했다. 내가 고집스럽게 경력이 없는 사원들만으로 엔진부를 구성했던 것도, 바로 이런 효과를 노린 것이었다. 이들에게는 아직 기술자가 되기 위한 단순한 교육만으로는 부족하다는 생각에, 훌륭한 기술자가 되기 위한 정신 자세에 대해서도 일러주곤 하였다.

"무엇인가를 배우려는 사람은 겸손해야 한다. 누군가 아무리 재주가 많고 똑똑하다 한들, 한 사람의 인간이 가진 지식은 자동차 제품 개발, 기계 가공, 생산기술 등 전체 자동차 공업에 필요한 방대한 지식의 범주에서 볼 때 한낱 티끌과도 같다. 게다가 항상 누군가에 의해 새로운 해결 방법과 기술이 개발되어 나오기 때문에, 반드시 명심해야 할 것은, 자신이 알고 있는 지식이 무조건 옳다는 고집을 버려야 한다는 것이다. 자신이 절대적으로 옳다고 믿고 있던 지식이, 나중에 보면 잘못 알고 있었거나, 더 나은 기술에 비해 뒤처져서 어느새 낡은 지식으로 전락해있는 경우를 허다하게 보게 된다.

따라서 훌륭한 기술자가 되기 위해서는, 항상 겸손한 자세로 새로운 기술에 눈을 돌리고 관심을 가져야 한다. 지식을 대함에 있어 겸손한 사람은 남의 이야기를 경청한다. 설령 자기와 반대되는 의견을 제시하는 사람을 만나더라도 일순간에 배척하지 않고 그의 말을 끝까지 들어보고, 그 사람이 왜 그런 말을 하게 된 것인지, 그 사람의 처지에서 생각해보는 습관을 지녀라. 그러다 보면, 하나의 상황에도 여러 가지 입장이 있다는 것을 깨닫게 되고, 우리가 평소에 잘 모르던 시각에 대한 단서까지 알게 되기 때문에, 더욱 훌륭한 기술자가 될 수 있다. 항상 지식에 목마른 자가 되어라.

기계가 설치되고 생산이 시작되면, 현장 작업자들이 자네들에게 무엇인가 자기들의 의견을 열심히 말할 때가 있을 것이다. 그들은 관련 대학을 나오지 않은 생산직이므로, 가끔 자네들이 듣기에는 그들의 언어가 공학의 법칙에 맞지 않는 말로 들릴 수도 있다. 그래서 그들의 말을 경청하기보다는 자네들의 논리를 그들에게 주입하고 싶은 유혹에 빠질 수 있다. 그러나 내가 이렇게 당부한다. 제발 그들의 말을 그냥 흘려보내지 말고 꼭 귀담아들어라. 자네들이 아무리 공학적 지식이 있다 한들, 현장에서 오래 머무는 사람들은 바로 그들이다. 하루 최소 여덟 시간 내내, 기계 곁에 꼭 붙어살며 기계의 숨소리까지 들을 수 있는 그들에게 경의를 표해라. 그들은 자네들과 다른 언어를 사용할 수도 있어서, 자네들이 그들의 말을 들으면 언뜻 이해가 안 될 때도 있을 것이야. 그러나 왜 그들이 그렇게 말하는지, 그들의 입장과 눈높이에서 생각하는 습관을 기른다면, 자네들은 좀 더 많은 정보를 얻게 되고, 더욱 훌륭한 기술자가 될 수 있을 것이야.

나 역시 젊은 기사 시절, 시멘트 공장에서 일할 때, 현장 작업자들의 횡설수설 같은 이야기를 귀담아들은 후, 기계를 사전 점검하여 큰 사고를 방지한 적이 있었기에, 이후 현장 작업자들의 말을 귀담아들으려 항상 노력하고 있다네. 열심히 하고자 하는 의욕이 넘치는 것은 좋은 것이나, 먼저 선입견을 버리고 항상 남의 말을 귀담아듣기 바라네. 그리고 그 사람이 왜 그런 말을 하는지 생각하는 습관을 기르게."라고 직원들에게 틈날 때마다 당부하곤 했다.

무경력의 신입사원들로 하여금 지금껏 생산되었던 그 어떤 엔진보다도 뛰어난, 최고 품질의 엔진을 만들어내게 하겠다는 나의 목표가 허황된 꿈으로 끝나지 않고, 기적 같은 그 일을 이루기 위해 그들을 모질게 채찍질하고 있었다. 하지만 또 한편으로, 그들은 한 가정의 귀한 아들들이요, 또 새로운 가정을 책임지는 가장으로 한창 행복하게 살아야 할 나이에 이곳에 와, 모진 상관 밑에서 전투하듯 생활하여야 한다는 사실에 가슴이 먹먹하기도 했다.

"자네들은 이 시대의 개척자이다. 개척자의 생활은 고달프고 힘이 든다.

그러나 개척자들이 누릴 수 있는 기쁨은, 우리의 노력이 헛되지 않고 우리 후대에 도움이 된다는 것을 목격할 수 있다는 점이다. 노력의 결실을 보게 된다는 것만큼 즐거운 게 없다. 더불어 특전도 있다. 우리가 하는 일들은 모두 처음 해보는 일들이라서, 실수하더라도 쉽게 용서받을 수 있다. 훌륭한 경험을 쌓는데 최고의 기회인 것이다. 외국 자동차 메이커에서 일하는 자네들 나이 또래의 젊은 외국 기술자들과 비교해 보자. 그들은 물론 우리보다 적게 일하고 많은 봉급을 받고 있다. 맡은 일도 우리보다 편하니, 일견 그들이 부러울 수도 있다.

그러나 이렇게 생각해보자. 그들이 맡은 일은, 늘 하는 일의 범주에 지나지 않고, 조금이라도 능력 밖의 일이라면, 위에서 시키지도 않는다. 그들은 업무에 도전적이거나 크게 배울 기회도 없다. 그들의 경험은 너무나 제한적이라 10년을 열심히 일해도 기술자로서 성장하기가 무척 힘들다. 반면, 그들이 10년 동안 겪어야 할 일 이상을, 우리는 1년 안에 해내야 한다. 물론 힘은 들지만, 잘만 버텨낸다면, 우리는 단숨에 그들보다 훌륭한 기술자가 될 수 있다. 이런 기세로 자네들이 20년 일하고 나면, 자네들은 우리나라 기계공업의 중추가 되어있을 것이며, 자네들이 일으킨 우리나라의 회사는, 외국 회사들을 앞지르게 될 것이다.

우리가 비록 시작은 늦었지만, 사력을 다해 빨리 뛰어간다면, 선두주자를 앞지를 수도 있는 것이 세상의 이치다. 이렇게 고생하며, 깊고 넓은 경험을 하는 자네들 같은 젊은이들이 있기에, 나는 현대자동차가 분명히 외국 회사들을 앞지르는 날이 올 것임을 확신한다. 나는 지금 한 사람의 기술자로서, 매우 부끄러운 짓을 하고 있고, 깊이 반성도 하고 있다. 외국의 다른 기술자에게 머리를 조아리며, 돈을 주고 구걸을 하러 다니고 있다. 이런 창피한 일은, 내 세대에서 끝내주기를, 여러분께 간곡히 부탁드리고 싶다. 나의 가슴 한 켠에는, 굴욕으로 점철된 한이 맺혀 있다. 여러분들은 언젠가는, 그들에게 받을 것은 받고, 줄 것은 줄 수 있는 대등한 위치에서 독자적 기술을 확보하는, 우리 회사의 당당한 주역이 돼라. 그리하여 나의 한을 풀어주기를 부탁한다."

9장

땀과 집념 그리고 용기

"부장님, 이번 주말부터 며칠 동안 회사를 쉬고 싶습니다."

모두가 바쁜 목요일 아침, 김 기사가 내게 와서 머리를 긁적이며 말했다. 엔진부 전 직원이 전날 밤부터 철야로 기계 설치하랴, 시운전하랴, 눈코 뜰 새 없이 바쁜 상황이었고, 이를 모른 척할 리 없는 김 기사가 내게 갑자기 쉬겠다는 말을 하길래, 하던 일을 멈추고 그를 쳐다봤다.

"김 기사, 무슨 일이야? 벌써 지친 거야?"

"아뇨, 그동안 죄송해서, 도저히 말을 못 하고 참고 있었습니다만…. 요번 일요일에 결혼식을 올리려고요…. 되도록 빨리 내려오겠습니다."

그는 장가가는 게 미안해 죽겠다는 듯, 고개를 푹 숙이고 있었다.

"어 그래? 이 사람아, 그런 걸 인제야 얘기를 하나? 축하하네. 내가 꼭 참석해야 할 일인데… 이거 요번 주말에 다들 비상 근무를 할 터이니, 내가 빠질 수가 없어서 올라가기 힘들겠네. 정말 미안하네."

"아이고 아닙니다, 부장님. 지금이 어느 때인데요. 사실 저도 이 고비 좀 넘기고 천천히 결혼식을 하겠다고, 부모님께 여러 차례 말씀을 올렸건만 양가 부모님들이 이미 날짜를 정하고 준비를 다 해놓으시는 바람에, 어쩔 수 없이 이렇게 되었습니다. 정말 죄송합니다."

"안심하고 다녀오게. 자네가 맡은 라인은, 생산기술 쪽의 한 과장에게 맡겨 놓을 테니, 안심하고 다녀오라고."

엔진부 사정만 생각하자면 능력 있는 김 기사를 못 가게 잡아두고 싶은 마음도 없지 않았으나, 일생에 한 번 있는 경사에 회사 걱정을 하게 하여 망치게 하고 싶지는 않았다. 그런데, 막바지로 치닫는 공장 라인 설비작업과 기계 설치가 워낙 다급해진 엔진부 사정을 누구보다도 잘 아는지라, 김 기사는 혼자만 쉰다는 생각에 미안했는지, 결혼식만 마치고 신혼여행도 없이 화요일 새벽에 출근하였다. 그리고는 마치 아무 일도 없었다는 듯, 열심히 일을 해주는 모습에 나는 너무나도 큰 고마움을 느꼈다.

1975년 5월, 영국에 발주한 기계가 울산에 도착하기 시작했다. 포니의 첫 출고 목표일을 1976년 초로 정한 뒤, 울산 공장은 그 날짜에 맞추느라 전체 부서가 마치 전쟁터를 방불케 움직였다. 1975년 9월에 들어서자, 엔진부를 제외한 전 공장의 형태가 서서히 갖추어지기 시작했다. 마치 독립문처럼 보이는 비슷비슷한 크기의 유압 프레스 기계가, 여섯 대씩 줄을 이어 들어와 세 열로 설치되었고, 프레스 기계에서 사용할 금형이 잇달아 들어왔다. 마지막 시운전이 끝나면 곧 포니의 자체 철판이 쏟아져 나올 것 같았다. 차체 용접 라인도 치구 설치가 거의 완료 되었고, 그 조정 작업과 용접기 설치

제1부 배우면서 세운 엔진공장　103

가 한창이었다. 페인트 공장과 의장 공장도, 이젠 서서히 제 모양이 갖추어져 가고 마무리 작업을 하는 기사들도 자신감에 넘쳐있었다.

일본에서 설비를 구입한 주물공장은 장비가 빨리 인도되어 설치 작업을 마치고, 시운전 중이었다.

그러나 엔진부는 사정이 좀 달랐다. 전용기계의 특성상, 한 대 한 대 우리 사정에 맞게 명세서를 만들고, 그 시방에 맞는 설계 작업을 하여 도면 작성 후, 우리가 승인하고 나서 제작에 들어가는 과정을 거쳐서야 우리에게 한 대씩 납품되는 까닭이었다. 또 전용기는 그대로 운반하기에는 덩치가 너무 커, 분해하여 부품별로 여러 대의 트럭에 나눠 실려 와, 현장 도착 후 다시 정확하게 조립해야 하므로 시간이 더 걸렸다. 그 기계들은 런던에 주재한 박 대리의 입회하에, 현지 제작 공장에서 미리 시험 가동을 하면서 정밀도를 확인한 것들이었지만, 또 다른 현장으로 이동해 오느라고 다시 한번 분해 조립하여 재설치하게 되면서 정밀도 재측정을 해야만 했다.

엔진 부품 절삭의 경우 보통 정밀도는 15미크론15/1000㎜ 내외이고, 그라인 딩으로 피니시 하는 크랭크샤프트Crankshatft나 캠샤프트Camshaft의 연삭 부분의 정밀도는 3미크론에 불과할 정도로, 초정밀한 가공 및 설치를 필요로 한다. 마지막으로 조립된 기계의 정밀도를 측정하기 위해서는, 소재를 가공하여 그것을 정밀 측정해야 한다. 정밀도가 나오지 않거나 오차가 생길 때는, 조금씩 조정하면서 다시 깎고 측정하기를 되풀이해야 한다. 엔진부에서만도 240여 대의 기계를, 모두 이런 과정을 거쳐 제 위치에 설치하여 정밀도를 맞추고 난 후, 비로소 포니 엔진을 구성하는 중요한 9개의 부품이 완성되며, 기타 부품은 하도급업체에서 제작한 것을 들여와 조립하여 엔진을 완성하게 된다. 엔진 제작 공장의 10개 라인에서 기사들은, 각자 라인을 한 개씩 책임지고 저마다 목표일 내에 각자의 기계 설치, 시운전 및 정밀도 측정에 합격해야 한다. 설령 포니의 외형은 완성되었더라도, 엔진이 제대로 완성되지 않으면 자동차라 불릴 수가 없으므로, 당연하게도 엔진부의 책임은 막중했다.

"엔진도 안 달고 가는 포니는 1미터도 못 가서 서버린다."

아리랑 가사를 이렇게 불러가며, 엔진부 직원들은 24시간 밤낮을 가리지 않고 환하게 불을 비추고 작업에 열중했다. 원래 신규 프로젝트는 계획대로 되기 힘들다고는 하지만 이때의 엔진부에서는, 정말로 계획대로 진행되는 건이 단 한 개도 없을 만치 모든 게 얽히고설켰다. 도착 예정일로 되어있던 날짜에 제대로 도착하는 기계는 단 한 대도 없었다.

도착 날짜를 넘기자마자 제작사에 연락을 취하면, 그쪽에서 파업이 시작되어 제작은 거의 다 되었지만, 마무리가 안 되었다며 기다려달라는 연락을 받기 일쑤였다. 그리고 마침내 기계들이 도착한 후에도, 기계 회사에서 파견 나와주기로 한 외국인 설치 기술자들이 제날짜에 오지 않았다. 우리 측에서 매일 독촉 텔렉스를 띄워도, 며칠 이내에 곧 가겠으니 조금만 더 기다려달라는 메시지만 보내올 뿐, 약속한 기술자들은 오지 않았다. 원래 계획은, 기계를 순차적으로 가동을 하여 시제품을 완성하는 것이었으나, 기계의 도착과 조립이 제작 공정의 순서와는 상관없이 무작위로 되어 가는 형국이다 보니, 시제품을 완성해 깎을 수가 없었고, 각자 도착한 기계의 정밀도를 독립적으로 측정하고 조정하는 수밖에 없었다.

어느 날 엔진블록 가공 라인의 김 기사가 찾아와, 자신이 책임지고 있는

제1부 배우면서 세운 엔진공장 **105**

실린더 구멍의 보링 가공을 할 수가 없으니, 엔진블록의 생산 시점을 늦춰 달라고 요구했다. 그는 신혼여행도 포기하고 공장에 다시 달려와, 밤낮으로 일 할만큼 열성인 사람인지라, 이런 말을 하는 걸 보니 도대체 무슨 이유인지 자세히 알고 싶어졌다.

'보링 가공'이란, 엔진 블록의 실린더 구멍처럼 이미 뚫어진 구멍의 내측면을 정확한 치수로 정밀 가공을 하는 것을 말하는데, 엔진의 폭발력이 새어나가지 않으면서 왕복 운동이 원활해지도록 만들자면, 설계 도면에 나온 대로 세밀하게 만들어져야 한다. 이런 점에서, 보링 가공은 엔진의 성능을 결정짓는 아주 중요한 가공이라 하겠다.

"보링 기계 제작사인 크로스Cross사에서 엔지니어가 오지를 않으니, 시험 절삭을 연기해야 하겠습니다, 부장님."

"자네, 매뉴얼을 다 공부하고 숙지했잖은가? 그쪽 엔지니어가 오지 않으면, 우리 스스로 시운전하고 시험 절삭 하라고 내가 지시했을 텐데?"

"절삭 날을 끼지 않고 시험 운전을 했습니다. 윤활유도 넣고 모터의 회전 방향도 점검하고 커플링도 연결해서, 기계가 제대로 작동하는지 여러 시간 동안 공회전은 했습니다만…."

그는 말끝을 흐렸다.

"흐음…. 그 기계는 두 개의 실린더 구멍을 동시에 보링 하게 되어있지?

블록을 이동시키고 다시 또 두 구멍씩 보링하는 기계인데, 블록의 이동이 정확하게 되는지, 스핀들과 스트로크가 정확한지 체크해 보았나?"

"네, 부장님. 스핀들에 절삭 공구를 떼어내고 블록을 올려놓은 채, 실제로 가공하듯이 기계를 돌리면서 점검을 했는데 이상은 없었습니다."

"오, 그래 됐어. 그럼 이제 공구를 끼워 넣고 돌려보지 그래? 의장 라인에서는 포니의 파일럿Pilot을[1] 빨리 만들어야 하니, 엔진을 빨리 내놓으라고 난리 났는데 왜 늦추고 있는 거야? 오지 않는 영국 엔지니어를 언제까지 기다릴 작정인가?"

"그렇지만 부장님…. 그 기계가 1억2천만 원(현재가치약13억원) 짜리입니다. 그 사람들 없이 그냥 기계 돌렸다가 고장 나면 어떻게 합니까?"

나는 잠시 생각에 잠겼다. 10여 년 전, 시멘트 공장에서 커다란 분쇄 기계의 시운전을 했을 때 나도 김 기사와 똑같은 심정이었던 것이다. 시운전을 하기 위해서는 작은 스위치 하나를 누르기만 하면 되는 거였는데도, 등에 식은땀이 나서 주저하던 생각이 났다. 만일 잘못되면 시멘트 분쇄기의 베어링이 녹아버리고 축도 부러질 수 있다는 생각에 잔뜩 긴장했다. 그뿐 아니라, 비싼 기계의 고장으로 미국에서 그 부품을 다시 주문하여 가져오는 동안에 몇 개월간 공장 가동 지연으로 인해 발생할, 엄청난 회사 손실에까지 생각이 미치자 급속도로 자신감을 잃고 위축되었던 것이다.

고려대학교 축구 선수 출신으로, 체구가 당당하고 평소 담력이 좋아 보이던 김 기사도 당시의 나와 똑같은 마음이었던지, 제조사의 엔지니어 없이 비싼 기계를 마음대로 움직여 혹시 고장이라도 나면 어떻게 하나, 하는 걱정에 휩싸여, 차마 공구를 끼워 넣고 제대로 된 시운전을 하기가 겁이 났던 모양이었다. 큰 고장이 아니더라도, 자기가 잘못 만져서 실린더 구멍의 정밀도에 지장을 주게 되어, 포니 엔진의 성능이 떨어지기라도 하면 큰일이라는 생각을 했을는지도 모른다.

"어이, 김 기사, 이리로 와봐." 나는 그를 앉히고 말했다.

---

[1] 파일럿: Pilot car, 초도물량 판매에 앞서 주행시험 등을 위해, 생산라인을 거쳐 양산차와 똑같이 만드는 시험용 차.

"그래 자네 고충은 잘 알겠네. 근데 말이야, 그 기계도 결국 사람이 만든 거야. 하느님이 만든 것도 아니고 결국은 누군가가 고쳐가면서 만들어낸 기계일 뿐이라고. 만일 고장이 나면 고치면 돼. 내가 고쳐줄 테니 빨리 한번 공구를 걸고 돌려봐." 하고는 어깨를 툭툭 두드려 주었다. 이 정도 고비를 스스로 넘기지 못한다면, 영영 제대로 된 기술자가 될 수 없음을 알기에, 과거 같은 처지에 서봤던 나는, 김 기사가 용기를 내어 스스로 시운전을 해보도록 격려했다.

여전히 긴장의 끈을 풀지 못한 굳은 표정으로, 가까스로 소리 내 "알겠습니다. 해보겠습니다."라고 말하며 힘없이 돌아간 김 기사는, 잠시 후 만면에 웃음이 가득한 채 돌아왔다. 그런데 이제는 제법 어깨를 활짝 편 채, 걸음걸이에도 활기가 넘치는 거였다. 그리고 다소 흥분된 목소리로 내게 말했다.

"부장님 엔진 블록 두 개의 보링을 성공시켰습니다!"

"아, 그래? 수고했어. 측정실에 갖다 주었나?"

"아뇨. 아직 측정실에는 주지 않았고요, 일단 가공만 한 채, 너무 기쁜 나머지 얼른 달려와 보고 먼저 드린 겁니다."

"응, 그래, 잘했어. 빨리 측정실에도 보내게."

측정실에서 재 본 결과, 김 기사의 보링 가공은 기준에 합격하였고, 이에 김 기사는 크나큰 자신감을 얻은 듯했다.

며칠 후, 이번에는 실린더 헤드를 맡은 민 대리가, 무엇 때문인지 잔뜩 화가 나서 벌게진 얼굴로 성큼성큼 걸어 들어왔다.

"우리 품질관리부 측정실이 영 엉망입니다. 도대체 믿을 수가 있어야죠. 아무리 잘 깎아서 갖다 줘도, 치수를 잰다면서 잴 때마다 몇 차례나 전부

다 다르니, 이거 도대체 그 친구들 측정하는 걸 맞춰 줄 수가 없고, 이젠 도 저히 믿을 수가 없습니다, 부장님. 부장님이 측정실에 좀 가서서 한말씀 해 주십시오."

흥분하여 고함치듯 하소연하는 민 대리의 말을 듣고, 나는 조용한 목소리로 그에게 말했다.

"이봐, 민 대리, 원래 정밀 측정이라는 것은 재는 사람에 따라서, 아니면 같은 사람이라도 잴 때마다 조금씩 다른 값이 나오기도 하는 거야. 화를 내기 전에 왜 그렇게 나왔는지 잘 생각해보라고."

"아, 그런 건 저도 충분히 이해하고요. 그런 일이라면 제가 부장님한테 찾아오지도 않습니다. 제가 말씀드리려는 거는 측정하는 애들이 얼마나 엉터리인지 부장님께 알려 드리려고 하는 거예요." 민 대리는 단단히 화가 난 듯 씩씩거렸다.

"오늘 실린더 헤드 결합 구멍을 가공했는데 말입니다. 부장님, 똑같은 드릴로 여덟 개의 구멍을 동시에 뚫는 거였거든요. 그것도 같은 드릴로요. 근데 측정하니까 어떻게 나왔는지 아세요? 내 참…. 아, 글쎄 여덟 개의 구멍 크기가 다 다르다는 겁니다.

더 웃기는 거는요, 그중에 구멍 하나는, 그 구멍을 뚫을 때 사용한 드릴 크기보다도 더 작다고 합니다. 아니 이게 말이 됩니까? 이런 엉터리가 어디 있겠습니까?"

민 대리는 사실을 말하는 것 같았다. 측정실에서 어떻게 그런 믿지 못할 수치가 나왔는지 알아보려고 자리에서 일어나려다가 문득 떠오르는 게 있었다.

"드릴 굵기보다 더 작은 구멍이 뚫린 곳의 재료 살 두께와, 다른 구멍들이 있는 곳의 재료 살 두께가 혹시 다르던가?"

예상치 못한 내 질문에 일순 당황하는 듯하던 민 대리는, 잠시 머뭇거리더니 마지못해 느릿느릿 도면을 펼치고 측정치와 대조해 보이며 말했다.

"드릴보다도 작게 나온 구멍 쪽은 살 두께가 얇은 쪽이고, 드릴보다 구멍이 살짝 큰 쪽은 살이 두꺼운 쪽인데요?"

"흐음~ 그래?" 나는 잠시 생각에 잠겼다.

"민 대리, 내가 알기론, 실린더 헤드 가공 라인에 절삭제 공급장치가 아직 도착하지 않았을 텐데 어떻게 가공하고 있지?" 나는 민 대리에게 물었다.

"아,예. 캠샤프트 라인의 그라인더 기계에 쓰는 절삭제 공급 장치를 빌려다 우리 쪽 기계에 붙여서 쓰고 있었습니다."

"절삭제가 어느 정도 나오고 있나?"

"손가락만 한 굵기로 졸졸 나오던데요?"

"그래? 민 대리, 내가 좀 짚이는 게 있는데 말이야, 미쓰비시에서 들은 말이 있었잖아. 알루미늄 가공 시 절삭제는 윤활제 역할뿐만 아니라 냉각제 역할을 동시에 하는 거라고. 손가락 굵기 정도면 모자랄지도 몰라. 곁에서 버킷으로 퍼부으면서 다시 한번 가공해 봐. 얇은 쪽 부분을 특히 절삭제로 식혀준다 생각하고 팍팍 들이부으며 가공해서 다시 측정해보라고, 알았나?"

몇 시간 후 다시 찾아온 민 대리는 무안한 듯, 머리를 긁적이며 말했다.

"부장님 말씀대로 절삭제를 옆에서 부으면서 다시 가공하여 측정했더니 구멍 크기들이 전부 다 일정하게 나오는데요."

내 추측이 맞았다. 알루미늄은 철과 비교하면, 열 팽창률이 훨씬 더 높아서, 약간만 가열이 되어도 크게 팽창이 되었다. 드릴로 알루미늄의 구멍을 깎을 때, 살이 얇은 부분은 냉각수 역할을 하는 절삭제가 잘 닿지 않아서, 드릴의 회전에서 발생하는 마찰열에 의해 급속히 온도가 올라갔을 것이며, 따라서 구멍을 뚫을 때 재료의 부피가 상당히 늘어나 있었을 테고, 가공이 끝난 후 다시 온도가 상온으로 내려와 알루미늄이 다시 수축이 되었을 때는, 오히려 드릴 구멍보다도 작아졌던 것이다.

반면, 살이 두꺼웠던 곳은, 쉽게 팽창이 되지 않아 열팽창 수축에 따른 오차가 작았을 것이다. 멋쩍어하는 민 대리를 격려해서 보내고 나는, '눈에 보이는 어떤 문제가 발생했을 때, 그 현상에 대한 섣부른 판단으로 우왕좌왕하기 전에 반드시, 그 현상을 유발했을지도 모르는, 아직 우리에게는 미처 밝혀지지 않은, 다른 어떤 공학적 원인이 있을지도 모른다는 의심을 해야 하고, 그다음 그 밝혀지지 않은 원인이 무엇일지 차분하게 연구해 보는 게 중요하다'라는 것을 재확인하였다.

며칠 잠잠하더니 또 어느 날 아침, 사무실에 들어서니 콘로드_{Connecting rod} 라인을 담당한 김 기사가 근심 어린 얼굴로 벌떡 일어나 내게 다가왔다.

"무슨 일인가?"

"부장님, 좀 드릴 말씀이 있어서요…."

김 기사는 잠시 주저하더니 천천히 입을 열었다.

"콘로드 깎을 때 우리 소재의 경도가 너무 높아서, 어제부터 단조부하고 싸우고 있었는데요. 우리 라인에 있는 이 반장이, 자기가 이걸 해결하겠다고 호언장담하면서, 아 글쎄 소재가 아무리 단단해도 드릴 끝을 더 뾰족하게 만들면 깎을 수 있다고 우기더라고요. 저는 그게 아닌 거 같아서, 그렇게 하면 안된다고 했더니, 이 반장이 밤중에 혼자 남아서 드릴을 뾰족하게 깎은 다음에 혼자 시도를 해봤던 모양입니다. 오늘 아침에 나와 보니, 비싼 전용 드릴 네 개가 부러져 있고, 스핀들 세 개는 휘어져 있었습니다. 아, 이걸 어떻게 하죠?"

"어떻게 하기는…. 이 사람아, 기계를 빨리 고쳐야지. 당장 공무부에 연락해서 사람을 오라고 해. 스핀들 바로 잡아보고 안되면 우리가 새로 만들어서라도 고쳐내야지. 그리고 이 반장 어디 갔어?"

"사고 쳐 놓고는 아침에 제게 미안하다고 하더니, 사라져 버렸습니다."

이 반장은 그 길로 짐을 싸고 도망쳤는지, 다음 날부터 회사에 나타나지 않았다. 새로 짓고 있는 공장이라, 직원 모집에 응해온 기능직 사원들의 경력이 대부분 2~3년이었는데, 이번에 사고를 친 이 반장은, 경력이 12년이어서 처음부터 콘로드 라인의 반장으로 발탁되어 있었다. 그런 그가, 이러한 실수를 저지른 것은, 그의 현장 경력은 12년이나 되었지만, 정작 절삭 이론에 대한 근본 지식은 없었기 때문이었다.

커넥팅로드, 보통 '콘로드'라 부르는 부품은 단조강鍛造鋼 소재를 깎아서 만든다. 강철은 열처리를 어떻게 하느냐에 따라, 그 경도硬度가 매우 달라지는데 우리가 막 짓고 있던 단조공장은, 현재 열처리로熱處理爐의 시운전도 아직 끝나지 않은 상태인지라, 단조공장에서 생산한 소재의 경도가 고르지 않고 매번 다르게 생산되고 있었다.

따라서 중간중간에 너무 단단하게 나온 소재가 섞여 있어서, 단조공장에서 소재를 받아 커넥팅로드의 형태로 가공을 해야 하는 우리 쪽에서 절삭 작업을 할 때면, 쉽게 깎이지 않는 것들이 나오곤 했다. 그런데 금속이 단단할수록 그런 소재에 드릴로 구멍을 뚫기 위해서는, 드릴에 강한 압력을 가해야 하고, 또 드릴이 그렇게 강한 압력에 견디기 위해서는 드릴의 날이 뭉툭해야만 한다. 즉, 소재가 단단해졌다고 해서, 드릴의 끝을 뾰족하게 갈아낸 이 반장은 결과적으론 의도하려고 했던 바와는 정반대로 한 것이었다.

그리고, 그렇게 무리한 시도보다 더 근본적인 해결책은, 소재의 강도가 일정하게 나오도록 단조공장 쪽에 요청하는 거였다. 일정한 작업을 계속하도록 자동화된 전용기계에 물릴 소재의 강도가 이리저리 변해서는 절대로 안 되기 때문이었다.

원리를 생각하지 않고 경험에만 의존하는 사람들이 흔히 저지르기 쉬운 실수가 바로 이같이 자신의 경험만을 앞세워 고집을 피우는 데에 기인하는 것들이었다. 그래도 우리 엔진부에 배치된 대부분 기사들은 기존 경력이 없었으므로, 선입견이나 고집으로부터는 자유로운 덕에, 잘 모르는 일에 부딪힐 때마다, 응원 나와 준 미쓰비시의 반장급 기사들에게 찾아가 묻기도 하고 책을 찾아보며 늘 배우는 자세로 문제를 해결하곤 했다.

물론, 제대로 알고 또 경험도 많은 기사들에 비하면 몇 배나 더한 노력을 기울여야만 했으나, 그렇게 하나하나 스스로 터득하여 얻는 경험과 지식이야말로 그들에게는 피와 살이 될 것이었다. 이제, 자기가 맡은 일은 어떤 수단을 써서라도 자력으로 해결하겠다는 집념이 그들에게 생기기 시작했다. 이러한 집념은 그들로 하여금, 일을 해결할 수만 있다면 부끄러워 않고 남에게 머리를 숙여서라도 배우게 했고, 고달픔도 잊어가며 연구를 하느라 며칠씩 밤을 새우는 일도 예사로 여겨지도록 그들을 단련시켜 주었다.

제1부 배우면서 세운 엔진공장 **113**

그런 그들의 노력이 결국, 우리나라 최초의 자동차 고유모델인 포니를 성공적으로 개발하고 대량 생산하도록 이끌었다. 그리고 이렇게 키워나간 현대자동차 기술자들의 집념은 포니가 전국으로, 또 세계로 팔려나가기 시작한 이후에도 지속적으로 발휘되어, 오늘날 현대자동차를 성장시키는 가장 큰 밑거름이 되었을 것으로 믿고 있다.

10장

실패를 딛고

"부장님, 문제가 좀 생겼습니다."

엔진 조립 라인을 맡은 박 기사가 내게 다가와 말했다. 평상시 어떠한 크고 작은 문제가 생겼을 때도 좀체 동요하지 않고 늘 쾌활하던 박 기사의 목소리에 힘이 없는 거로 봐서, 이건 좀 심각한 사건이라는 게 느껴졌다.

"무슨 문제이지, 박 기사?"

"품질관리부에서 샘플 검사를 했는데, 엔진 한 대에서 엔진 오일이 급격하게 닳아 없어지는 현상이 발견되었습니다. 그래서 저희가 분해해 조사해 보니, 그 엔진의 오일링 Oil ring (실린더의 폭발이 새지않도록 피스톤 둘레에 끼우는 링) 한 개가 위·아래 방향이 뒤집힌 채 조립이 되어있었습니다."

"뭐라고? 어떻게 그런 실수가 나왔어?" 나는 순간 불쑥 치밀어 오르는 화를 애써 누르며 가까스로 물었다.

제1부 배우면서 세운 엔진공장 **115**

"저도 대체 어떻게 그런 일이 벌어진 것인지, 찾아내려고 우리 라인 직원들 전부를 불러모아 조사를 했습니다. 우선 얼핏 보면, 오일링의 위·아래를 구별하기가 쉽지는 않거든요. 그런데 오일링을 조립하는 작업자가, 납품받은 오일링 포장을 뜯다가 바닥에 떨어뜨려서 링들이 사방으로 흩어진 것을 황급히 주워 담았는데, 그중 몇 개가 위·아래 방향이 뒤바뀐 걸 모른 채, 원래 박스에 꽂아 놓은 것 같습니다.

이미 제가 이전에 여러 차례 뒤바뀌지 않게 하라고 그렇게 주의를 주었건만, 그 멍청한 녀석이 주워 담을 때 제대로 확인을 안 한 모양입니다. 당장 그만두게 하겠습니다."

"이봐, 박 기사, 지금 그 친구를 그만두게 하고말고가 중요한 게 아니라, 당장 엔진이 문제 아닌가? 불량품이 섞여 있을 텐데, 그걸 잡아내야지. 처음 발견한 게 몇 시야?"

"한 시 반쯤입니다."

박 기사가 머리를 긁적이며 기어들어 가는 목소리로 말했다.

"벌써 세 시인데 이제야 보고를 하면 어떻게 하나? 제작 번호가 몇 번이야? 앞뒤로 전부 뜯어야 할 것 아닌가?"

"부장님, 그런데 말입니다. 그 친구가 주워 담을 때 뒤집힌 오일링이 그리 많지는 않았던 거 같다고 합니다. 잘못된 엔진의 다음 것들 중, 두 대의 엔진을 뜯어 봤는데, 오일링이 전부 제대로 되어있었습니다.

포장 한 꾸러미에 오일링이 50개 들어있고, 엔진 한 대당 오일링이 4개씩 들어가니까, 전부 잘못 들어갔다고 쳐도 총 13대분 아닙니까?

실제로는 기껏 많아야 대여섯 대 정도일 거 같고, 설령 잘못된 오일링이

들어간 엔진이더라도, 실린더 네 개 중 겨우 링 하나가 잘못될 확률이 높은 것일 텐데, 그 정도라면 엔진 오일 소모가 조금 증가하더라도 그다지 큰 사고는 아니니까 그냥 두면 어떨까요, 부장님?"

박 기사는 엔진부의 치부가 밖으로 드러나 조롱거리가 될 수 있다는 사실이 더 심각한 문제라는 듯, 이 상황을 슬쩍 덮어버리자는 뜻을 내 비추었다. 그 말을 듣는 순간, 나는 그만 참지 못하고 격앙된 목소리로 소리치고 말았다.

"뭐라고? 자네 지금 무슨 소릴 하는 거야? 그래서 이건 별 게 아니니, 그냥 못 본 척하자는 건가? 이봐, 박 기사, 이건 작은 문제가 아니야. 오일링 한 개의 문제가 아니라 포니 자동차 한 대의 문제라고. 우리가 볼 때는 여러 대 엔진 중의 한 개일지 모르지만, 포니를 사가는 고객에게는 포니 한 대가 그 사람 전부의 문제일세. 새 차를 뽑았는데 불량이 나서 엔진 오일을 많이 잡아먹으면, 그 고객은 계속 돌아다니면서 가는 곳마다 포니 욕을 하며 다닐 텐데, 누가 그런 욕을 하고 다니는 차를 사겠나? 자네 같으면 사겠나? 당장 조립 라인을 세우고, 사고 난 엔진의 앞뒤로 13대씩 모두 26대의 엔진을 분해해."

박 기사는 얼굴이 벌겋게 되어 뛰쳐나갔다. 그는 내게 보고하기 직전까지, 어찌하면 라인을 세우고 엔진을 분해하는 사태까지 벌어지지 않게 이 위기를 잘 모면할 수 있을까, 나름 궁리를 한 모양이었다. 그러나 실수를 처음 발견했을 때가 그것을 만회할 가장 이른 시점이라는 것을 나는 잘 알고 있었다. 그것을 모른 척하고 넘기다가, 또는 '어떻게 잘되겠지'라는 생각으로, 자신의 실수에 대해 아무런 능동적인 대처 없이 뭉그적거리다가는,

제1부 배우면서 세운 엔진공장 **117**

결국 처음의 작은 실수는 시간이 지날수록 점점 커져서, 마침내 돌이킬 수 없는 치명적인 실패가 되어 부메랑처럼 자기에게 돌아옴은 물론, 자칫 잘못하면 엔진공장 전체에 크나큰 재앙으로 들이닥칠 수 있기 때문에, 나는 이번 사태를 절대 묵과할 수가 없었다.

현장에 바로 뛰쳐나가 직접 지휘를 했다. 방금 자기들이 정성껏 조립했던 엔진을 다시 뜯어내야 하는 그들의 모습은 마치 사랑하는 자식이 갑자기 아파서 수술해야 하는 것처럼 침통하고 숙연하기까지 했다. 나는 박 기사에게 물어, 오일링을 떨어뜨리고 위·아래를 제대로 확인하지 않은 작업반 직원에게 다가가 말했다.

"이봐, 자네 한 사람의 실수로 동료들이 이렇게 크게 고생하는 게 보이나?"

"죄송합니다. 할 말이 없습니다. 한 번만 기회를 더 주신다면 다시는 이런 실수를 하지 않겠습니다." 공업 고등학교를 졸업한 지 이제 막 1년이 되어 가는, 앳된 모습의 어린 직원은 머리를 푹 숙인 채, 땅바닥에 시선을 고정하고, 잔뜩 기어들어 가는 목소리로 대답하였다. 다음 날 아침, 박 기사는 모든 직원에게 경종을 울릴 목적으로 일벌백계의 시범을 보이고자, 그 젊은 직원을 처벌하겠다고 말했다. 그러나 나는 박 기사에게 그를 용서해 주라고 지시했다.

"그 친구 어제, 라인을 멈추고 우리 모두 엔진을 분해하는 동안 우리 모습을 죽 지켜봤잖아. 그게 바로 그가 받은 벌인 셈이야. 일부러 실수한 것은 아닐 테니, 지금까지 얼마나 마음고생이 심했겠나? 그런 뼈아픈 고생을 했으니 앞으로 다시는 실수하지 않게 주의를 할 거야. 그냥 두게. 그런데 박 기사, 자네 잘못이 더 크네. 초기에 문제 된 엔진의 앞뒤 엔진까지 분해하고 철저하게 해결을 지었어야지…. 그걸 슬쩍 넘기려 궁리한 건 더 큰 잘못이 야."

박 기사는 고개를 푹 수그리고 다시는 그러지 않겠노라고 다짐을 했다.

"그래, 작은 실수도 요행을 바라며 그냥 넘기려 하지 말고, 근본적으로 해결을 하도록 해. 그동안 자네가 열성적으로 일해온 걸 아니까, 내가 이번 한 번만은 봐 줌세."

비록 말은 이렇게 했지만, 내심으론 걱정이 태산 같았다. 당시 조립 라인 뿐만 아니라, 공장의 모든 부분에서 크고 작은 실수가 걷잡을 수 없이 터져 나오고 있었기 때문이었다. 실수가 있을 때마다 당사자를 처벌하는 것만으로는 근본적인 문제가 해결되지 않을 것 같았다. 나는 틈이 날 때마다 기사들에게 매일 아침, 라인의 작업 반원들을 모아 엔진부장의 강조사항으로 다음을 지시했다.

"한 라인에서 실수가 한 번 나오는 것은 어쩔 수 없다고 치자. 그러나 같은 실수가 두 번째 나온다는 것은, 작업 반원 전체가 잘못했다는 것이다. 새로운 종류의 실수가 처음 나왔을 때, 모든 작업 반원이 합심하여 두 번 다시 같은 실수가 나오지 않도록 근본적인 대책을 마련하고, 현장을 뜯어고쳐서라도 되풀이되지 않게끔 해라. 그렇게 한다면, 첫 번째 실수는 교육비 지불로 간주하여 용서할 수 있다. 그러나 같은 실수가 두 번째 발생한다면, 그것은 그 라인의 작업 반원 모두가 태만한 것이므로, 반원들 모두의 책임이다. 나는 이렇게 두 번이나 똑같은 실수를 하는 것은 팀을 구성한 기술자들 모두의 수치로 간주하여, 그들의 봉급을 깎거나 하지는 않겠지만 대신, 공장 내 회람에 두 번 실수한 한심한 작업반들만 따로 모아 공개하려고 한다."

실수를 계속하는 라인의 작업자들에게는 물리적인 처벌보다는 차라리 그들의 자존심을 깎아내리는 대접을 하겠다고 엄포를 놓는 편이 더 효과가 있으리라 생각했다. 기술자들이란 비교적 단순한 사람들이다. 자신이 정열을 바쳐 성취하고자 한 일이 실패로 돌아갔을 때, 그것만으로도 자신이 가진 기술자로서의 프라이드에 치명적인 상처를 입을 수 있는 사람들이다. 제대로 된 기술자들이라면, 실수가 자기 책임이라고 깨닫게 된 사실 하나만으로도, 자신을 크게 자책할 수도 있는 게 그들이다. 큰 실수를 저지른 후에, 기술자가 되기를 포기할 만큼 크게 고민하는 사람을 곁에서 본 적도 있었다. 명확한 목표가 주어진다면, 아무리 큰 고난이 오더라도 모두 이겨내고 자신이 맡은 일을 끝까지 물고 늘어져, 성취하는 근성이 있는 사람들이 진짜 기술자들이다.

기술 축적은 단기간에 이루어진다기보다는, 수많은 실패를 겪고 그것을 해결해 나가는 과정에서 이루어지는 땀의 산물이라고 나는 믿는다. 뒤집힌 오일링 사건은 엔진부 모두에게 좋은 교훈이 되었다. 백 퍼센트 최선을 다해 만든 것이라는 자신감이 없는 엔진은 절대로 내보내지 말라는 엔진부장의 의지를 모두가 알게 된 이후로는 '약간 잘못된 엔진인 것은 알지만, 그냥 내보내자'라는 생각은 사라지게 되었다. 그리고 품질관리부에서 불량이라고 지적할 때는, 자존심 때문에 어거지로 부정하거나 고집부리지 않고 바로 승복하여, 함께 실수를 찾고 그 원인을 파악하여 바로잡으려는 정신 자세를 가지게 되었으며, 오로지 완벽한 제품을 만드는 데에만 전력을 다하는 분위기가 조성되기 시작했다.

그럼에도 불구하고, 오일링이 뒤집히는 실수는 다시 한번 발생하였다. 공교롭게도 한번 실수를 저지른 후, 철저하게 조심하던 오일링 담당 작업자가 쉬던 날, 작업반장이 그의 작업을 대행하다가 똑같은 실수를 저지르고 만 것이다. 다행히, 처음 실수가 생겼을 때 모두가 아이디어를 짜내, 재발 방지책을 마련한 후인지라, 두 번째 위기는 무사히 넘길 수 있었다. 다음 공정인, 피스톤을 엔진 블록에 끼우는 과정에서, 다음 작업자가 반드시 오일링의 위·아래 방향 점검을 한 번 더 하도록 해두었기 때문에 이번에는 엔진이 조립 전에 발견되어 바로 잡을 수 있었다.

지난번 젊은 작업 반원의 처음 실수 때, 엔진을 분해하면서 반장을 비롯한 모든 반원이 젊은 친구에게 원망의 눈초리를 주었으나, 작업반장에 의해 또 한 번의 실수가 발생함으로써, 이제 그 누구도 실수에서 자유롭지는 않다는 게 증명이 된 셈이다. 나는 이것을 기회로, 공장의 생산라인에서 발생하는 실수를 예방하는 시스템을 만들 것을 주문하였다.

먼저, 실수는 누가 작업을 하든 상관없이 언제든 나올 수 있다고 강조하였다. 새로운 실수가 나오면 당사자를 비난하기에 앞서, 어떻게 하면 차후 같은 실수의 재발 시, 가능한 한 조기에 발견되어 다음 공정으로 넘어가기 전에 얼른 고쳐질 수 있을지를 연구하라고 지시했다. 특히, 작업자들이 작업 라인에서 장시간 반복 작업을 함으로써, 그 단조로움 때문에 어느 순간 잠시 집중력을 잃게 되더라도, 그것으로 인해 실수가 나오지 않도록 기계적으로 체크될 수 있는 시스템을, 작업 반원 모두가 머리를 짜내 만들 것을 주문하였다. 최종 제품의 품질과 안정성을 오직 작업자 개인의 집중력에만 의존하지 않고, 궁극적으로 작업자의 숙련도와는 무관하게 일관된 품질로 나올 수 있는 생산 공정을 만들어 가기 위함이었다. 그리고 모든 구성원이 그것을 완수하는 데에 관심을 갖도록 하였다.

한편, 유럽의 공작기계 전문 회사에서 만들어진 전용기계에서도 문제는 일어나고 있었다. 작업자들의 숙련도와 관계없이, 일련의 가공 공정이 고품질로 안정하게 이루어지도록 설계되어 만들어진 전용기계들조차도, 기대와는 다르게 현장에서 빈번히 문제를 일으키곤 했다. 아무래도 우리의 특수 상황에 사용할 기계가, 사용할 당사자도 아닌 남에 의해 만들어진 것이다 보니 그대로 조립하여 사용할 경우, 우리가 원하는 대로 공작물이 가공되지 않는 문제인 것 같았다. 기계를 발주할 당시만 하더라도, 자동 가공이 되는 전용기계를 주문하여 우리 공장에 설치만 하면, 우리가 정밀 부품을 쉽게 가공할 수 있으려니 생각한 것이 큰 오판이었다는 것으로 드러나고 있었다. 이러한 전용기계의 오차 문제는 전 공장에 걸쳐 파장이 아주 컸으며, 포니의 생산 예정일이 오기 전, 이러한 오차를 해결하는 것이 최우선 과제로 떠올랐다.

담당 기사들은 48시간이든 72시간이든 상관없이, 기계가 고쳐질 때까지 연속 작업으로 반드시 그 자리에서 시정조치 해야만 했다. 예정일이 점점 다가오면서 공장 내의 모든 공작기계가 각각 제자리에 설치되고 나자, 공작기계의 오작동, 또는 오차 문제들이 공장 전체에 걸쳐 여기저기에서 수시로 터지고 있었고, 전 직원들은 마치 전쟁터에서 기계 오작동이라는 적군을 맞아 사력을 다해 싸우는 군인들처럼 혈투를 벌여야만 했다.

크랭크샤프트를 제작하는 라인도 마찬가지였다. 크랭크샤프트라 불리는 부품은 단단한 한 덩어리의 금속 소재를 깎아 만든 구부러진 막대기 형상의 축으로, 어려운 가공 공정을 거쳐 완성품이 되고 나면, 다수 개의 피스톤에서 순차적으로 터지는 연속적인 폭발의 충격이 그대로 전달되어도 흔들림 없이 고속으로 회전을 해야만 제 기능을 발휘하게 되는, 매우 중요한 핵심 정밀 부품이다. 이렇듯 고도의 정밀도가 요구되는 부품이지만, 우리 단조공장의 열처리 공정이 아직 제대로 안정이 안 된 상황이어서, 크랭크샤프트를 만들 소재의 경도가 종종 너무나 단단하게 만들어져 나오는 경우가 있었다. 그 때문에, 이것을 깎는 전용기계에 무리가 갈 수도 있었고, 또 가공이 끝나고 나면 크랭크샤프트가 오차범위 밖으로 휘거나, 베어링에 얹혀질 축의 원 모양을 한 단면이 뒤틀어지기도 했다. 측정 시, 허용 오차의 범위는 3미크론 정도로서, 눈에 띄지도 않는 미세한 크기였지만, 가공이 끝난 후 만일 이 범위 이상으로 형상변화가 발생했을 때는 엔진의 진동과 성능에 지대한 영향을 끼치는 원인이 되는 것이었다.

크랭크샤프트의 소재를 가공하는 전용기계를 조정하다가, 결국 조정만으로는 안되어, 아예 우리 손으로 기계를 뜯어고칠 수밖에 없는 상황에 직면하게 되었다. 전용기계의 부품을 새로 깎고, 그렇게 만든 부품을 끼워 맞추고, 새 부품으로 고친 기계로 소재를 다시 가공하고, 깎인 소재를 측정하여 제대로 정밀도가 나오지 않으면, 또 처음부터 기계부품을 새로 깎고⋯. 제대로 된 크랭크샤프트의 정밀도가 나올 때까지 전용기계의 부품을 새로 깎아서 맞추어 내는 밤샘 돌관작업突貫作業(집중해야 할 공정에 전 인력을 투입해서 밤낮없이 계속하는 작업)을 하여 반드시 해결해야만, 며칠 후의 또 다른 일정에 맞출 수 있었기 때문에 쉴 틈이 없었다.

제1부 배우면서 세운 엔진공장　123

전용기계의 수리를 맡았던 홍 기사는 작업을 마치고 전투가 끝난 뒤 탈진한 병사와도 같이 그 자리에 쓰러지고 말았다. 잠시 후, 사람들의 부축을 받으며 집으로 돌아가 일주일간 죽은 듯 누워있던 홍 기사는 미처 몸이 채 회복되기도 전에, 자기만 혼자 쉴 수 없다며 다시 현장으로 돌아왔다.

이렇게 어렵사리 공작기계들을 뜯어고치며, 동시에 그 기계를 이용해 가공 제작한 엔진 부품을 조립하여 완성된 엔진은 2천 시간의 내구력 테스트를 거쳐야 했다. 2천 시간 동안 엔진을 쉼 없이 돌린 후, 엔진을 분해하여 부품들의 마모가 얼마나 심한지, 파손이 없는지를 검사하는 과정이다. 그리고 포니에 엔진을 탑재한 상태에서도 완성 차의 내구력 테스트를 또 거친다. 공장 뒤쪽의 넓은 공지에, 울퉁불퉁한 악조건의 지형을 만들고 운전자를 교대해가며 연속 주행을 한다. 내구력 테스트가 끝난 후, 포니의 바디는 따로 점검하고, 엔진은 다시 또 한 번 분해하여 손상된 부품이나 마모가 심한 부품이 없는지, 만일 있다면 그것을 보완하기 위해 엔진 부품의 설계변경에 들어가고, 다시 그에 맞도록 공작기계를 즉시 손보고, 다시 변경된 부품을 제작하는 작업을 반복했다.

포니의 출고일이 1976년 2월 1일로 정해지자, 60만 평의 울산 공장은 구석구석이 모두 전쟁터로 변했다. 하루 철야는 일철, 삼일 철야는 삼철로 불렸고, 전 직원이 맡은 자리에서 각각 쏟아져 들어오는 적군을 맞아 전투를 벌여 반드시 승리해야만 한다는 일념으로, 그들은 누가 시키지 않아도 일철 삼철을 스스로 알아서 하고 있었다.

그런 중에도 나는 점심시간을 이용하여 틈틈이 직원들에게 품질 교육을 했다.

"좋은 품질의 엔진이란 뭘 말하는 걸까?"

"예, 성능이 좋고 고장이 나지 않는 엔진입니다."

"잘했어. 그런데, 그 대답은 반은 맞지만, 반은 맞지 않는 대답이야." 나는 직원들에게 좋은 품질이라는 것이 어떤 의미인지 개념을 심어주려 했다.

"좋은 품질이란, 무조건 고장이 나지 않는 것을 의미하는 게 아니라, 도면대로 정확하게 제작된 것을 의미하는 거야. 즉, 좋은 품질의 엔진이라는 것은 더도 덜도 아닌, 정확하게 도면대로 제작된 엔진을 말하는 거지. 롤스 로이스가 포니가 되어서도 안 되겠지만, 역으로 포니가 롤스 로이스처럼 만들어져도 좋은 품질이라고 할 순 없는 거야.

각 차종마다 처음부터 어떤 '수준'의 품질로 만들 것인가는 도면을 만들기 전에 정해지게 되는 것이고, 일단 도면이 완성되면 부품이 어떤 품질 '수준'인지는 이미 정해진 다음이라, 더 이상 높아질 수는 없는 거라고. 알겠나? 따라서 우리가 흔히 말하는 '좋은 품질'이란 것은 막연하게 '무한정' 좋은 품질을 의미하는 게 아니라, 딱 도면대로 정확하게 만든 품질을 의미하는 거라네.

우리는 좋은 품질의 엔진을 만들기 위해, 이제부터 기계를 운전하는 작업자들 전원이 각자 측정 게이지를 들고, 자기가 만든 부품이 도면대로 되었는지를 측정해야 해. 품질관리부에서 측정하는 내 부품이 과연 합격이 될 건지 처분을 기다리는 수동적인 입장을 버리고, 내가 만든 부품이 정말 도면대로 만들어진 것인지 먼저 스스로 알아서 측정하는, 능동적인 자세를 갖추자고. 알았나?"

나는 품질관리부에서도 때때로 실수가 날 수 있으리라 생각했다. 우연히

제1부 배우면서 세운 엔진공장 **125**

우리 손을 빠져나간 잘못된 엔진이 요행히 품질관리부의 실수로 인해, 합격 처리되어 밖으로 나가는 것을 방지하고, 또한 부품을 가공하는 작업자가 본인이 제작한 물건에 대한 품질 의식을 갖게 하기 위해서는, 작업자 스스로 측정을 하는 것이 가장 좋은 방법이라 생각했다. 엔진부 직원들은 내가 바라는 좋은 품질의 엔진을 만들기 위해 각고의 노력을 하였고, 그 결과 1976년 초, 생산된 총 2만 5천 대의 엔진 중 문제가 된 엔진은 불과 약 50여 대에 그쳤다. 그나마 순수하게 엔진부의 실수로 밝혀진 것은 8대에 지나지 않았고, 나머지는 전부 하도급업체에서 제작된 오일 필터나 고무 개스킷 등 작은 부품의 불량으로 판명이 났다.

품질이 좋아지면 고객들의 클레임이 줄어들게 되어, 그것을 처리하는 자재, 인력에 필요한 경비도 감소되어 원가 절감이 될 뿐만 아니라 제품에 대한 신뢰도가 높아져 고객들이 믿고 찾을 수 있는 제품을 생산하는 회사로 발전하게 되고, 자연스레 그 위상이 올라가게 된다. 85년 이후, 포니 엑셀 Pony Exel의[1] 수출이 급격히 늘어나게 된 이유는 단순히 저렴한 가격 때문만이 아니라 가격대비 우수한 품질을 인정한 고객들의 신뢰가 저변에 깔렸기 때문이라는 것이 나의 생각이다.

---

[1] 포니 엑셀: Pony Exel, 포니원의 후속 모델로 1985년 2월에 출시했으며, 대한민국 최초의 전륜구동 승용차이다. 1987년에는 미쓰비시에서 리뱃징(Rebadging)하여 프레시스(Precis)라는 차를 미국에 수출하는 등 국내외에서 인정받은 차량임.

11장

악당

밤낮으로 불이 환하게 켜진 채로 24시간 쉴 새 없이 돌아가는 현장에서 우리 직원들이 겨우 숨통을 트게 된 것은 1976년도 가을 무렵이었다.

일요일도 없이 바쁘게 일하던 가운데에, 날씨 좋은 10월의 셋째 일요일을 정하여 모처럼 엔진부 전원이 가족과 함께 언양 석남사로 야유회를 가게 되었다. 총각들이 많았지만, 결혼한 지 얼마 안 되는 신혼부부들도 여럿 있었다. 그동안 신랑이 전쟁터와 같은 회사에 묶여, 한창 즐거워야 할 신혼임에도 나들이 한번 제대로 하지 못했을 텐데, 하는 미안함을 이번 기회에 만회해 보고자, 다들 재미있게 놀아주었으면 하는 바람으로, 음식도 푸짐하게 준비하라고 지시했다.

그동안 부인들끼리 서로 인사할 기회가 없었는지, 그날에서야 서로 소개를 받고 인사를 나누고 있었다. 낯선 분위기를 처음 대하는 부인들은 좀 서

먹서먹해했고, 남편들은 그에 아랑곳하지 않고 금방 술잔을 들고 왔다 갔다 분주하게 돌아다니며 모처럼의 해방감을 만끽하고 있었다. 잠시 후 술기운이 좀 무르익고 흥이 오르자, 노래를 부르며 떠들기도 하여 서먹서먹한 분위기가 사라졌다. 익살스러운 춤으로 좌중의 웃음을 자아내는 직원을 바라보며 나도 손뼉을 치며 웃고 있었는데, 한 젊은 부인이 내게로 다가왔다.

"부장님, 좀 여쭤보고 싶은 말이 있는데요…."

앳된 모습의 부인은 뭔가 내게 할 말이 있는 듯, 내 얼굴을 빤히 쳐다보며 말했다.

"아, 예, 말씀하세요."

멀리서 그 부인의 남편인 듯 보이는 직원이 다소 걱정스러운 표정으로 이쪽을 바라보는 시선이 느껴졌다. 다른 직원들도 부장이 직원의 젊은 부인과 어떤 대화를 할까 궁금했는지, 순간 조용해 지면서 하나둘씩 우리 쪽을 주시하기 시작했다.

"부장님, 저희 그이는 매일 밤 회사에서 일한다고 밤 열두 시가 넘어서야 들어 오고, 또 툭하면 야근해야 한다고 안 들어오는 날도 있고, 일요일에도 일해야 한다고 집에 들어오지 않는 날이 많아요. 아니, 일하는 사람도 많고 생산도 잘되는 큰 회사에서, 사람이 매일 이렇게 쉬지도 못하게 일을 시키는 게 사실인가요? 저는 도무지 믿어지지 않아서요."

이 말을 들은 주변의 직원들이 일제히 와하하~ 하고 크게 웃었다.

그러나 정작 답변을 해야 할 나는, 순간 쥐구멍에라도 들어가고 싶은 심정이 되어 할 말을 잃어버렸나. 평소 틈만 나면 직원들에 작업에 내해 교육을 하던 달변가 부장이 갑자기 얼굴이 빨개지면서 말문이 막히자 몇몇 직원들은 킥킥대기 시작했다.

"미안해요. 모두 사실입니다…. 곧 회사 사정이 나아지는 대로 남편을 돌려드리겠습니다." 나는 어물쩍 대답을 얼버무리고 다른 볼일이 있는 척, 슬며시 자리를 피해 석남사 뒤편으로 황급히 걸어갔다. 큰 소나무 그늘 밑, 돌위에 걸터앉아 담배를 피워 물었다. 그렇다, 나는 그 젊은 부부의 달콤해야할 신혼을 산산조각으로 깨어버린 악당이었다. 결혼하자마자 울산에 내려와 신혼의 보금자리를 마련하고 즐거운 생활을 기대했던 그 젊은 부인은, 온종일 아무도 없는 빈방에서 하염없이 남편을 기다리는 쓸쓸한 신혼생활을 하게 된 것이었다. 그리고 그걸 만든 사람은 바로 나였다.

오죽 힘들었으면, 여러 사람의 시선에도 아랑곳하지 않고 용기를 내어, 남편을 앗아간 상사에게 직접 찾아와 따졌던 것일까? 둘만이 오붓하게 함께 해야 할, 인생의 가장 아름답고 행복해야 할 시간을 무참하게 짓밟아 버린 악당 같은 부장이 얼마나 미웠을까? 이런 생각이 들자 죄책감과 미안함으로 가슴 한쪽이 무너져 내리는 것만 같았다. 사람이 산다는 건 왜 이리 복잡한 것일까? 이대로 전부 침몰하기 싫어서 가까스로 수면 위로 부상하면 결국, 그로 인해 다른 한쪽이 또 가라앉고 마는 것이 세상일이다.

강대국 사이에 낀 작은 약소국 땅에 태어난 우리는, 외세의 영향에 따라이리 밀리고 저리 밀리며, 가난을 숙명으로 여기고 살아왔다. 과거 한때, 우리보다 문화적으로 뒤처졌던 일본은 일찍이 공업화를 이루어, 이제는 선진국대열에 우뚝 섰는데, 한국은 이제야 겨우 공업화를 이룰 기회가 온 것이다.

한 그루의 사과나무도 씨앗을 뿌려 커다란 나무로 자라나 열매를 맺기까지 십수 년이 걸린다. 한 나라의 공업화를 이루기 위해 유럽의 국가들은 백 년의 세월이 걸렸다. 든든하게 다 자란 나무의 과실이 열리기까지는, 앞선 세대의 누군가가 씨를 뿌리고 자라는 묘목을 잘 보살펴 키워내야만 한다. 배가 고프고 힘들고 지쳐도, 비바람이 불고 추운 겨울이 와도 참고 이기며, 거름을 주고 가지를 치고 물을 주고 보온을 해주며, 햇빛이 잘 들게 해주어 나무를 건강하게 키워야 비로소 후손들이 그 큰 나무의 과실을 수확할 수 있으리라.

미안하고 또 미안하다…. 지금 나와 함께 일하는 젊은이들은 어린나무를 키우는 데에 전력을 다해야 할 임무를 맡은 사람들이다. 나는 그들이 훌륭히 임무를 완수토록 용기를 잃지 않게 격려하고 바르게 지휘를 해야 할 사람인 것이다. 그러나 그런 역할을 맡음으로써, 본의 아니게 그들의 가족에게는 환영받지 못하는 사람이 되고 만 것이다. 나는, 어느 집 귀한 아들이면서 동시에 어느 집의 가장이자 아버지요, 한 여인의 남편을 가족들에게서 빼앗아가는, 악역을 자처해야 하는 것이었다. 새파란 하늘을 쳐다보며 담배 연기를 훅 내뱉었다. 어렵더라도 지금 나에게 주어진 믿음과 책임을 저버리지 않고, 내게 주어진 중책을 완수하기 위해 모진 역할도 떠안아야 한다는 생각에 몹시 괴로웠으나, 악당의 역할도 내게 주어진 임무의 일부려니 여기고 기꺼이 받아들이기로 했다.

먼 훗날, 대한민국이 일본과 같은 선진국이 되는 날, 나는 비록 그때쯤 이 세상에 없을지라도, 지금 우리 세대는 가족들과 화기애애하게 지내야 할 소중한 시간마저 희생해가며 보다 나은 미래를 위해 노력했었다는 사실을 누군가 알아주는 사람이 있을 것을 굳게 믿으며, 지금은 우리가 우리 앞에 놓인 험한 길을 꿋꿋하게 가야만 한다고 스스로를 채찍질했다. 비로소 홀가 분해진 기분이 되어 나무 그늘에서 벗어나 직원들이 떠들썩하게 모인 곳으로 천천히 다가갔다.

"아니 부장님, 어디 갔다 오셨어요?" 이 대리가 벌겋게 달아오른 얼굴로 소리치듯 물었다.

"아니 자네, 나를 찾았나? 왜, 기어Gear 깎는 이론 한 번 더 들려줄까? 지난번엔 꾸벅꾸벅 조는 것 같던데"

"아이고, 부장님, 저도 잠시 좀 다녀오겠습니다."

12장

별난 한국인

"미스터 강, 나는 이곳에서 일한 지 얼마 안 되었는데 여기서 일하는 한국 사람들을 보며 놀란 것이 세 가지 있어요."

"그게 뭔데요?"

"사람들이 너무 젊다는 점, 그리고 한국어의 의사소통 기능이 영어보다 뛰어나다는 점, 그리고 작업자들이 기계가 고장 났을 때 안타까워하는 점, 이렇게 세 가지예요."

"호오-그래요? 우리 직원들이 젊은 거야 내가 힘이 있는 젊은 친구들만 채용했기 때문에 그런 거지만, 나머지 둘은 당신이 놀라워하는 이유를 잘 모르겠는데 좀 더 자세히 설명해 주시죠."

이것은 어느 날 미스터 존스Mr. Johns와 내가 나눈 대화이다. 그는 영국의 보온Vaughn이라는 회사에서 울산으로 파견 나온 엔지니어였다. 그는 부지런하

132

면서도 차분한 성격으로, 공무부에 배치받아 기계 수리를 담당하고 있었다. 나중에 현대자동차에서 공작기계를 직접 제작하게 되었을 때는 공작기계 사업부에 기술진으로 합류하여 우리를 도와주기도 한 사람이었다.

"미스터 강, 당신이 영국 사람을 좀 아니까, 내가 당신한테 무조건 한국 사람을 칭찬하려는 게 아니라는 걸 잘 아실 테지만, 여기 젊은 한국인들은 정말로 비슷한 나이 또래의 영국인들에 비해 훨씬 더 적극적으로 문제 해결을 위해 열심히 일하는 모습을 보고 놀랐어요.

내 말은, 우리 영국에서는 그런 젊은이들에게 이토록 막중한 책임 있는 일을 주지도 않을뿐더러, 나이 많고 경험 많은 기술자들이나 해야 할 어려운 일들을 한국 젊은이들이 맡아서 척척 해내는 것이 무척 놀랍다는 거예요."

"미스터 존스, 한국에는 이가 없으면 잇몸으로 씹는다는 속담이 있어요. 누구 하나 제대로 된 경험자가 없으니 새파란 젊은 친구들이라도 어려운 일을 해야 하는 거 아니겠습니까."

"하, 하. 우습군요. 영국이라면 이가 없을 때 치과에 가서 의치를 먼저 만들어 음식을 먹으라고 얘기할 텐데, 잇몸으로 먹으라니. 우리 같으면, 차라리 그냥 전원 외국인 기술자들을 계약해 데려와서 공장과 시설을 짓지, 이처럼 경험이 하나도 없는 젊은이들을 데려다가 무작정 시키지는 않았을 거예요."

듣고 보니 그의 말도 이해가 갔다. 이미 자동차 산업이 성숙하여 모든 게 정상적으로 돌아가는 영국에서 온 사람으로서는, 무에서 유를 창조하고자 하는 한국인들의 절박한 상황을 이해하기가 어려울 터였다.

제1부 배우면서 세운 엔진공장 **133**

그러나 한국말이라고는 "감사합니다"밖에 모르는 미스터 존스가 영어와 한국어의 효용성에 대해 비교하는 것에는 묘한 흥미가 생겼다.

"아니 당신은 한국어도 모르는데, 어떻게 한국어가 영어보다 소통에 더 효율적이라고 생각하는 거요?"

그는 다소 심각한 표정을 지으며 대답을 했다. "글쎄요, 내가 한국어를 잘 모르니까 정확한 이유는 모르겠지만, 한국어가 영어보다 더 나은 것만은 틀림이 없습니다."

나는 자신 있게 단정을 짓는 그의 태도에 대답이 더 궁금해졌다.

"왜 그런 판단을 한 거지요?"

"예를 들면, 내가 근무하는 공무부에, 어느 곳에서 기계가 고장이 났다는 연락이 옵니다. 그러면 나는 나와 한팀으로 움직이는 한국인 정비기사 미스터 정과 함께 고장이 난 기계를 찾아갑니다. 도착하면 고장 난 기계를 운전하던 작업 반원이 미스터 정에게 뭐라고 소리쳐요. 그리고 이번엔 나무 꼬챙이를 하나 들고, 콘크리트 바닥에 쪼그리고 앉아서 잘 그려지지도 않는 바닥에 뭔가를 그리면서 소리 질러요. 그러면 이번엔 미스터 정이 그 막대기를 빼앗아서 자기도 곁에 같이 쪼그리고 앉아, 역시 바닥에 또 뭔가 그리면서 소리 질러요. 그런 모습을 처음 봤을 때, 나는 그들이 싸우는 줄 알았어요. 그래서 싸움을 말리려고 미스터 정한테 가서 그만하라고 했지요. 그랬더니, 미스터 정은 '낫씽 낫씽 아이 캔 두잇' 하더니, 기계를 뜯기 시작하더군요. 미스터 정이 기계를 고치는데 곁에서 작업 반원이 거들면서요."

"아, 아마 작업 반원이 미스터 정한테 어디가 어떻게 고장 난 것인지 설명한 듯하네요. 그리고 그 사람들이 말하는 건 경상도 방언인데, 기계소음이

나는 시끄러운 곳에서 서로 소통하려는 중에 잘 들리라고 소리를 높이다 보니 마치 싸우는 것처럼 들리기도 해요. 하하…. 근데 그걸 보고 왜 한국어가 영어보다 소통이 뛰어나다고 생각한 거죠?"

"맞아요, 저도 이제는 한국인들의 고함치는 소통법에 익숙해졌어요. 그런데 영국이라면 그런 기계가 고장 났을 때, 어느 부분이 어떻게 고장이 났다는 사실을 말로만 가지고는 설명할 수가 없어요."

"그럼, 그게 영어로는 안된다는 말입니까?"

"땅바닥에 그림 그리는 흉내만 가지고는 어림도 없지요. 사무실로 돌아와서 기계 도면을 펼쳐놓고 설명을 해도 이해하기 힘들 정도의 고장이었는데 그렇게 현장에서 몇 마디 말만으로는 불가능하죠."

그의 말을 듣자 나는 그에게 이런 말을 해주고 싶었다. 우리나라 사람들은 비록 꼭 최고 학부를 나오지 않았을지라도, 평균적으로 머리가 좋아서 남의 말을 들을 때도 수동적으로 가만히 듣기만 하는 게 아니라, 자기에게 말하는 사람이 왜 그런 말을 하는지까지 생각하면서 듣는 사람들이 많다. 그래서 서로 간의 소통이 더욱 원활하다. 그러나 미스터 존스에게 이런 의미를 전달하고 이해시키기에는 나의 영어가 너무나 짧았다.

기계공업이 발달한 선진국에서 온 그는 아마도, 가난한 나라 사람들이 똑똑해봤자 얼마나 똑똑하겠는가, 라는 선입견이 있었을 것이다. 나는 그런 점들을 힘들게 영어로 설명하기 싫어서 그냥 한국어가 영어보다 의사소통에 더 우수한 것 같다고 수긍하는 듯, 고개를 끄덕였다.

"그건 그렇다 치고, 기계가 고장 났을 때 작업자가 안타까워하는 것도 놀라운 일인 겁니까? 그건 여기선 전혀 이상한 게 아닌데?"

"영국이라면 기계가 고장 났을 때 작업자는 좋아하죠. 기계 고치는 일은 정비사의 일이지 자기 일이 아니니까, 기계가 고쳐질 때까지는 쉬면서 돈을 받을 수 있거든요."

계약에 의해서만 움직이는 영국에서는, 자기 책임이 아니라면 회사는 망하든 말든 작업자는 손을 놓고 있는 게 당연하다고 했다. 그래서 자기 눈에는 한국의 작업자들이 기계 고치는 일을 적극적으로 돕고, 또 좋은 엔진을 만들려고 온갖 노력을 하는 게 이상하게 보인다고 말했다. 그때 문득, 디젤엔진 기술제휴 관계이던 영국의 퍼킨스 회사에 출장 갔을 때의 일이 생각났다.

1월 말의 영국은 흐리고 비가 부슬부슬 내려서 으스스한 날씨이기는 했지만, 한국 같은 매서운 강추위 따위는 없었다. 당시 퍼킨스의 노동조합은 직능별로 나누어져 있었는데, 마침 회사에 두 명밖에 없는 보일러공들이 파업을 일으켰다. 공장의 난방이 꺼지자, 열악한 작업환경을 방치했다며 만여 명의 퍼킨스 작업자들 전체가 회사에 나오지를 않아서 공장이 쉬고 있었다. 회사가 이렇다 보니, 경영이 어려워진 퍼킨스의 주인이 바뀌고 규모가 절반으로 줄게 되어, 결국 직원들의 절반은 일터를 잃고 말았다. 이런 나라에서 온 미스터 존스의 눈에, 한국이 놀랍다는 것은 충분히 이해할 만한 일이었다.

이에 비해 생활 습관이 비슷한 일본인들은, 우리와 같이 일하며 겪은 일 중에서 궁금해하는 부분이 좀 달랐다. 미쓰비시 교토 제작소에 출장을 갔을 때, 마침 송년회에 초대된 적이 있었다. 한국에 파견 나갔던 일본인 기술자들이 일본으로 돌아와 송년회에 참석하기로 되었는데 그중 몇 명이 한국에서 배운 한국 노래를 부르게 되어있어, 잘 부르는지 심사를 해달라는 것이었다.

그 자리에 가보니 그냥 먹고 마시기만 하는 자리가 아니었다. 한국에 파견 나왔던 반장급들을 비롯한 주임급 기사까지 참석한 그 모임에서는, 한국에서 겪었던 갖가지 경험담을 서로 나누며 토론까지 벌이고 있었다. 자연스레 한국인인 내게 자기들의 궁금증에 대해 물어왔다.

"한국 사람들은 왜 일러준 대로 하지 않나요?"

"아, 그러던가요? 처음부터 일러준 대로 하지 않는다는 말입니까?"

"아뇨, 처음에는 일러준 대로 따라 하더군요. 그런데 좀 지나서 가보면 엉뚱하게 하고 있어요."

"호오! 그럼 아직도 그렇게 엉뚱하게 일을 하고 있도록 놔두고 오신 겁니까?"

"아뇨, 바빠서 다른 곳을 둘러보고 한참 후 돌아와 보면, 이번에는 원래 알려준 대로 하고 있어요. 그런데 왜 처음부터 끝까지 일관되게 일러준 대로 하지 않았는지 이해가 되지 않아요."

"아, 알 것 같습니다." 나는 짐작되는 바가 있어 미소 지으며 말을 이어나갔다. 그들은 이제야 궁금증을 풀 수 있겠다는 기대감으로, 모두 내 얼굴을 쳐다봤다.

"생김새와 풍습은 일본사람들과 거의 비슷하지만, 한국인들의 생각하는 방식은 일본사람들과 좀 다르죠. 한국 사람들은 비록 교육을 많이 받지 못한 사람들이라 할지라도, 스스로 자신들은 똑똑하고 우수하다고 믿고 있어요. 제가 본 경험에 의하면, 한국 사람들은 실제로 교육 수준과는 상관없이 평균적으로 머리들이 상당히 좋은 게 사실이라고 생각합니다. 그런데 저는 이렇게 머리가 좋은 것이, 실은 고도의 공업화를 이룩하는 길에는 오히려 때때로 장애 요소가 되지 않을까 염려도 한답니다."

이런 답변이 나오리라고는 전혀 예상을 못 했다는 듯, 꽤 놀라는 눈초리로 나를 바라보는 그들의 시선을 의식하며 말을 이어갔다.

"운전자들이 신호등을 지키는 습관에 대해 간단한 비교를 하며, 예를 들어보겠습니다. 영국 사람이 자동차를 운전하다가 횡단보도의 빨간불을 만나 정차를 합니다. 사람들이 지나갑니다. 그리고 신호등이 파란불로 바뀝니다. 그러나 대부분의 영국 사람은 횡단보도가 출발 신호로 바뀌더라도 횡단보도에 사람이 아직 있으면 출발을 하지 않는 것을 자주 보았습니다. 아무리 파란 불로 바뀌더라도, 횡단보도에 마지막 사람이 인도로 올라서기 전까지 출발하지 않는 것은, 그들이 참고 인내하는 습성이 있기 때문인 것 같습니다.

독일에서는 자동차가 횡단보도를 만나 빨간 불에 정차해 있다가 파란 불로 바뀌면 일단 출발을 합니다. 이때 신호가 바뀌었는데에도 아직 횡단보도에 남아 있는 사람들은 규칙을 어긴 사람들인지라, 규칙을 잘 지키는 차들은 슬슬 출발하면서 그 사람들에게 경고하려는 거겠지요. 아마 일본에서도 비슷한 것 같고요. 모든 사람이 규칙을 정확하게 지키는 것이 무엇보다도 가장 중요하다고 믿는 거죠. 본인은, 본인에게만 해당하는 규칙만을 지키면, 그다음에는 어떤 사고가 나든 내 책임이 아니다, 하는 식의 사고도 적잖이 깔린 거고요. 늦은 밤, 횡단보도에 아무도 없어도, 빨간불에는 차들이 전부 멈춰 있는 걸 흔히 볼 수 있죠. 그게 규칙이니까요.

그런데 한국에서는 좀 다릅니다. 한국에 와 보신 분들은 다들 이미 알고 계시겠지만, 한국의 택시를 타면 막 달려가다가 횡단보도를 만나 빨간불이 켜져 있더라도, 만일 사람이 아무도 없으면 슬금슬금 지나가기도 합니다."

이 말에 모두 폭소가 터졌다. 다들 택시를 타본 경험이 있는 것 같았다.

"독일이나 일본에서는 규칙을 잘 지킬 뿐만 아니라, 상급자가 하는 말에 무조건 따르는 문화가 있는지도 모릅니다. 만일 훌륭한 지도자가 있어, 주어진 상황을 연구하여 '이제부터 우리는 이렇게 하기로 한다,' 라고 규칙을 만들면, 모든 국민이 일사불란하게 그 규칙을 따라 움직이는 거죠. 그렇게 된다면, 새롭게 발전하는 환경에 맞추어 리더가 시키는 대로 모든 사람이 잘 따라주기 때문에 공업화를 이루기엔 아주 좋다고 봅니다. 그러나 만일 좋지 않은 지도자가 뽑힐 경우엔, 명령을 무조건 따르는 게 좋지 않은 결과를 가져올 수도 있겠죠.

이번에는 영국의 경우를 보겠습니다. 산업혁명이 가장 먼저 일어난 영국에서 무엇인가를 제작하고 있는 사람이 있다고 생각해 봅시다. 그런데 어느 날, 일본에서 같은 제품을 훨씬 싸고 빠르게 만드는 방법이 고안되었다고 가정해봅시다. 영국 사람에게 가서, '여보시오, 당신이 제작하는 방식은 이제 구식입니다. 이렇게 좋은 방법이 나왔으니 이렇게 해보시오,'라고 권한다면, 그는 필시 '허허, 이 사람아, 지금 내가 하는 방식을 완벽하게 배우는 데에 평생 걸렸는데, 언제 다시 새로운 방식을 배워서 완벽하게 이루겠나? 난 포기할 테니, 그런 좋은 방식을 내 아들놈에게나 가르쳐 주게.'라고 하겠지요? 영국 사람들은 빠르게 변화하는 방식을 따라가는 데에 좀 늦을는지는 모르지만, 대신 기존 구식의 방식을 쓰더라도 건실하고 완벽한 물건을 제작하곤 합니다."

"자, 이제 여러분이 처음 질문했던 곳으로 돌아와 보겠습니다. 한국 사람들에게 무엇인가 새로운 것을 가르쳐주면, 그들은 이렇게 생각합니다. '아니 이 사람이 왜 이렇게 하라고 가르쳐 주는 거지?'라고 골똘히 생각합니다. 가르쳐 준 대로 여러 번 시도하면서, 가르쳐 준 사람의 의도를 곧 알아챕니다. '아하, 이런 결과를 얻으라고 이렇게 가르쳐 준 거였구나. 근데, 가만있자, 그렇다면 그 친구가 가르쳐 준 대로 하지 않고, 이렇게 하는 게 더 빠른 거 아닌가? 어차피 같은 결과를 얻을 텐데…' 하고는 자기가 얼른 생각해낸 방법을 사용하여 일합니다."

"그런데, 자기가 고안해 낸 방법을 여러 번 시도하다 보면, 자신의 방식으로 한두 번은 더 빨리할 수 있지만, 장시간 작업하려면 결국은 여러분들이 가르쳐 준 방식이 옳았다는 것을 깨닫고는, 가르쳐 준 원래대로 다시 돌아옵니다.

만일 여러분들이 가르쳐 준 방식이 정말로 좋은 방식이라고 깨닫지 못하거나, 스스로 확신이 들지 않는다면, 그냥 자기가 고안한 방식을 고수할지도 모릅니다. 그래서 한국 사람들에게 새로운 방식을 전달하려면, 그냥 단순하게 가르쳐 주지만 말고, 반드시 그것이 가장 효율적이고 훌륭한 방식이라는 점을 그들에게 이해를 시키는 수고를 하지 않으면 안됩니다." 내 설명에 수긍이 간 건지, 아니면 한국인인 내가 직접 한국인 작업자들의 심리를 알려주니 받아들일 수밖에 없다고 느낀 것인지는 모르겠으나, 이런 답변을 듣고는 하나같이 "나아루호도!_{なるほど}"를 외치며 고개를 끄덕였다.

그들과 함께 하는 동안 나의 가슴 한 켠이 무거워짐을 느꼈다. 그렇다, 한국 사람들은 개성이 강하고 남보다 내가 더 잘났다고 하는 자존심이 강하다. 반면, 상대방의 이야기를 경청하고 구성원들의 장점을 끌어모아 협의하여 일을 추진하는 데는 상대적으로 약하다. 따라서, 독일이나 일본처럼 고도의 공업화를 이루는 나라가 되기는 힘들지 않을까, 라는 불안감이 나를 짓눌렀기 때문이었다.

우리나라 사람은, 한 사람의 개인을 놓고 볼 때는, 평균적으로 외국의 어떤 사람과 비교해도 그 능력이 우수하고 부지런하다. 그런데 집단을 이루어 공동의 목적을 위해 일사불란하게 밀고 나가야 할 때는, 오히려 똑똑한 사람이 너무 많은 탓에, 서로 부딪히고 갈라지고 균열이 생기는 경우가 많다. 장점이 단점으로 작용하여 결과적으로, 머리가 모자라는 외국인에 비하여 집단 경쟁에서는 불리한 상황이 생기기 쉽다. 일선 현장에서 매일 기계를 다루는 작업자들의 행동을 관찰하고 그들의 이야기를 경청하며, 나는 종종 생각에 잠기곤 했다. 과연 한국인들의 장점을 살리면서, 동시에 강한 집단을 이루게 만드는 조직 편성 방법이나 관리 방식은 무엇일까? 그 해답을 구하고자 하는 갈증으로 늘 목말랐던 나였기에, 잘 운영되는 공장 또는 기업 관리자들의 이야기를 항상 찾아 듣고 읽으려 노력했다.

1964년 초, 현대건설의 시무식 때 들은 정주영 회장의 다음과 같은 연설은 당시 초급 관리자였던 내게 처음으로 관리의 중요성에 대해 눈을 뜨게 해 준 시초로 기억에 남는다.

"이제 우리 회사는 대림산업을 제치고, 한국에서는 명실공히 제일 큰 건설회사가 되었습니다. 과거에도 현대건설만큼 컸던 건설회사가 몇 개씩 있었지만 다들 망하고 말았습니다. 나는 그 회사들이 망할 때 그걸 보면서 '저들 회사가 더 크지 못하고 망한 것은, 저 정도 크기의 인적 자원을 관리

할 능력이 안 되기 때문이 아닐까?'라고 생각했습니다. 우리 회사도 이 정도에서 망하지 않고 더 크게 성장하려면 관리에 더욱 힘써야 할 것입니다. 이 점을 명심하고, 여러분들은 이제부터 어떻게 하면 좋은 관리가 될 것인지에 대해 늘 연구해 주시길 바랍니다."

당시만 해도 현대는 그룹이 아니고 현대건설 단일 기업이었는데, 각지의 현장에서 근무하던 전 사원들이 시무식 땐 서울로 올라와, 광화문 소방서 뒤편에 있는, 강원은행 사옥의 맨 위층 자그마한 식당에 모여 행사를 가질 만큼의 작은 회사였다. 당시로서는 선구자적일 수 있는, 정주영 회장의 회사 경영관리의 중요성에 대한 이러한 인식이, 오늘의 현대 그룹을 있게 한 요인 중의 하나가 아닐까 생각해 본다.

자동차 산업에 대해 잘 모르는 사람들이 자동차 제조에 대해 논할 때 흔히 빠지기 쉬운 함정이, 바로 자동차의 성능과 대량 생산적인 측면만을 주목한 나머지, 기계설비만 갖추게 되면 나머지는 저절로 쉽게 제작이 되는 것으로 착각한다는 것이다. 그러나 이것은 큰 오산이다. 모든 것은 결국 사람에 의해 움직이기 때문에, 사람에 대한 관리가 허술해지는 순간, 모든 것이 무너지고 만다. 어느 나라의 자동차 산업을 보면 그 나라 산업의 단면을 알 수 있다는 말도, 그것을 해석하는 사람에 따라 의미가 달라진다. 단순히 그 나라에서 생산되는 자동차 부품의 산술적인 합산이라고만 설명한다면, 그것은 자동차 산업에서 일하는 사람의 역할이 논외로 제외되었다는 것에서, 불완전한 논점이 될 수 있는 것이다.

현장에서 보면 또 다른 중요한 점이 두드러지는데, 그것은 1만 5천여 개에 달하는 자동차의 부품을 어떻게 하면, 필요한 현장에 필요한 만큼씩만 정확하게 조달할 것인가 하는 문제이다. 이 같은 업무를 수행하기 위해 1만여 명의 직원이 있다고 가정해보자. 하루에도 수십 명의 결근이 생기고, 여러 명이 채용되고, 그만두고, 또 사고가 나기도 한다. 어떤 직원은 열심히 일하지만, 게으름을 피우는 직원도 있다. 심지어 또 어떤 직원은 그곳에 모인 모두에게 폐를 끼치는 행동을 하기도 한다. 아무리 인사과에서 회사에 가장 적절한 직원을 채용하려 노력해도 1만여 명의 사람이 채용되어 모이다 보니 각양각색의 사람들이 모여들게 마련이다. 이렇듯, 생각하는 방식이나 성격, 또 습관이 다른 여러 종류의 사람들로 구성된, 1만여 명의 사람들을 어떻게 운용해야 주어진 각자의 임무를, 주어진 시간 내에, 차질없이 수행하도록 하겠는가를 관리자가 늘 연구하고 고민해야만 회사가 유지 발전되는 것이다. 이제 우리도 선진국을 비롯한 세계 곳곳에 자동차를 수출하게 되었다는 사실은, 우리 자동차의 성능이나 품질뿐만 아니라, 그것을 가능하게 한 우리의 관리 기술 또한 세계적인 수준으로 발돋움했다는 방증인 셈이다. 선진국에서 백여 년이 걸린 일을 단기간에 이룩한 우리 스스로, 충분히 자부심을 가질 만하다는 생각이다.

한때 나는 한국 사람들의 강한 개성이 고도의 공업화를 이루는 데에, 혹여 걸림돌이 되지 않을까, 라는 걱정을 했었던 적이 있었다. 그러나 결국, 그것은 나의 기우였던 셈이다. 설계, 생산능력뿐만 아니라, 조직의 완벽한 협동이 있어야만 가능한, 자동차 공업을 시작한 지 불과 10여 년 만에 그 본산이라 할 영국, 미국 독일에까지 수출하게 되었다는 것은, 가히 세계에 자랑할 만한, 획기적인 일이 아닐 수 없다. 땀, 용기 그리고 놀라운 집념으로 불가능을 가능케 한 우리야말로, 선진국 사람들에게는 감탄을 자아낼만 잘, 눈물 반짝 햇살 숨 사람들이 것이다.

제2부
도약을 위한 모색

13장

달 따러 가자

"배에서 내린 차를 보니, 차 시트가 마치 면도날로 그어놓은 것처럼 찢어져 있었고 바다를 지나는 동안 햇볕이 얼마나 뜨거웠던지, 바깥에 세워놓은 차의 백미러는 플라스틱 테두리가 고열에 뒤틀려, 거울이 튕겨 나와 버렸습니다. 게다가, 핸들을 지지하는 가운데 T자 모양의 플라스틱은 양쪽 부분이 핸들 밖으로 튀어 올라와 꼭 비행기 날개 같이 되어버렸네요."

1976년 여름, 사우디아라비아에 포니를 수출하고 난 뒤, 현지에서 일하다 귀국한 사원의 이야기였다. 품질 관리를 담당했던 장 부장은 이런 보고가 들어올 때마다, 원인을 규명하고 이를 해결하기 위해 협력업체와 제품기술부를 뛰어다니느라 정신이 없었다.

"강 형 글쎄, 이번에 돌아다니며 조사해보니 우리나라에는 아직 플라스틱이나 비닐 같은 합성수지 재료에 대해 깊이 아는 사람이 없어요.

제일 잘 안다고 생각한 K사에도 가보았는데 물건은 만들어내도 우리 스펙Engineering specification을 정확히 이해하는 사람이 없더군요."

"아니 스펙을 모르는데 어떻게 물건을 만들어냈지요?"

"글쎄 말이에요. 적당히 만들었던 거겠죠. 그 사람들만 나무랄 게 아니에요. 우리 제품기술부에서도 내용을 제대로 알고 스펙을 만든 게 아니고, 포드 것을 그대로 베껴서 내준 것이고, 개발부는 그 내용을 자세히 읽어보지도 않고 업자한테 넘겨준 겁니다. 내 원 참, 이러고도 수출을 하다니…. 아무것도 모르니까 겁 없이 달려든 거지요." 장 부장은 힘없이 말했다.

1976년 2월, 포니의 국내 판매가 개시되었다. 처음에는 차의 성능보다는, 차의 외관이 궤짝 같다는 둥, 꽁지 빠진 수탉 같다는 등의 비아냥 섞인 평을 많이 들었다. 세계 최고의 디자이너 조르제토 주지아로가 디자인한 최신 유행 스타일로, 곧 전 세계 자동차들이 흉내 내서 따라올 것이라고 아무리 광고하고 떠들어도 외관에 대한 악평은 한동안 수그러들지 않았다. 코로나Corona, 제미니Gemini, 브리사Brisa같이 둥글둥글한 타입의 자동차에만 눈에 익었던 국내 소비자들은, 반듯한 직선들로 이루어진 날렵한 새로운 포니의 모습이 마치 무릎이 다 보이는 미니스커트를 처음 봤을 때처럼 무척 낯설고 생소하게 느껴졌던 것 같았다. 남이 입는 걸 보니 눈길은 가지만, 스스로는 아직 선뜻 입을 용기가 나지 않는다고나 할까?

그러던 것이 한 대 두 대 성능이 아주 좋다는 평이 나돌기 시작하면서, 파란색 주황색 초록색 등 다양한 색깔의 포니가 거리를 달리는 모습이 자꾸 눈에 띄나 싶더니 어느 순간, 그동안 검은색 차만 보아온 사람들의 눈에 참신함으로 다가가게 되었다. 악평은 어느새 다 사라지고, 오히려 '날씬하고

제2부 도약을 위한 모색   149

멋진 차'로 바뀌기 시작했다. 판매량 또한 꾸준한 상승세로 이어졌고, 이에 용기를 얻어 시험 수출한 곳이 현대건설의 사우디아라비아 현장이었다. 시험적으로 가져간 것이라 몇 대 되지도 않았건만, 그마저도 말썽이 나곤 했다.

국내에서 플라스틱과 비닐 문제를 해결하지 못한 장 부장은 일본의 한 상사를 불러들였다. 일본 자동차 메이커에 납품하는 재료를 알아보기 위해서였다. 알아보니, 합성수지 원료란 상품명은 똑같아도 용도에 따라 성분이 전혀 다른 것이 엄청나게 많아서, 재료 선택부터 문제가 있었음이 밝혀졌다.

제품기술부도 미국과 일본의 자동차 기술자료를 여러 루트를 통해 어렵게 구해내기도 하며 샅샅이 조사한 결과, 더 많은 사실을 알아냈다.

시트가 찢어진 것은, 항해 중 인도양과 같이 기온이 아주 높은 곳을 지날 때, 시트 안에 공기가 고온에 풍선처럼 부풀어 오르다가 봉제가 약한 부분에서 터진 것이었다. 기온이 40도가 넘는 지방에서 직사광선 아래 1시간 이상 차를 세워놓으면, 닫힌 차 안은 더워진 공기의 열로 인하여, 계기판 위에 온도가 백도 이상 올라간다는 사실도 처음 알았다.

따라서 자동차 실내에 들어가는 모든 재료는, 일반 플라스틱으로는 안 되었다. 포니의 첫 번째 해외 수출국인 사우디아라비아로 시험 수출을 해본 결과, 온대 지방에서 사는 우리로서는 상상조차 하지 못한 일들이 일어난다는 것을 직접 경험했다.

엔진에도 말썽이 있었다. 한국에서는 말썽이 없던 냉각수가, 사우디아라비아 현지에서는 쉽게 과열이 되어 부글거리며 끓어 넘치는 일이 잦았다. 제품기술부에서는 라디에이터에서 냉각수를 더 효율적으로 식힐 방법을 연구하기 시작했다. 부랴부랴 더 큰 팬을 달아도 보고, 팬과 라디에이터 사이를 슈라우드shroud로 감싸서 팬의 공기가 옆으로 새나가지 못하게 하여 라디에이터의 냉각 효과를 올리는 방식도 황급히 실험했다. 다행히도, 칠레 같은 고산지대에서는 포니의 인기가 좋았다. 공기가 희박한 산꼭대기에서 다른 나라 차들은 엔진이 꺼져서 맥을 못 추는데도, 포니는 쌩쌩 달려주더라는 것이었다. 점차 시험 수출이 늘어갈수록 새로운 문제가 계속 터졌고, 그때마다 공장에서는 해결책을 찾느라 동분서주 야단법석을 피우곤 했다.

정세영 사장은 포니 계획 초부터 국내시장보다는 수출시장을 겨냥했던 것임이 분명해졌다. 비싼 값을 지급하면서까지 주지아로에게 스타일링을 맡긴 것도 실은 그 이유 때문이었다. 주지아로는 당시 젊었지만, 마치 패션계의 크리스티앙 디오르Christian Dior와 같은 존재로 부상할 것 같은 사람이었다. 정세영 사장은, 포니 디자인을 세계 최고로 만들었으니 이제는 틀림없이 전 세계가 포니를 좋아할 것이라 믿고, 수출 뒤 현지에서 계속해서 발생하는 여러 가지 기술적 문제점들이 채 해결되기도 전에, 수출을 진두지휘하며 독촉했다. 기술 문제는 어떤 방법을 써서라도 기술자들이 해결하면 된다는 것이 그의 주장이었다.

이것을 즉각 해결하기 위해서라면, 소련소비에트 사회주의 공화국 연방 (현 러시아의 전신)을 비롯한 세계 어디라도 우리 기술자들을 보내 배워오라고 지시했고, 기술자들의 해외 출장에는 돈을 아끼지 않았다. 그런데 이러한 전폭적인 지원에도 불구하고 문제 해결을 못 하면, 그것은 기술자의 수치로 간주하겠다는 거였다. 수시로 터지는 기술적인 문제를 해결하기 위해 제품기술부와 품질관리부에서도 총력에 나섰다.

우리가 어릴 때 부르던 동요 중에 이런 것이 있었다.

애들아 나오너라 달 따러 가자
장대 들고 망태 메고 뒷동산으로
뒷동산에 올라가 무등을 타고
장대로 달을 따서 망태에 담자[1]

장대로 달을 따서 망태에 넣을 수는 없겠지만, 그렇게라도 하고 싶은 꿈과 소망을 가졌던 사람들이 결국 로켓을 개발하고 마침내 달에 발을 내딛게 된 것이다. 이 무렵 현대자동차 전 직원들의 꿈은, 선진 외국의 자동차 메이커들과 어깨를 나란히 하고 세계시장에 포니를 수출하여, 우리가 만든 차가 세계의 모든 나라 길거리를 달리게 하는 것이었다. 정세영 사장의 독려도 물론 있었지만, '우리라고 왜 자국산 자동차를 만들어 당당히 해외 수출을 못 할쏘냐'라는 오기가 회사 전체에 팽배하고 있었다.

그러나 정작 밖에서 우리를 바라보는 외부의 시각은, 현대자동차가 허황된 꿈에 빠져, 돈과 시간과 정력을 낭비하고 있다는 냉소적인 평가가 대부분이었다. 특히 외국 자동차 메이커들은 우리가 공장을 짓고 엔진을 만들고 차를 조립하고 시험하는 것을 두고, 제정신이 아닌 사람들 취급을 하며 깎아내렸다. 마치 동요 가사처럼 장대로 달을 따겠다고 나서는 어린아이를 보는 시선으로 우리를 기사화했다.

그러나 마침내 포니가 유럽에 진출하기 시작한 후론, 그들도 어쩔 수 없

---

[1] 달 따러 가자: 1932년 발표된 윤석중 작 동시에 박태현이 곡을 붙여 만든 동요.

이 현대가 수출할 차를 만들 수 있을 것 같다고 인정하기 시작했다. 다행히 포니의 심장인 엔진에는 아무런 문제가 없었으므로 나는 장차 시험 수출에서 발생하는 여러 가지 현지에서 벌어지는 기술적 문제들이 모두 해결된 뒤, 본격적인 수출로 생산량이 급속히 많아질 때를 대비하는 데에 온 생각을 집중했다. 말하자면, 달을 따는 데 필요한 장대와 망태에 해당하는 것이 무엇이고, 또 어떻게 그것을 만들어야 할지를 찾아내려 한 것이다.

14장
이제는 공작기계다

현대자동차가 달을 따는 데 필요했던 장대와 망태에 해당하는 것이 바로 '공작기계 사업부'라는 게 나의 생각이었다. 포니를 개발하고 시험 수출을 하기 위해 우리는 외국의 공작기계를 사들여와 설치하고 부품을 깎아서 해냈지만, 앞으로 대량수출 시에도 문제가 없는 자동차를 스스로 개발하기 위해서는, 남이 만든 공작기계를 수입해서 될 게 아니라, 우리 스스로 우리에게 필요한 공작기계를 설계하고 만들 능력을 갖추어야만 한다고 믿었다. 공작기계를 우리가 직접 만들고 싶다는 뜻을 기획실의 신 이사에게 전달하자 말없이 싱글싱글 웃기만 하던 그가 이렇게 말했다.

"이것 봐 강 부장, 자동차 공장에서는 엔진이나 깎으면 됐지, 아니 왜 공작기계를 만들겠다는 거야? 대장간도 식칼 잘 만드는 집이 따로 있고, 호미 잘 만드는 집이 따로 있는 법이야. 자동차 회사면 차만 잘 만들면 되지.

아, 공작기계는 공작기계 전문 업체에서 필요할 때 사서 쓰면 되잖아."

"아니, 제가 말씀드리는 것은, 독립적인 공작기계 공장을 지어 또 다른 사업을 벌이자는 게 아닙니다. 앞으로 우리가 포니의 다음 차종을 개발할 때가 되면, 이미 가지고 있는 우리 기계를 차종 변환에 따라 개조하거나, 또는 다른 목적으로 개선할 필요가 생길 텐데, 그때 그것을 우리 손으로 할 수 있는 능력을 갖추자는 게 목적이죠. 더 나아가 포니 이후, 새로운 모델을 주기적으로 우리 손으로 계속 개발하게 될 텐데, 그때를 대비해서 지금부터 내부적으로 공작기계 전문인력을 양성해두면, 나중에 우리가 쓸 전용기계를 상황에 맞게, 그때그때 우리 손으로 직접 만들 수 있잖겠습니까?"

"아니, 이제 우리가 공장을 돌리기 시작한 지 겨우 몇 달 되지도 않았는데 지금 무슨 뚱딴지같은 소리를 하고 있어요?"

"아, 그러면 신 이사님, 지금 우리가 만드는 엔진을 하나도 바꾸지 않고 언제까지 쓸 수 있다고 보십니까? 20년 간다고 한번 쳐보자고요. 새로운 엔진을 개발할 때가 오면, 그러면 그때는 지금의 공작기계를 전부 다 내다버리고, 다시 또 전부 새 기계를 찾아 사와야 한단 말씀입니까? 이번에 벌어진 일을 한번 보세요. 우리에게 공작기계를 만질 능력이 없으니까, 미쓰비시에서는 엔진을 개선했음에도 불구하고, 우리는 그것을 따르지 않도록 결정한 것 아닙니까? 우리가 가진 공작기계를 개조해야 할 필요가 있을 때마다, 수백 대에 달하는 우리 기계들을 전부 영국으로 도로 실어 보냈다가 거기서 고치고 또다시 들여온 다음, 또 그 난리를 쳐야 하는 설치 작업을 하길 원하십니까?"

"아, 그거야 그쪽 사람 불러서 부품을 가져오라 하고, 여기서 고치는 방법도 있지 않겠소?"

"그쪽에서 기술자를 몇 명이나 파견하겠습니까? 또 왔다가 공구가 필요하다, 부품을 제작해야겠다, 다른 전문가가 필요하다, 하면서 시간을 질질 끌 수도 있고 또 시간뿐만 아니라, 그렇게 하려면 경비도 얼마나 많이 들겠습니까? 그 시간과 돈으로 우리 인력을 뽑아, 직접 공작기계 다루는 기술 축적을 하는 게 낫지 않을까요? 좀 이르다 싶은 지금부터 공작기계를 시작하면, 그만큼 하루라도 더 빨리 우리 공작기계를 우리 손으로 맘대로 고치고, 또 그렇게 되면 엔진도 설계가 개선될 때마다 우리 쪽에서 쉽게 업데이트할 수도 있지 않겠습니까?

그리고, 영국에서 우리 기계를 만든 공장을 조사해 봤는데요, 일반 공작기계는 그렇지 않겠지만, 전용기계는 재료비가 원가의 3분의 1밖에 안된다고 합니다. 만일 우리가 한다면, 가공비나 조립비가 그 사람들의 절반이면 될 것이고, 설계비는 3분의 1도 안 들 겁니다. 그렇다면, 우리는 그 사람들보다 적어도 60% 선 이하로 전용기계를 만들 수도 있다는 계산인데, 외국에서 구매할 때의 운임 비까지 생각한다면 거의 절반 가격에 만들어낼 수 있게 됩니다. 현재 엔진 코스트의 15%가 감가상각, 즉 기계 비용 아닙니까?

우리가 전용기계를 스스로 만들면, 이 부분이 절반으로 줄어서 엔진 원가가 7% 떨어지는데 그게 어딥니까?"

"그렇지만 이거 보세요. 일반 공작기계라면, 도면을 사 오고 제작하는 훈련도 보낼 수가 있어서 쉽게 하겠지만, 전용기계는 특별한 도면이 있는 것도 아니고 그때그때 달라지는 건데, 뭘 가지고 기술제휴를 하자고 할 거예요?"

그 말에는 나도 대답을 할 수 없었다. 전용기계는 제조하려는 부품에 맞춰 처음부터 새로 설계하는 것이어서, 어떤 일정한 형태를 처음부터 가지고 있는 것이 아니었다. 그래서 기술제휴를 하자면 어떤 방식으로 해야 하는지 그 절차에 대해 전혀 경험이 없던 나로서는, 그 부분까지는 미처 생각하지 못했던 터라, 말문이 막혀버린 것이었다. 회사에서 돈만 대 준다면야, 그까짓 것 우리 마음대로 적당한 전용기계를 하나 만들어나 보겠지만, 아무런 구체적인 계획도 없이 회사가 무턱대고 그냥 돈을 줄 턱도 없어서, 어떻게 하면 내가 생각한 것을 이룰 수 있을지 몇 달간 혼자 궁리했다.

교토에 출장 간 길에 미쓰비시 중공업 교토 제작소에 찾아가 고다마ㄱ ダマ 소장을 만났다. 그는 일본 강점기에 서울 용산 중학교에 다닌 분이었다. 나도 6·25전쟁 전까지 용산 중학을 다녔기 때문에 그는 나의 선배였다. 그가 소장으로 있는 미쓰비시 교토 공장은 마침, 전용 공작기계와 기어를 만드는 치절기齒切機 제작 전문이어서, 선배인 그에게 조언이라도 구하고 싶었다.

"선배님, 우리가 엔진을 제대로 만들려면 아무래도 공작기계를 개선하고 개조할 능력이 있어야겠는데요, 그런 기술을 키울 좋은 방법이 없을까요?"

"음…. 기계를 만들 수 있어야 해. 원래 제대로 물건을 만드는 사람은, 연장도 자기 손으로 만들어 쓰는 법이야. 지금은 물론 연장에 해당하는 기계를 전문적으로 만들어주는 우리 같은 공장이 있어서 자동차를 생산만 하는 사람은, 우리에게 기계를 사서 그것을 돌리기만 하면 되겠지만, 사실 기계를 쓰다 보면 잘못 설계가 되었거나 불편한 곳이 반드시 나오기 마련이지.

그것을 자기 손으로 고쳐나가지 못한다면, 기계를 제대로 쓸 줄 안다고 할 수는 없지."

"그렇습니다. 그래서 저도 그것을 할 수 있는 사람을 키워야겠다고 생각했고 우리 기획실과 상의도 해봤지만, 전용기계는 일정한 형태가 없어서 기술제휴를 하기 어렵다는 겁니다. 무슨 좋은 방법이 없을까요, 선배님?"

"글쎄, 잘 생각해보자고. 반드시 좋은 방도가 있을 걸세."

"저는 선배님이 소장으로 계신 이곳에서 우리 사람들을 꼭 훈련 시키고 싶습니다. 어떻게 안 될까요?"

"아, 글쎄 우리 본사도 납득이 되는 방법으로 계약을 한다면야, 기꺼이 가르쳐 줄 수 있을 것 같긴 한데, 허 참…."

고다마 소장은 나를 도와주고는 싶지만, 회사 차원의 정해진 내규가 어떤지, 그 안에서 들어줄 수 있는 개인적인 도움의 범위는 어느 정도인지를 가늠해 보는 듯, 잠시 궁리하는 듯한 표정이었다.

"전용기계라는 것이 생산하려는 물건에 맞춰 만드는 기계가 맞긴 한데, 그리 쉽게 가르쳐 줄 수 있는 교본 같은 게 있는 게 아니라서 말이야…. 옷도 세분해 보면, 양복도 다르고 양장도 다르고 아동복이 다르잖아. 전용기계를 만드는 기술을 가르쳐 달라는 것은, 마치 양복이 필요할 때는 양복을, 아동복이 필요할 때는 아동복을 만들어내는 것처럼, 필요할 때 원하는 용도의 아무 옷이나 척척 만들 수 있는 기술을 가르쳐 달라는 것과 비슷하다네….

참으로 어려워, 가르친다는 게…. 게다가 필요한 용도가 생길 때마다 그런 특별한 기계를 척척 만들어내는 기술은 양복 만드는 기술처럼 그리 단순한 게 아닐세."

"선배님 양복이든 양장이든, 결국 같은 옷이 아니겠습니까? 어떤 디자인의 옷을 할 것인지 먼저 디자인 구상을 하고, 몸 치수를 재고, 옷감을 재단하고, 또 그걸 재봉한다는 관점으로 보자면, 기본적인 프로세스는 비슷하고 한 단계 한 단계 작업에도 기초가 되는 기술이 있을 것 아니겠습니까? 즉, 잴 때는 어디를 어떻게 재야 한다, 어떤 곳을 재봉할 때는 어떻게 한다, 이런 것들 말입니다." 나는 포기하지 않고, 고다마 소장에게 매달리듯 말했다.

"그래, 자네 말도 일리는 있네. 전용기계는 우선 구상 설계構想設計를 먼저 하고 그다음 세부 설계를 해서 부품을 만들고, 또 그걸 조립한 뒤에 실제로 물건을 깎아보면서 수정을 해나가는 거야. 그 기본이 되는 기술이야 물론 있지."

"아, 그러면 됐네요. 우리가 돈을 낼 테니, 우리 직원들에게 그걸 제발 가르쳐주십시오. 선배님, 부탁드립니다. 여기서 신입사원 뽑았을 때 그 사람들 키우는 방식대로 저희 좀 가르쳐 주십시오."

"그래, 생각해보자고. 그런 방법으로 말이야."

"제가 좀 더 구체적인 것을 생각해보도록 하겠습니다. 아무튼, 선배님께서 우리를 잘 지도해주실 것으로 굳게 믿고, 제가 한번 추진해 보겠습니다. 감사합니다."

고다마 소장과의 면담은 내게 좋은 아이디어를 주는 계기가 되었다. 귀국하자마자 난, 머리를 짜서 기술 계약의 기본을 만들었다. 비유를 들자면, 우선 옷을 만드는 것 같이 기본 기술에 대한 전반적인 훈련을 받게 하고, 다음 단계로 우리가 양복이 필요할 때, 미쓰비시 중공업 교토 제작소에서

제2부 도약을 위한 모색 **159**

이미 만든 양복 중 비슷한 것을 골라, 그걸 바탕으로 우리가 필요한 만큼 수정하는 재단 계획을 만든 다음, 그들에게 다시 보내서 검토를 받는 식으로 교육을 진행하고, 그렇게 우리에게 지도해주는 데에 대한 비용을 지급한다는 방식이다.

이 방식을 설명하며 우리 기획실은 설득하였지만, 미쓰비시 중공업 본사와의 계약은 사실 조금 힘이 들었다. 그러나 정작, 가장 많은 시간이 소요되었던 건 우리나라 정부의 인허가를 받는 일이었다. 기획실에서 정부 인허가 사무를 담당했던 김 차장의 요청으로 해서 그와 함께 경제 기획원에 갔다. 경제 기획원 국장에게 전용기계 기술도입이 왜 필요한지 설명을 좀 해달라는 것이었다.

"앞으로 자동차 공업이 크게 성장하려면, 전용기계를 우리 손으로 만들어야 합니다." 국장을 만나자 나는 단도직입적으로 내 주장을 서두로 끄집어냈다. 부드러운 미소로 끝까지 내 얘기를 듣고 나더니 국장이 이렇게 말했다.

"엔진같이 정밀한 제품을 만들려면, 앞으로는 수치 제어 방식의 공작기계를 써야 하는 것 아니겠습니까? 그것은 이미 여러 다른 회사에서도 만들겠다고 기술제휴를 했는데, 현대자동차에서 굳이 따로 다른 공작기계를 더 만들 필요가 있는 겁니까?"

그의 이야기를 들어보니 그는 아직 전용기계가 어떤 기계인지, 전혀 모르고 있음이 분명했다. 김 차장의 요청을 들었을 때 나는, 자동차 공업에 전용기계 생산이 왜 필요한지를 설명해달라는 정도로만 알아들었지, 전용기계가 무엇인지도 모르는 사람에게 그걸 끝없이 설명해야 하는 일인지는 미처 몰랐었다. 답답한 마음에 입이 바짝 마르는 것 같았다.

"국장님, 수치 제어 방식 NC 기계는 일종의 '일반' 공작기계입니다. 단지 프로그램에 따라, 가공 순서와 가공의 정밀도를 자동으로 순차적으로 바꿔가며 돌아가도록 한 것뿐입니다. 그래도 역시 일반 공작기계일 뿐이죠. 일반 공작기계는 전용기계와 구별해, '범용기'라고 불리기도 합니다. 즉, 여러 가지 형태의 부품을 가공할 수 있는 기계이지요.

그런 점에서 볼 때, 범용기가 아주 편리한 기계가 맞습니다만, 자동차 부품처럼 같은 물건을 단시간에 대량으로 가공하는 데는 가공 속도도 너무 느리고 코스트도 올라가게 됩니다. 범용기는 커터 날이 여러 개 있긴 하지만 한 번에 하나씩밖에 쓰지를 못하기 때문입니다. 그와 달리, 전용기계란 여러 가지 기계가 복합으로 되어있어 여러 개의 커터 날을 '동시'에 쓰고, 가공 조건이 일정하므로 변속 장치 등 불필요한 장치가 없어서, 가공 속도가 빠르고 코스트도 아주 낮아지게 되는 것입니다."

"······."

내 말을 이해하는 건지, 못하는 건지, 국장은 여전히 미소를 띤 채 말없이 나를 쳐다볼 뿐이었다. 답답했다.

"국장님, 예를 들면 이렇습니다. 수치 제어 방식의 머시닝 센터로 엔진블록을 깎는다고 한다면, 수십 개의 구멍을 뚫고 나사를 내야 하는 작업지시를 받았다고 가정해 볼 때, 기계는 한 구멍 뚫고, 또다시 한 구멍을 뚫고, 이렇게 조작이 됩니다. 그에 비해 전용기계를 쓰면, 한쪽 면에 구멍, 혹은 두 면에, 필요하면 세 개의 면까지도 구멍을 한꺼번에 뚫어, 한꺼번에 나사산을 낼 수 있습니다. 결론적으로 가공 시간을 몇십 분의 일로 단축할 수가 있는 거죠. 그 대신 전용기계는 정해진 작업 외에는 다른 일을 할 수 없습니다. 범용기인 수치 제어 머시닝 센터 기계는, 실린더 헤드도 깎고, 필요하면 그 밖에 다른 것도 가공할 수 있기 때문에 다품종 소량생산에 편리하기는 합니다."

"글쎄요…. 전용기계라고 하셨죠? 어떻게 생긴 거죠? 카탈로그 같은 게 있나요?" 국장은 여전히 이해를 못 하는 것 같았다.

"실은 전용기계라는 것이, 수요자가 가져온, 그가 만들고자 하는 제품의 도면을 보고 새로 고안하여 그때그때 새로 설계하기 때문에, 판매용 카탈로그 같은 건 없습니다. 다 만든 뒤에 사진을 찍기도 합니다만, 사진만 가지고는 어떤 기능이 있는지 잘 보이지도 않고, 설명도 잘 되지 않습니다. 제일 좋은 것은, 국장님께서 우리 공장에 내려오셔서 직접 보시는 것입니다. 가솔린 엔진의 부품 9개를 생산하기 위해서 전용기 약 240대를 가지고 있습니다만, 모두 조금씩 다르다는 것을 상세히 설명해 드리겠습니다. 그리고 국장님께서 직접 와보시면 아마 제가 설명 드리지 않아도 금방 아실 수 있을 것입니다."

전용기계에 대해 전혀 모르는 사람에게 나로서는, 말로써 더 이상 쉽게 설명할 길이 없었다. 그러나 어쨌든, 기획실에서 이후 끈질기게 설득한 결과, 마침내 정부 인가를 받아내고 말았다. 1977년도 여름의 일이었다.

그해 연초에 이사로 승진된 나는, 엔진부 외에도 주조부, 단조부, 공무부를 책임지게 되어 이들 부서의 확장 프로젝트를 진행하게 되었다. 1976년도 2월부터 팔리기 시작한 포니는, 점차 사람들에게 인기를 얻어 주문량이 쇄도하면서 최초에 설치한 공장의 생산능력 연간 5만 6천 대 만으로는 1978

년도의 예상 수요를 감당하기 어려울 것이라는 예측이 되었다. 서둘러 공장을 확장하라는 지시가 떨어졌다.

나는 디젤 엔진 생산을 맡은 이 과장을 불렀다.

"어이, 이 과장, 자네는 디젤 엔진용 기계를 구매하느라고 영국에서 기계 공장을 많이 들여다봤지? 어때? 자네 생각에는 우리가 공작기계를 직접 만들 수 있을 거 같은가?"

"글쎄요, 설계하기가 좀 복잡하긴 할 것 같은데 어차피 부품들을 깎아서 조립하는 거니까, 첨에 안되더라도 자꾸 하다 보면, 우리라고 왜 못 하겠습니까? 가능하지 않겠습니까?"

"그래? 그럼 됐어. 공작기계 공장을 지을 예정인데, 자네가 이 프로젝트를 맡아서 한번 해봐. 공작기계를 설계하는 것이 꿈이라는 신 기사를 데려와 합류시켜 줄 테니까, 나머지 인원은 자네가 찾아서 프로젝트 팀을 한 번 꾸려 보게."

"아, 당장 하는 겁니까? 이거 큰일 났네. 공작기계에 대해 생판 모르는 사람들을 차출해서 공작기계를 만들어야 한다니, 과연 그렇게 해서 제대로 쓸만한 기계를 만들어낼 수 있을까, 좀 걱정되네요…."

지금 당장 책임자가 되어 만들어내라고 하니, 이 과장은 말을 슬쩍 바꾸며 걱정을 했다.

"이봐 이 과장, 엔진 만들어내는 사람들도 처음엔 마찬가지였잖아. 기운을 내."

"하- 그렇긴 합니다만, 엔진은 일정한 제품이었고, 이건 좀 다르지 않습니까, 부장님."

제2부 도약을 위한 모색   **163**

"그래, 자네 말이 맞아. 엔진보다 한 단계 위지만, 엔진을 이미 만들어낸 지금은 그 위 단계에 한 번 더 도전할 때가 온 거고, 자네도 이제 그런 능력이 있을 거야. 앞으로 우리 공장은 필요한 공작기계를 스스로 만들어낸다는 게 최종 목표니까, 명심해서 계획안을 한번 짜보도록 해."

일단 우리는 간단한 전용기계와 치절기만을 생산할 계획이었다. 치절기는 미쓰비시에서 도면이 나오니까 문제가 없고, 다른 전용기계는 미쓰비시에서 과거에 만든 적이 있던 기계의 도면을 얻어와 그것을 참고로 우리가 고치고 설계한 후, 다시 미쓰비시에 보내 우리가 고친 부분의 검토를 받은 다음, 제작하기로 했다. 그것들을 만드는 기계로는, 우리 공무부와 치공구부에 있는 것을 최대한 활용하여 현대중공업과 창원 지역에서 쉬고 있는 기계들을 이용해보기로 했다. 그렇게 얻거나 빌려온 기계로 깎을 수 없는 부품들은 따로 모아, 그 부분만을 제작할 기계를 구입해서 만들게 하여 투자액을 최소화하기로 했다.

"일단, 우리는 기계를 설계하고 조립하여, 디버깅하는 능력을 갖추는 것을 단기 목표로 하는 거야. 처음부터 투자를 많이 해서 설비를 너무 많이 가지고 있으면 기계를 사용할 때는 편리 할는지는 모르지만, 일이 없을 땐 기계를 세워두게 되어, 감가상각을 당해낼 재주가 없을 거야. 그렇잖아도 회사 내부에서는 이 사업을 찬성하는 사람이 별로 없는 판국에, 적자가 아주 많이 커지면 당장 그만두라고 난리가 날 거라고. 이런 내 구상을 기초로 해서, 빨리 팀을 구성하고 설비투자 계획을 한 번 세워보게."

이 과장은 그날부터 공장의 각 부서를 돌아다니며 사람을 물색하기 시작했다. 엔진부에서는 신 기사 이외에도 런던에서 기계 구매 때 애썼던 박 기사도 차출하였고 그다음 해, 기계가 준비된 뒤에는, 엔진블록을 담당하던 김 기사까지 차출하여 제작을 맡도록 했다. 그 밖에 다른 부서에서 우리에게 넘기는 사람들은 대체로, 그 부서에서 좀 문제가 있거나 아니면 짐이 되는 사람들인 경우가 대부분이었으나, 아쉬운 대로 그 사람들을 전부 모아 팀을 꾸렸다. 이렇게 하여 공작기계 사업부가 탄생하였다. 대지, 건물, 기계 설비 등 총 37억 원(현재가치약 320억원)의 예산으로 시작되는 프로젝트였다.

15장

해보고야 알게 된 우리 능력

"박 차장, 이 컷오프 머신 Cut off machine은 너무 비싸. 실린더 헤드의 탕도湯道 (주
물로 만들어진 제품에서 쇳물이 들어간 부분이 남아 붙어 있는 꼭지)를 톱으로 잘라내기만 하는 기계인데 2
천만 엔이라니! 우리 돈으로 5천만 원 (현재가치 4억 원 이상)이 넘는데 이거 우리가 만
들어 봄세. 천만 원으로도 충분할 거 같은데."

"이사님, 안 그렇습니다. 용량이 적어서 그렇지, 지금 가지고 있는 지석식
砥石式 (숫돌식)도 우리 돈으로 2천만 원 가까이 주었는데요, 그것에 비하면 작업
용량이 2배가 넘고 완전 자동식 아닙니까? 그 정도 가격이면 얼추 맞는 거
아닐까요?"

"그건 그렇지. 나도 지난번 나카무라 금속을 갔을 때, 그 기계를 본 적이
있어. 이 견적서 내용을 보니 지금 쓰고 있는 것보다 훨씬 고급 기계인 건
맞아. 근데 말이야, 그깟 탕도 자르는데 그 정도 고급 기계가 아닌 들, 안

잘리겠나? 모양은 좀 못하더라도 기능은 완전 자동으로, 우리가 만들어 보자고."

박 차장은 별 자신이 없다는 듯 고개를 갸우뚱거리고는 대답이 없다.

나는 새로 창설된 공작기계부의 이 과장을 불렀다. 현대건설 측에서, 공작기계부의 건물은 다 완성해 주었지만, 공작기계를 제작할 기계를 들여오려면 아직 멀었고, 어떤 기계를 발주할지 아직 정하지 못한 시점이라, 2천 평의 작은 공장은 아직 텅 비어있어서, 공작기계부 직원들은 제대로 일을 시작하지 못하고 있던 시점이었다.

"여봐, 이 과장, 기다리는 동안 그냥 놀지 말고, 빨리 컷오프 머신 한대 만들어 봐. 주물공장에서 알루미늄을 녹여 부어서 만드는 실린더 헤드 알지? 주조가 끝난 후 거기에 붙어 있는 탕도를, 지금은 그라인더로 일일이 손으로 자르고 있지만, 앞으로 포니를 10만대 생산하려면 그렇게 맨손으로는 안될 테니 기계에 톱을 달아서 그걸로 썰어내자고. 지난번에 나카무라 금속에 갔을 때 내가 봤거든. 가서 보니까 정말 별것 아니야. 그냥 모터에 원형 톱을 붙여둔 거야. 공무부에서 마침, 고물 선반 한 대를 고철로 팔겠다고 내어놓은 게 있던데, 내가 그걸 가져다줄게. 실린더 헤드를 고정할 수 있는 픽스처Fixture가, 베드Bed 위로 지나다닐 수 있도록, 선반에서 공구대를 떼어내고 개조해서 한번 만들어 봐. 픽스처는 유압식으로 해서, 탕도가 붙은 실린더 헤드가 자동으로 픽스처에 탈착되게 만드는 버튼도 하나 달고 말이야. 어때 할 수 있겠어?"

"글쎄요, 어렵진 않을 거 같은데요. 신 기사와 같이 연구해보도록 하겠습니다."

"그래, 그럼 빨리 공무부에 가서 선반을 인수해 오자고."

이렇게 하여 공작기계부 창설 후, 제1호기가 될, '컷오프 머신'의 제작에 들어갔다. 기계설계는 신 기사가 했다. 구성되는 부품들은 일단 공무부와 치공구부에 있는 기계를 이용해 만들고, 유압 설비는 시중에서 구매하여 기계를 조립하고, 전기·전자 제어장치는 공무부의 기술자들을 동원하여 만들기로 하였다. 시작한 지 한 달쯤 된 무렵, 나는 그들이 제1호기를 빨리 만들어낼 수 있도록 독려를 했다.

"김 과장, 그래 지금 얼마나 진행되었어? 주조부에서는 일이 밀리기 시작해서 빨리 만들어 달라고 아우성이야. 시운전 예정일이 언제인가?"

엊그제 현장을 지나다가 얼핏 제1호기의 조립이 끝나가는 것을 보았건만, 독촉하려는 뜻에서 일부러 큰소리로 김 과장을 따로 불러서 물어보았다. 제1호기 현장을 담당하고 있던 김 과장은 자재부에서 차출되어 온 사람으로, 나와는 처음 일하는 사이라 나의 질문에 다소 굳은 표정으로 대답했다.

"네, 내일모레까지는 조립이 끝나고, 하루 시운전 해보고 바로 주조부에 갖다 주겠습니다."

"오~그래? 그럼 사흘 후면 쓸 수 있게 하겠다는 말이지?"

"네 이사님, 조립은 거의 끝나가고 이제 픽스처의 자동제어 장치의 작동만 제대로 되는지 확인 조정만 하면 운용할 수 있을 것 같습니다".

"응 김 과장, 잘했어. 근데 자네 말이야, 공작기계를 처음 만들어 보는 것 같아서 하는 말인데, 공작기계는 기계 조립두 중요하지만 실제로 사용할 때 생기는 문제들도 많다네. 실린더 헤드 탕도를 연속으로 자르다 보면, 또 다른 문제가 생길 테니, 진짜 일은 그때부터야, 알겠나? 사흘을 넘기더라도 앞으로 2주 이내에 주조공장에서 문제없이 사용하게 된다면 내가 공작기계 사업부 전원에게 회식을 한번 크게 열어줄 테니 마지막 힘들 내서 기계를 잘 완성해보도록 해."

"예, 알겠습니다." 김 과장은 자신이 있다는 듯, 큰소리로 대답했다.

그러나 약속했던 2주일이 지나도 기계는 제대로 움직이지 않았다. 전기쪽과 유압 부분도 자꾸 고장이 났지만, 가장 큰 문제는 작동 중에 기계가 이유 없이 서버리는 것이었다. 처음 절단을 시작할 때는 기세 좋게 톱질을 하다가도, 절반쯤 되면 마치 과부하가 걸린 것처럼, 모터에 연결된 퓨즈가 자꾸 끊어져 버리곤 했다. 모터에 이상이 있는지 검사를 하기 위해 따로 떼어내어 부하시험을 해보았지만, 모터의 이상은 없었다. 전기 배선이나 퓨즈도 정상이었다. 혹시나 해서 배선과 퓨즈를 새로 만들어 여러 차례 시험해 봤으나 아무 이상이 없다가, 그걸 일단 모터와 함께 기계에 연결, 작동시키기만 하면 곧 퓨즈가 끊어지곤 했다.

나에게 사흘 만에 작동시키겠다 해놓고, 2주일이 지나도 문제 해결의 기미가 안 보이자 초조해졌는지, 이제는 공작기계부 부서원 전원이 달려들어 밤을 새워가며 기계를 분해하고 검사하고 다시 조립하기를 되풀이하며 씨름했지만 전부 허사였다. 모두가 지쳐가던 한 달여 지난 어느 날, 김 과장이 아침에 내게 달려왔다.

"이사님, 이제야 해결을 했습니다. 알고 보니 별거 아니었습니다. 자꾸 기계가 서버린 것은, 탕도의 절단된 부분이 오므라들어 톱을 꽉 물어버리기 때문이었습니다. 나무를 자르기 위해 손으로 톱질을 할 때 있잖습니까, 잘

제2부 도약을 위한 모색 **169**

린 부분이 벌어져 있도록 하지 않으면, 나무가 오므라들어서 톱이 멈추는 거 말입니다. 이 기계에서도 똑같은 현상이 벌어진 겁니다. 이제 해결했습니다."

"오!, 그래서 어떻게 해결했나?"

"간단해요. 톱을 절단면에 대해 직각으로 부착했던 것을, 각도를 바꾸어 조금 비뚤어지게 부착했지요. 너무 비뚤어져도 잘 돌아가지 않더군요. 여러 번 시험해보고, 가장 힘이 덜 드는 각도를 찾아 그렇게 고정해 놓았습니다."

"응, 잘했어. 듣고 보니 나도 이제야 비슷한 게 생각이 나는군. '엑셀로$_{Ex-cello}$'라는 회사에서 밀링으로 사상 작업仕上作業 (부품의 불필요한 잔 부분을 제거하는 마무리 작업)을 할 때는, 커터를 좀 기울인다고 하더군 그걸 틸트 앵글$_{Tilt\ angle}$이라고 부르던데, 톱을 사용하는 절단에도 틸트 앵글을 주는 거로구먼."

공작기계의 노하우란 대개 이런 것들이다. 알고 보면 아무것도 아닌 것들, 그러나 모르면 전혀 못 하는 것들이 각 기계의 곳곳에 있어서, 경험하기 전에는 알 수가 없다. 기계를 설계하는 것도 아주 중요한 노하우지만, 그에 못지않게 중요한 것이, 제작 후 실제로 사용할 때 벌어지는 여러 가지 문제들을 일일이 해결해야만 하는 점이다.

공작기계 하나하나마다 이런 작은 노하우들이 마치 크리스마스트리에 조롱조롱 매달린 작은 전구들처럼 가득 매달려 있다. 이 장식들은 하나씩 문제를 해결할 때마다 얻은 훈장 같은 것으로, 많을 땐 수십 가지 문제를 전부 해결해야만 비로소 쓸만한 공작기계 하나를 완성할 수 있다. 제1호기를 완성하면서, 공작기계부의 전원이 앞으로 미쓰비시 중공업으로부터 공작기계를 배울 때는 아주 세세한 부분까지 신경을 써야 한다는 것을 이렇게 배우게 되었다.

오천만 원짜리 대신 인건비를 제외한, 200만 원도 채 안 들여 만든 절단기를 인수한 주조부에서는, 알루미늄 탕도를 잘라낼 때 훨씬 편해졌으면서도 계속해서 그 기계의 흠만 찾아내어 내게 쉴 새 없이 불평했다. 그때마다 나는 군말 없이 그것을 받아들이고 공작기계부에 이야기하여 시정할 것을 지시했다. 결국, 다 고쳤으나 끝내 못 고쳐낸 것은 절단할 때 톱밥처럼 나오는 쇳가루 즉, 절설切屑이 잘 빠지지 않는 점이었다. 이것은 기계의 설계 자체에 문제가 있는 것이어서, 현 상태로는 고칠 수가 없어 가끔 한 번씩 기계를 세우고 빗자루를 써서 털어내도록 해야 했다.

그 뒤부터 미쓰비시 도움을 받고 자체적으로 노력하여, 브레이크 드럼의 보링 머신, 허브의 보링 머신 등을 하나하나씩 만들어 갔다. 우리 힘으로 할 수 없었던 부품은 일본 부품업자들로부터 사들여 만들었는데, 똑같이 작동하는 기계를 일본에서 사 오는 것에 비해 제조원가가 60%밖에 들지 않아 수익이 났다. 게다가 앞으로 공작기계부서의 기술자들이 스스로 공작기계를 만들어나가는 경험이 쌓여, 이렇게 내부적으로도 점차 기술 축적이 이루어지면, 앞으로 좀 더 복잡한 기계들도 차차 국산화가 이루어져 무척이나 저렴해진 최소의 비용으로 제대로 된 기계를 만들 수 있겠다는 확신이 서기 시작했다.

1976년도 여름 어느 일요일, 일본에 출장 중이던 나는 현대양행 일본 사무소에 잠시 들렀다가, 거기에 와 있던 동경열처리東京熱處理 회사의 다카야마高山 부장을 만났다. 마침 현대양행의 차장이 동경열처리 회사로부터 열처리로熱處理爐 몇 개를 구입하기 위하여 다카야마 부장과 만나 함께 요코하마에 있는 동경열처리 공장에 갈 예정이라 했다. 당시 나는 잠시 휴식을 취하는 시간 중이라, 자유로이 그들을 따라가기로 했다. 가서 보니, 열처리로란 철판을 절단한 뒤, 용접하여 외관을 만들고 안에 내화 벽돌을 쌓는 구조로 된 것이었다. 그것을 보면서 시멘트 공장에서 벽돌 쌓던 일이 생각났고, 도면만 있으면 열처리로 만드는 것쯤은 대단치 않아 보였다.

만일, 우리가 비싼 열처리로를 수입하지 않고 직접 만들 수 있다면, 머지 않은 장래에 현대자동차의 생산량이 늘어나 3~40만대 공장을 지을 때, 그것에 필요한 전용 열처리 설비를 우리 손으로 만들면서 협력업체에도 질 좋은 열처리 설비를 값싸게 장만토록 우리가 이끌어준다면, 그만큼 자동차 부품 가격을 낮출 수 있게 되리라는 생각이었다. 그리고 전용기계는 대부분 두꺼운 철판을 용접하여 몸체를 만들기 때문에, 공장에는 이미 철판을 다루는 설비를 갖추고 있었으므로, 그런 설비를 활용하면, 열처리로를 보다 저렴하게 만들 수 있겠다는 계산도 있었다. 1978년, 트랜스미션과 리어 액슬Rear axle 공장을 지을 무렵, 동경열처리 회사에 열처리로 하나를 발주하면서 동시에 기술제휴를 해 달라고 부탁했다. 이때 우리 공작기계부의 직원들도 함께 보내 기술 지도를 받게 함으로써, 열처리로 자체 제작의 기반을 마련하였다.

그런데, 공작기계부의 비용으로 동경열처리에서 주문한 열처리로가 도착하자, 이것이 공작기계부의 수지를 맞추는 데에 큰 문제가 되었다. 당장에 공작기계부에 일이 있는 것도 아니었고, 설령 일이 있다 하더라도, 아직 대량으로 공작기계를 만들 수 있는 실력이 안 되니, 시내에 있는 일반 철공소

들처럼 주변에서 기계 가공이나 철판 가공 따위의 작은 자투리 일감들을 최대한 모아와 작업하여 이윤을 내야 했다. 공장 안은 물론이고 현대중공업 등을 포함, 울산과 부산 지역 곳곳을 뒤져서 일거리를 구해왔다.

공작기계부는 1978년도에 매상이 60억 원(현재가치약 450억원), 결손이 5억 원가량 나게 되었다. 현대 그룹에서는 이유 불문하고 일단 결손을 내면 책임질 각오를 해야 했다. 아니나 다를까, 감사팀에서 이것이 지적되고 사장에게 보고가 되었다. 많은 사람들이 자동차 회사에서 공작기계를 만드는 것에 반대하고 있던 때였으므로, 결손은 신설된 공작기계부와 그것을 설립한 나에 대한 좋은 공격 거리가 되었다. 보고를 받은 정세영 사장은 연간 감가상각액이 얼마인지 물었고, 3억 원 정도라는 답변에 이렇게 말했다.

"결손 중 감가상각을 제외한다면, 별로 크게 손해를 낸 것도 아니구먼. 어차피 타부서에 있던 사람을 차출해서 했으니, 인건비 등을 빼면 대단치 않은 거 같아. 공작기계부는 그대로 두라고."

이 말을 전해 들은 공작기계부의 전 사원들은 회사가 결손을 떠안은 대신 부원들 스스로 나서서 '눈에 보이지 않는 이익' 즉, '기술 축적'을 결손 이상으로 내야겠다는 각오를 다지게 되었다. 나 자신도 회사에 대해 미안하기 짝이 없었으나, 조금도 내색하지 않고 이렇게 격려해주었다.

"이 결손은 우리가 낸 교육비다. 언젠가 우리는 우리가 낸 교육비를 되찾아야 한다. 머지않아 우리 회사도 일본이나 미국처럼 트랜스퍼 머신을 이용해 엔진이나 미션을 생산하는 날이 올 것이다. 그날은 곧 다가온다. 따라서 그때까지 가능한 한 빨리, 우리의 실력을 키우지 않으면 안된다. 수지가 맞는 부서에 있으면, 일도 쉽고 칭찬도 듣고 여러 가지로 좋다. 여러분 중에는 그런 부서로 옮겨가고 싶은 사람들도 있을 것이다. 그러나 여기 있으면 비록 지금 당장 고생은 되겠지만, 내 예측으로는, 앞으로 부서가 확장되면서 얻는 것도 많아질 테니 그때까지 꾹 참고 열심히 기술 축적에 힘써 주기 바란다."

1980년 미쓰비시 자동차와의 합작이 결정되고, 81년부터 30만대 공장 프로젝트가 시작되었다. 나는 80년 말에 회사를 그만두게 되어 그때 창설된 공작기계부가 얼마나 많은 역할을 하는지 상세히 알지 못했으나, 나를 방문한 사원들을 통해 현대자동차가 자체적으로 베어링 캡의 트랜스퍼 라인을 새로 만들게 되었다는 것을 전해 들었다.

공작기계 공장에 내가 다시 찾아간 것은 83년 여름이었다. 직원들 모두가 반겨주며 나를 현장에 안내해주었다. 거기에는 시운전을 앞둔 트랜스퍼 머신이 서 있었다. 가운데 소재 이송 장치를 끼고, 약 일곱 대의 전용기가 붙어 있는 것처럼 생긴 기계였다. 이 일련의 연결된 기계들이 작동하는 모습을 보니, 한쪽에서 자동으로 소재가 공급되고 나면, 마지막 공정에서는 완성된 베어링 캡이 쏟아져 나오게 되어 있었다. 그것을 보는 순간, 가슴 벅차오름을 느꼈다. '감개무량하다'라는 한마디로도 도저히 표현하기 어려운, 가슴 충만한 희열과도 같은 느꺼움과 동시에 처음 공작기계부를 창설한 뒤 겪었던 갖가지 사연들이 주마등처럼 떠올랐다. 감격에 겨워 안내하던 젊은 기사에게 뭔가 칭찬의 말이라도 해주고 싶어서 더듬거리며 중얼거렸다.

"거 참, 장한 일을 해주었군그래. 처음에 간단한 전용기계를 만들면서 언제쯤 우리 손으로 드랜스퍼 머신을 만들게 될까, 하고 꿈처럼 생각했었는데, 드디어 그것을 해주다니…. 참 고맙네."

그는 내 말이 과찬이라는 듯, 겸손하게 대답하였다.

"실은 이것을 시작하면서 우리 스스로조차, 과연 이런 기계를 만들 수 있을까 반신반의했었습니다. 거의 다 된 거 같았을 때도 이것이 제대로 작동할 거라는 게 믿기지 않았습니다. 정말 이런 기계를 만들어 내리라곤, 우리도 생각 못 한걸요…"

그의 말에는 조금의 거짓도 없어 보였다. 처음 대하는 아주 복잡하고 어려운 일을 앞에 두고, 그것에 압도된 나머지 '이것을 과연 내가 해낼 수 있을까?' 하고 자기 능력을 과소평가하거나 의심하여, 아예 시도도 하기 전에 미리 포기하는 경우가 많은 게 사실이다. 그러나 아무리 어렵게 보이는 일도, 할 수 있는 부분을 찾아서 하나씩 하나씩 눈앞에 놓인 문제를 풀어가다 보면, -물론 중간에 실패를 더러 겪기도 하겠지만- 꾸준히 노력하는 사람은 반드시 좋은 결과를 얻게 마련이다. 반대로, 도전하지 않는 사람은 언제나 아무런 결과도 얻을 수 없다. 도전하는 사람만이 꾸준한 노력 끝에, 결국 자기들의 능력이 얼마나 큰 결과를 가져오는지를 깨닫게 되는 것이다. 현대자동차가 공작기계를 스스로 제작할 힘을 가졌다는 것은, 단지 자체적으로 기계를 저렴하게 만들었다는 이익뿐만 아니라, 남에게서 사 오는 기계도 싸게 살 수 있는 좋은 무기를 갖게 된 것이다. 다른 기계 제작 업체가 볼 때, 현대도 동종 업자이니만큼, 같은 업자끼리 비싸게 팔 수는 없는 노릇이기 때문이었다.

제2부 도약을 위한 모색 **175**

16장

도면 없는 톱니바퀴

"그까짓 기어 하나 만드는데 정말로 기어 이론까지 공부해야 하는 겁니까?

우리가 엔진 부품도 깎아냈는데, 기어도 그것과 마찬가지로 깎은 기어를 측정하며 공구나 치구를 같이 수정하면서 다시 깎아 나가면 되는 거 아닙니까?"

기어 공장 프로젝트팀을 이끌어갈 한 차장의 질문이었다. 그는 가솔린 엔진 프로젝트에서 생산기술을 담당하다, 공장이 완공된 후에는 생산과장직을 맡았고, 이제는 기계 가공에 어느 정도 자신을 가졌다고 보였기에, 기어 공장 프로젝트 전체를 맡을 수 있게 되었다. 그러나, 내가 기어 프로젝트를 맡은 전 직원에게 기어 이론 공부를 시키는 이유를 잘 이해하지 못하고 이렇게 말한 것으로 봐서, 그 역시 기어에 대해 잘 모르고 있거나 과소평가하

176

는 것으로 보였다.

"이봐, 한 차장, 기어 도면을 본 일이 있나?"

"예, 있습니다."

"도면에 기어의 이빨이 그려져 있었던가?"

"아니요."

"그럼 도면에는 어떻게 표기되어 있지?"

"그야, 외경外徑하고 가운데 보어Bore 치수만 그려져 있고, 기어의 크기라든가 이빨 수는 그려져 있지 않고 옆에 따로 숫자만 기재되어 있지요."

"그것 봐. 기어 이빨의 곡선은 도면에 없잖아. 그렇다면. 깎은 기어 이빨의 곡선이 맞는 것인지 아닌지를 어떻게 알지? 이빨이 좀 좁아졌는지, 넓어졌는지, 또 그것을 수정하려면 어떻게 해야 하는지를 알아야 할 것 아닌가?"

"글쎄요…. 듣고 보니 그런 것 같네요. 저는 그저 호빙기Hobbing machine나 기어 셰이퍼Gear shaper에서 깎기만 하면 바로 기어가 나오는 줄로만 알았지, 그런 것은 생각해 본 적이 없습니다."

"호빙기나 기어 셰이퍼 같은 치절기齒切機를 잘 다루려면, 기어 이론을 잘 알고 있어야 하네. 그래야 이론에 맞는 제대로 된 기어를 생산할 수 있는 것일세. 그리고 한 차장, '전위치차轉位齒車'가 무엇인지 알고 있나? 그리고 '하이포이드 기어'도 알고 있나?"

"말은 어디서 들어본 거 같은데 모르겠습니다."

"그것 봐. 이제부터 우리가 깎을 기어들인데 그것이 무엇인지도 모르고 프로젝트를 책임질 수 있겠어? 그런 식으로 뭔지도 모른 채 만들어 놓으면, 나중에 우리가 생산한 기어에 트러블이 생겼을 때, 이름도 모르지, 도면도

제2부 도약을 위한 모색 **177**

없지, 어떻게 해결할 거야? 모두 기어 공부를 이제부터라도 열심히 해주어야 해. 기어에 필요한 기어 함수까지 전원이 다 공부해서 전부 기어 전문가들처럼 되어야 해. 그리고 그중에서 한두 명 정도는 우리나라 기어 이론의 대가라고 불릴만한 사람들도 나와 주어야지. 그래야 우리가 문제없는 좋은 기어를 만들 수 있을 거 아닌가?"

이렇게 하여 프로젝트에 참가한 전원이 기어 이론 공부를 시작하게 되었다.

공부하는 방식은, 세미나 형식으로 각자가 분담하여 집중적으로 한 분야를 공부하여 그것을 발표하고 묻고 답하는, 토론식으로 진행되었다. 현대자동차가 자체 생산하기 전까지는, 포니의 트랜스미션은 동양 기계에서, 리어 액슬은 코리아 스파이서에서 제작한 것을 납품받아 사용해왔다. 그런데 그 부품들은 여러 가지로 문제가 많았다. 트랜스미션 중에는 기어가 들어가지 않아 변속되지 않는 것이 간혹 있었고 잡음도 많았다. 그래서 공급된 트랜스미션을, 부착 전에 하나하나 돌려보며 검사한 뒤에 조립했는데, 그렇게 하더라도 소음이 너무 커서 때때로 자동차가 완성된 뒤에도 다시 떼어내어 다른 것으로 바꿔 달아야 하는 경우도 있었다. 소음은 리어 액슬도 마찬가지여서, 고객들의 불평이 이만저만이 아니었다. 이것은 모두, 기어 또는 기어가 고정된 기어 박스를 잘못 만들었기 때문에 일어나는 문제들이었다.

리어 액슬에는 하이포이드 기어 Hypoid gear와 디퍼렌셜 기어 Differential gear가 들어가는데 둘 다 우산 모양을 한 베벨 기어 Bevel gear의 일종이다. 베벨 기어는 기어 이론대로의 기계 가공을 할 수 없어서, 근사치차近似齒車를 만들어 사용한다. 이것을 가공하는 기계는 유럽에서도 개발했지만, 아직은 소음과 원활한 동력 전달이 잘 안 되어서, 트럭이나 중기 같은, 소음이 별로 문제가 되지 않는 곳에서만 쓰이고 있다. 승용차에는 대부분 미국의 '글리슨 Gleason'이라는 회사가 개발한 기계로 가공한 것이 사용된다. 글리슨에서는 기계와 함께, 소음이 적고 원활한 동력 전달이 잘 되는 기어를 만들어내는 기술도 제공해주고 있다.

보통의 베벨 기어나 하이포이드 기어는, 깎은 뒤에 짝을 맞추어 돌려서 닿는 부분의 모양을 보아, 가장 소음이 적을 때의 모양이 되도록 기계를 조정해주면서 가공해야 한다. 기어의 이러한 마지막 모양은 대개 자동차의 생김새가 달라지면 함께 달라져야 한다. 이것은 기어에서 발생한 작은 소음의 음파가 차체와 공명하여 점점 커지는 일이 있으므로, 차체의 형태가 달라지면, 공명 주기가 미세하게 달라지기 때문에 그에 맞추어 기어가 서로 맞물려 닿는 면도, 모양을 달리해야 하기 때문이다.

기어는 한 축의 회전력을 다른 축으로 전달하는 장치다. 이때 전달하는 기어 쪽과 이빨 수의 차이에 따라 회전수가 달라지는 것을 이용해, 회전속도를 변경하는 장치인 변속기 즉, 트랜스미션을 만들 수 있다. 회전속도가 어떻게 달라지는가 하는 것은, 초등학교 수학에서도 배우기 때문에, 사람들은 기어를 생각하면 그냥 맞물려 놓기만 해도 서로 회전하면서 절로 잘 돌아가겠거니 생각하기 쉽다. 그러나 실상은, 두 개의 톱니바퀴가 서로 맞물려서 돌아가는 부위인 이빨의 모양 때문에, 전달되는 쪽의 회전속도가 원활치 못하거나, 소음과 진동이 발생하는 현상이 흔하며, 이것을 최소화하여 제대로 만들기는 매우 까다롭다.

한 축의 회전이 다른 축에 원활하게 전달되려면, 맞물린 기어가 서로 미

제2부 도약을 위한 모색 **179**

끄러짐이 없이 돌아가야만 한다. 회전력을 전달하는 기어가 일정한 속도로 돌아가더라도, 기어의 이빨이 맞물린 부분에서 아주 미세하게 서로 미끄러지고 있다면, 회전력이 전달되는 기어의 축은 바로 그 순간, 비록 찰나이긴 하지만 거의 멈춰지게 되고, 또 바로 그다음 순간에, 이번에는 더 빠르게 돌려지게 되어, 좀 전에 늦어진 것을 따라잡게 된다. 이것이 반복하게 되어 결국 회전력이 전달되는 축은 일정한 속도가 아니라 미세하게 감속과 가속을 반복하는 회전이 되고 만다.

맞물리는 이빨이 서로 미끄러지지 않고 돌아가게 하려면 이빨의 곡선이 정확하게 인볼류트 곡선Involute curve으로 되어야 한다. '기초원'이라고 하는 눈에 보이지 않는 기어의 원에 실을 감았다가, 그 실을 팽팽하게 잡아당기면서 풀 때, 그 실의 끝단이 그리는 궤적이 인볼류트 곡선이다. 기어의 이빨은 그 곡선의 일부로 만들어졌다. 따라서 기어의 중심이 조금만 틀려져도, 기어의 이빨 곡선이 무의미한 것이 되어버려, 회전이 원활하게 되지 않고 소음이 발생한다. 이러한 이치를 알아야 제대로 된 기어를 제작할 수 있다.

남들 깎는 것을 보고 '어, 그냥 저렇게 하면 되는구나!' 하는 식으로 알고 나서, 기계가 깎아주는 대로 기어를 만들고는 그걸 조립하면 되겠지, 하고 안일하게 생각하다간, 십중팔구 소음과 진동이 심한 불합격품이 되어버리기에 십상이다. 겉보기에는 엔진이 좀 더 복잡하고 훨씬 만들기 어려워 보이지만, 그것은 더 많은 부품을 조립하기 때문에 그렇게 보일 뿐이고, 그 부품들을 하나씩 떼어내서 보자면, 기어 이빨 제대로 깎는 것에 비해 비교적 단순한 형태를 가지고 있으므로 오히려 기어보다 가공하기가 더 쉽다.

원래 현대자동차에서는 포니의 개발과 동시에, 기어 공장도 세울 계획을 가지고 있었으나, 당시 국내에 이미 기어를 제작하는 동양기계와 코리아스 파이어가 있었으므로, 거기서 생산하는 것을 쓰는 것이 좋겠다는 정부의 권고에 따라가 기어 공장 설립계획을 중지했었던 것이다. 그러나 차후에, 포니의 생산을 연산 10만 대로 확장하게 되면, 어차피 그들이 가진 생산용량도 부족하고, 또 수출에서도 여러 가지 문제가 일어날 수 있다는 점을 이해하게 되자, 정부는 다시 현대가 직접 생산하는 것을 승인해 주었다.

현대가 기어를 생산하게 되면, 그 프로젝트의 임무는 내게로 떨어지게 될 것을 미리 예상했던 나는, 엔진 생산이 시작된 1976년도 초부터 미쓰비시에 출장 갈 때마다, 그들의 기어 공장을 견학하여 질문 등을 하며 혼자 천천히 준비하고 있었다. 1976년 말이 되자 예상했던 대로, 포니 엔진공장의 확장과 기어 공장의 신설 계획이 확정되었다. 나는 그간 구상해 온 것들에 대해 점검을 받기 위해 미쓰비시에 가서 아라이 상무를 만났다. 1973년 가을 처음 만났을 때 교토 제작소 소장이던 그는, 상무로 승진하여 미쓰비시 전체의 생산기술을 담당하고 있었다.

"아라이 상무님, 안녕하십니까? 지난번에 정말 신세 많이 졌습니다. 이번에 기어 공장 프로젝트를 또 맡게 되어, 그간 혼자서 구상했던 것을 말씀드리고 이제부터 어떻게 하면 좋은가를 지도받으려고 왔습니다."

"여어~ 오랜만이야 강 상, 그래 잘 알고 있군그래. 기어는 엔진하고는 또 다르지. 사실, 기어가 간단하게 보이지만 제대로 만들기는 훨씬 더 어려운 거야."

그는 지도받으러 간 나를 반갑게 맞아주는 한편, 은근 겁을 주는 것도 잊지 않았다.

제2부 도약을 위한 모색   **181**

"예, 각오는 단단히 하고 있습니다. 아라이 상무님이 바쁘신 것을 알면서도 제가 이렇게 귀찮게 찾아와 지도를 받으려는 것도 그 때문입니다. 제가 구상하는 기본이 맞는지 보여드리고, 잘못된 것을 지적받고 싶습니다. 제가 미처 생각하지 못하고 있는 것을 즉각 교정받아, 공장을 시작하기 전 처음부터 바로 잡아나가야 하지 않을까 생각합니다. 지난번 엔진 프로젝트는, 상무님께서 세밀하게 지도해주신 덕분에, 순조롭게 이루어져서 정말 감사했습니다. 이번에도 기어 프로젝트를 그에 못지않은 수준으로 완성하여, 좋은 제품을 만들어 보고 싶습니다. 많이 지도해주십시오."

"그래, 어떤 구상을 하고 있나?"

"첫째로 도면 없이 기어를 깎는 것이기 때문에, 공장에 근무하게 될 전체 기사들이 기어 깎는 이론을 확실히 이해할 수 있도록 공부를 시키겠습니다. 인볼류트 곡선을 위해 압력각 Pressure angle의 위치, 치차간섭齒車干涉과 전위이론轉位理論, 치형창성齒形創成에 대한 이론과 그 기계에 관한 공부, 베벨 기어와 글리슨 치차 Gleason gear에 대한 이해 등을 공부시키도록 하겠습니다.

그런데, 치절기에서 가공된 톱니바퀴를 열처리한 뒤에, 셰이빙 머신 Gear shaving machine으로 다듬질을 하는데, 열처리가 일정하게 되지 않으면 애를 먹을 것 같습니다. 열처리 후, 변형이 되는 이빨 모양이 기어마다 각각 다르게 된다면, 셰이빙 머신으로 다듬질을 하더라도, 과연 일정한 형태로 유지가 될지 염려됩니다. 그래서 기어용 재료는, 한국에서 적당한 재료가 개발되기 전까지는, 일본에서 열처리가 된 특수 재료를 구매할 예정입니다.

그리고 한국에는 아직 경험이 많은 열처리 기술자가 없으므로, 세 사람 정도를 일본에 파견해서 철저히 교육받도록 하고, 열처리로의 설비는 돈을 들여서 전자동식으로 설치하되, 되도록 운전하는 사람의 숙련도에 의존되지 않도록, 차차 정확한 관리의 시방을 만들어 두려고 합니다. 미쓰비시는 열처리 공장을 외부에 따로 만들었던데, 무슨 이유라도 있는 것입니까? 저는 기계공장 내에 같이 넣어서, 기어의 운반 거리를 줄여 보고 싶습니다."

내 이야기를 듣고 난 아라이 상무는 빙글거리며 말했다.

"음, 생각을 아주 많이 했구먼그래. 기어 제작 시에는 열처리가 아주 중요해. 그리고 열처리로를 기계 라인에 연결하게 하는 것은 찬성이야. 기어는 운반할 때 이빨 부위가 상하지 않도록 주의해야 해. 기어 중심부에 꽂아 넣는 치구를 기어 가공 라인까지 가져가서, 가공이 끝나자마자 바로 꽂아 넣도록 하고 그렇게 운반하여 바로 열처리로에 넣도록 하면, 기어를 상하지 않게 할 거야. 당신들도 직접 만들어 보면 알게 되겠지만, 기어의 소음이란 게, 이빨 면에 조그마한 상처 하나 입어도 발생하게 되거든. 열처리가 되지 않은 기어는 운반 도중에 조심하지 않으면 상처가 나기 쉬워. 그래서 가능한 한, 운반 거리가 짧은 것이 좋은 거지."

"그 밖의 설비에서 특히 주의할 점은 무엇일까요? 저희가 엔진공장을 세울 때는, 상무님이 세척기에 돈을 아끼지 말라고 하셔서 가장 비싼 좋은 세척기를 장만했는데, 그 덕분에 미쓰비시가 초창기에 겪었다는 여러 가지 문제, 즉 엔진에 남아 있던 주물사鑄物砂 때문에 베어링이나 축이 이상 마모를 일으킨다거나 하는 그런 트러블이 한 건도 발생하지 않았습니다. 정말 감사합니다. 그것과 마찬가지로, 이번에도 특히 신경 써야 할 곳이 있을까요?"

"마, 당신이 좋은 점에 착안하고 있으니까 별문제는 없을 것 같네. 그런데, 한 가지 꼭 명심할 것은, 기어의 검사 장비는 되도록 가장 좋은 것으로 사도록 하시오. 비싸기는 하겠지만, '마아그$_{MAAG}$'를 한 대 사는 것이 좋겠어. 그리고 기어 측정 장치를 그것 말고도 한 대 더 사요. 현장에서 기계를 다루는 사람들이, 자기가 만든 기어를 직접 제 손으로 검사를 할 수 있어야지. 평상시엔 다른 장비로 늘 측정하도록 하고, '마아그'로는 그 다른 장비의 정밀도를 측정, 보정하는 데에 주로 쓰도록 해. 기어에 트러블이 일어났을 때 제대로 정밀 측정하는 데에는 마아그를 쓰는 게 좋을 거야."

"네, 정말 감사합니다, 아라이 상무님."

귀국하여 정세영 사장에게 출장 보고를 하면서, 아라이 상무의 충고도 말씀드렸다.

"… 마지막으로 아라이 상무는, 기어 검사 장비에 돈을 아끼지 말라고 하시던데요….'"

"오, 그래, 그렇게 하도록 하지. 미쓰비시보다 더 좋은 제품을 만들어야겠어. 검사 장비도 제일 좋은 것으로 장만하도록 해요."

엔진공장 때는 비싼 검사 장비들은 눈에 띄지 않게 숨기다시피 사들였던 것과는 달리, 이번에는 좋은 품질 관리설비를 당당하게 살 수 있는 기반이 만들어졌다. 이제 남은 것은 프로젝트팀의 구성과 그들의 교육 훈련이었다.

184

17장

아들 낳는 산실

출근 시간은 정해져 있어도 퇴근 시간은 명확하지 않은 것이 자동차 공장의 특징인 것 같다. 이것은 비단, 현대자동차에 국한된 이야기가 아니다 내가 다녀본 다른 나라의 자동차 회사에서도 그랬다. 영국의 크라이슬러 Chrysler와 포드(미국 포드의 자회사), 독일의 벤츠Benz와 폭스바겐Volkswagen, 프랑스의 르노Renault, 이탈리아의 피아트Fiat와 란치아Lancia, 미국의 제너럴 모터스General Motors와 포드, 일본의 미쓰비시, 토요타Toyota, 마쓰다 등 회사마다 내가 만난 그곳의 간부들은, 전부 언제 퇴근할 수 있는지를 모른다 했다.

그중 특히, 르노는 우리를 놀라게 했다. 새벽 1시까지 우리를 접대한 바로 그날 아침 9시, 우리를 위한 프러포즈의 두툼한 영어 번역문을 내놓았다. 그 전날 밤부터 시작된 회의에서 논의된 것을 새벽 내내 번역하여 준비한 것이었다. 포드의 디트로이트 본사 사옥 맨 위층은, 호텔 방처럼 만들어

제2부 도약을 위한 모색 **185**

진 맨션이었다. 왜 그런 것이 필요하냐고 물었더니, 회장이 오후 4시~5시쯤 회의를 소집하면 새벽 두세 시에 끝나는 것이 보통이어서, 귀가가 어려워 그런 시설이 필요하다고 했다.

선두주자들이 이럴 정도니, 뒤따르는 한국의 현대자동차 울산 공장도 예외일 수 없었다. 과장 이상 간부직 사원들은 아무리 일을 해도 끝이 없었고 일은 항상 밀려 있었다. 누군가가, 일을 더 많이 하는 부서와 덜 하는 부서에서 아들을 낳는 확률을 비교, 조사해 봤다. 자조 섞인 우스갯소리로 시작됐던 그 이야기는, 점점 여러 사람이 더한 살이 붙여져서 어느새 그럴듯한 이론으로 변해 공장 전체를 돌며 화제가 된 적이 있었다. 이것을 믿는 사람들의 주장에 따르면 남편의 귀가 시간이 늘 일정하지 않은 부서의 부인들이 아들을 낳을 확률이 높다는 것이다. 늦은 귀가와 잦은 야근을 하는 남편을 둔 아내들은 늘 애타게 기다리는데 이것이 결과적으로 아들 낳기 좋은 체질이라는 것이다. 믿거나 말거나 한 낭설일 수 있으나, 어찌 된 일인지 실제로 눈코 뜰 새 없이 바빴던 엔진부에서는 한두 사람 빼고는 거의 다 아들을 가졌다.

엔진부 한 차장의 경우, 결혼 8년째에 아기를 한 차례 유산한 후, 죽 아기를 가지지 못했었는데 엔진부에서 밤낮없이 일하다가 어느 날 아기를 가졌고, 결국 아들을 낳게 되어 엔진부 전체가 한바탕 축제 분위기였다. 이후, 바쁜 부서에 있는 사람이 아들을 낳는다는 가설은 더욱 그럴싸하게 포장된 채 엔진부에 퍼지게 되었다. 한 차장은 아들을 낳은 뒤, 한 달도 못 되어 일본에 파견되었다. 내가 그에게 기어 공장 프로젝트 책임을 맡겼기 때문이었다. 일본으로 떠나기에 앞서 나는 그에게 두 가지를 당부했다.

"한 차장, 이번에 필요한 기계설비는 자네가 모두 결정하도록 해. 어떤 종류의 기계는 어느 정도의 회사에서 사는 것이 좋을 것이라는 지침은 주겠지만, 그들을 경쟁시켜서 최종적으로 기계의 선정을 하는 것은 자네가 하란 말이야."

이 말을 들은 그는 걱정스러운 표정으로 반문했다.

"그렇게 했다가 만약에 기계를 잘못 선정이라도 하면 어떡하죠?"

"잘못되면 회사에 대한 책임은 내가 질 테니, 자네는 그런 걱정은 안 해도 돼. 내가 보기엔 이제 자네는, 기계를 400대 살 때, 실수는 다섯 대 이내일 정도로 잘할 수 있을 거 같네. 그 정도라면 별로 대수롭지 않다고 봐. 누가 사든 그 정도 실수는 나오는 거고, 또 다섯 대 정도 잘못 샀다 하더라도, 그건 우리 손으로 이리저리 고쳐서 쓸 수 있게 할 수 있을 걸세. 그것 때문에 부품을 못 만드는 일은 없을 거야."

"예 그렇다면, 한번 해보겠습니다. 기계를 고치는 부분은 저도 자신 있습니다. 엔진공장 할 때도, 영국에서 들여온 기계 중에 잘못 만들어진 기계들이 꽤 있었지만, 시운전 중에 모두 우리가 조금씩 개조하고 고쳐서 생산에는 아무런 차질을 주지 않았습니다."

"그래, 맞아. 전용 공작기계란 것은 모두 그런 것이라고 보면 되네. 아무리 전문 업체에서 만든 것일지라도, 결국은 우리가 쓸 부품에 맞춰 새로 설계해 만들어야 하는 것이라, 남이 완벽하게 만들어 주기는 힘들지. 이번에도 마찬가지야."

"알겠습니다. 최선을 다해 가장 성능 좋고, 가격이 싼 기계를 사도록 하겠습니다."

이렇게 막중한 임무를 그에게 맡긴 데에는, 두 가지 이유가 있었다. 첫째는, 내가 중역이 된 후론, 단조공장, 주조공장, 엔진공장 등의 설비 확장과 생산, 양쪽 다를 책임져야 했기 때문에, 구매할 기계를 직접 살펴볼 여유조차 없을 정도로 바빴다. 다른 한편으론, 한 차장에게 스스로 판단할 수 있는 능력을 키울 기회를 주고 싶었던 것이 그 두 번째 이유였다.

"자넨 말이야, 가만 보면 너무 완벽주의자란 말이야. 일류 대학에 수석 입학, 수석 졸업은 대단해. 그러나 장차, 부장이 되고 중역이 되어 자기 자신처럼 우수하지 못한 대다수의 보통 사람들을 데리고 일을 할 때는, 너무 완벽한 걸 추구해서는 안된다네. 이 세상에 완벽한 엔지니어가 몇이나 있겠나? 회사도 마찬가지이고. 예를 들면, 우리 회사엔 세일즈맨들도 중요한 사람들인데, 그 사람들은 완벽한 걸 추구하질 않아. 각양각색의 사람들을 만나고 그런 사람들을 있는 그대로 받아주고, 또 그런 사람들을 상대로 우리 물건을 파는 거지. 다양한 사람들과 어울려 함께 일하는 법을 배워야 중역도 되고 더 발전도 하고 그런걸세, 이 사람아."

한 차장은 엔지니어로서 출중한 능력을 지녔기에, 앞으로 나의 후임으로 책임 있는 자리에서 아랫사람들을 다루려면, 보다 폭넓은 경험이 필요할 듯하여, 나는 그에게 틈나는 대로 여러 가지 다양한 기회를 주고 싶었다.

"그러니까 한 차장, 이번에 기계 구매하러 일본에 가거든, 기계만 보지 말고 기계를 팔러 나온 세일즈맨들도 자세히 좀 보고 와. 그 사람들, 속으론 어떻게 생각할지 몰라도, 적어도 겉으로는 어떤 상황에서도 웃을 수 있는 사람들이야. 그렇잖으면 세일즈를 못할 테니 말이야. 그 사람들 행동하는 거 좀 유심히 봐두게, 알겠나?"

그는 아무 말도 하지 않고 시선을 피한 채, 고개만 끄덕거렸다. 단점을 꼭 꼬집어 말하니 좀 계면쩍은 듯해 보였다. 한 번은 그에게 적분 계산을 부탁한 일이 있었다. 어느 정도 시간이 걸릴 것이라 예상했는데, 그는 3분 만에 바로 답을 가져오는 것이었다.

"아, 자네 그런 공식들을 지금껏 암기하고 있던 게인가?"

"예, 그럼요."

오히려 나의 이러한 물음이 이상하다는 듯한 표정을 지으며 그가 대답했다.

"학교를 졸업한 지 얼마나 됐지?"

"이제 십 년 좀 더 됐습니다."

나는 그가 매우 우수한 인재라는 것은 알았으나, 동시에 너무 똑똑한 사람이라, 혹여 보통 사람을 이끌어 나갈 때 생길 수 있는 여러 가지 문제점들이 염려되었다. 실제로 그는 조직의 관리자로서 업무를 수행하면서 힘들어할 때가 있었다. 그가 부하 직원에게 무언가를 지시했으나, 직원이 그 지시대로 얼른 따라가지 못할 경우, 내게 바로 달려와, 기초가 모자란 사람들과는 일하지 못하겠다고 불평을 하는 경우가 몇 차례 있었고, 그때마다 나는 그를 설득하곤 했다. 큰 집단을 만들다 보면, 우수한 사람들만 뽑아서 채울 수가 없고, 설령 그런 집단을 억지로 만든다고 하더라도 연구소가 아닌 이상, 일반 생산공장을 운영할 때는, 똑같은 성격의 사람들로만 구성된 집단이 오히려 더 문제가 많아질 수 있어 바람직하지 않노라고 누누이 말했었다.

그 무렵 나는, 현대자동차가 제대로 성장하기 위해서는 훌륭한 기술자와 관리자 양성이 무엇보다도 중요한 일이라는 생각을 갖고 있었다. 기계공장이 섬유공장이나 화학공장과 다른 것은, 기계설비 보다는 인적관리에 대한 노하우가 있어야만 하고, 결국 기계는 사람의 도구 역할에 지나지 않는다는 점이었다. 장차 세계시장을 목표로 뻗어 나갈 회사가 되기 위해서는, 우수한 기술자들과 함께 그런 기술자를 길러내고 관리할 수 있는, 우수한 관리자를 키우는 것이 더 중요한 일이라 생각하고 있었다. 그래서 엔진부와 주조부, 단조공장에서는, 일하는 기사 전원이 기술자를 겸한 관리자로 키워졌으면, 하는 것이 나의 소망이었다. 그런 의미에서 나는, 한 차장에 대해, 그의 관심사가 기계 가공에만 머무르지 말고 좀 더 폭넓게 확장되어, 사람까지 잘 다룰 수 있는 훌륭한 관리자로 자라주었으면, 하는 바람이 있었기에 설령 그가 듣기 싫어할 수 있는 충고일지라도 그에게 도움이 될만한 것이라면 서슴지 않고 말해주곤 했다.

트랜스미션을 우리 손으로 깎게 될 기어 공장 프로젝트는, 기계 가공 기술의 중요한 기초를 닦을 수 있는 좋은 기회였다. 엔진공장에서 기본을 경험한 기사들이 제 손으로 공정을 짜고 필요한 기계설비를 선정해 볼 수 있었기 때문이다. 현대가 작성한 공정이나 기계 시방서示方書는, 기술 협약을 맺은 미쓰비시에서 검토해 주었기 때문에 위험 부담도 적었다. 생산기술 전문가를 길러내는데 이보다 좋은 기회는 없었다. 한편, 엔진부에도 타이밍 체인 케이스 라인을 신설하였고, 엔진 생산능력을 1년에 5만 6천 대에서 10만 대로 확장하는 프로젝트가 있었다. 엔진부의 인원을 나눠 기어 공장 프로젝트 팀을 만들었는데, 이들 새로 배속 받은 기어 공장 인원 중, 한 팀은 미쓰비시에 가서 트랜스미션 제조과정을 훈련받게 보내고, 또 다른 팀은 동경열처리 회사로 보내, 기어 제조 공정의 소재를 열처리하는 이론을 배우도록 하였다. 미쓰비시에 기계 발주를 하던 인원을 차출하여 부족한 기어 공장 인원으로 충원을 하였고, 부족해진 엔진부 인원은 신입사원으로 채웠다.

각 부서에 새로 배치받은 인원은, 그동안 내부적으로 축적된 기술자료를 주경야독으로 공부하게 하여, 가능한 한 빠른 시간 내에 기존의 현장 기술자들이 습득한 현장 지식을 따라가도록 훈련할 것을 지시하였다. 공작기계 이외에도 주조공장과 단조공장에 필요한 기계설비도 많았다. 자동 주조 설비도 두 배로 확장하게 되어, 새로 용해로와 주조 설비를 발주해야 했다. 또 이제껏 하지 않았던 알루미늄의 고압 다이캐스팅 설비를 사야 했고, 기어 소재를 생산할 단조 프레스와 거기에 따른 열처리 설비도 더 필요했다. 주조공장에서는 박 차장이, 단조공장에서는 권 차장이 그 임무를 맡았고, 한 차장과 비슷한 시기에 일본에 파견되었다. 이번에도 현대중공업 동경지점 사무실의 한쪽 귀퉁이를 빌려, 책상을 다닥다닥 붙여놓고 그곳에 빼곡히 앉아서 사무를 보아야 했다.

1977년 4월 나는 주조, 단조, 기계설비를 생산하는 일본의 여러 공장을 둘러보며, 그들이 어떤 종류의 설비 기계를 만드는지 조사를 하기 위해 출장을 떠났다. 임시로 동경 출장 사무소를 만들어, 그곳을 기반으로 업무를 진행해 나갔다. 출장 사무소의 소장은 자재부장인 노 부장이 맡았다. 야마구치켄 우베라는 곳에서부터 오사카, 나고야, 요코하마, 동경 주변에 이르기까지 40여 군데의 공장들을 시찰했다.

그리고 그들이 만드는 기계들을 총망라하여, 그룹으로 나누어 정리하고 비교 검토 후, 견적을 의뢰했다. 베벨 기어를 깎을 글리슨 장비와 몇 가지 기계는 일본에서는 구할 수 없는 것들이어서, 미국에 따로 사람을 파견하여 조사하도록 했다. 당시 장비들을 구매할 때 필요한 자금은, 원래는 일본 수출입 은행에서 차관을 도입하여 지급하는 것으로 계획했었다. 미쓰비시 상사가 중개인 역할을 하고 있었고, 그들은 틀림없이 차관을 받을 수 있을 것이라 장담하였으나, 기계 발주를 시작하는 7월이 되어도 일본 정부의 허가가 나질 않고 있었다.

내막을 알고 보니, 미래에 현대자동차가 더 커졌을 때, 일본 자동차 업계에 어떤 영향을 끼칠 것인지에 대해 아직 검토가 끝나지 않았기 때문이라는 거였다. 다행히 이런 사태가 벌어질 가능성을 미리 예측했던 현대자동차 기획실에서는 이미 일본과 동시에 영국과도 차관교섭을 벌이던 중이었다. 그러던 어느 날, 자재부의 노 부장이 전화 한 통을 받더니 책상을 쾅 치며 소리를 질렀다.

"그래! 됐어! 이제 일본 애들 신세를 안 져도 우리가 기계를 살 수 있게 되었어! 영국 로이드 은행Lloyds Bank에서, 일본의 수출입 은행보다 훨씬 더 좋은 조건으로 차관을 준다고 하는군!"

그 말을 듣는 순간 내 가슴은 철렁했다. 차관을 주는 나라에서는 보통, 자기 나라 기계를 사야 한다는 조건을 붙이기 때문에 일본 차관이 무산되고 영국 차관이 진행된다면, 일본에 발주 준비한 기계들을 모두 포기하고 다시 영국 쪽의 기계와 그 기계를 운전할 때의 기술적인 부분을 함께 알아봐야 해서, 생산 일정에 큰 차질이 생길까, 걱정되었기 때문이었다. 그 전 엔진공장을 세울 때도 영국의 차관으로 구매했는데 그때 차관 승인의 조건이, 대금의 95%에 해당하는 금액을 영국산 기계 구입에 사용해야 한다는 것이었다. 이번에도 혹시 그렇게 된다면, 지금까지 애써서 주조, 단조 기계를 시찰 조사하며 공들였던 노력들이 한순간에 물거품이 될 수도 있겠다는 염려가 밀려왔다. 그래서 조심스럽게 노 부장에게 물었다.

"노 부장, 로이드 은행 차관의 조건이 뭐죠? 혹시 이번엔 영국 기계를 조사하러 당장 전원이 영국으로 떠나야 하는 건 아닌가?"

"아, 염려 안 하셔도 됩니다. 이번에는 그런 꼬리표가 안 달렸다고 합니다. 돈은 아무 데서나 써도 된다고 합니다. 이자도 훨씬 낮고 갚을 때의 조건도 훨씬 유리하다고 합니다. 하! 하! 당장 미쓰비시 상사에다 연락해서 그깟 일본 돈 안 쓰겠다고 통보해야겠어요. 겨우 몇 푼 안 되는 거 갖고 몇 개월씩 질질, 자기 나라 자동차에 무슨 영향을 주는지 검토해야 한다는 둥, 꼬락서니를 보고 있자니, 원! 이제야 속이 다 시원하네."

그동안 미쓰비시 상사 측과 함께 차관 업무를 진행하면서 노심초사 속이 타들어 갔던 노 부장은 마치 앓던 이가 빠진 듯한 시원한 표정을 지었다. 얼마 후, 미쓰비시 상사의 담당자인 마쓰코松子 상이 우리 사무실로 헐레벌떡 달려오더니 숨 가쁘게 말했다.

"지금 통산성에 들어가서 소식을 전하고 오는 길입니다. 현대가 영국 로이드에서 차관을 받았기 때문에, 일본 수출입 은행에서 진행하던 차관 신청은 취소하겠다는 얘기를 담당자에게 전했더니, 통산성 직원이 많이 놀라네요. '아니…, 현대가…, 현대가…' 하며 말을 못 잇네요. 그놈들, 그렇게 빨리 진행을 했어야지, 이게 무슨 꼴이야…."

미쓰비시 상사의 담당 직원도 분이 풀리지 않는 듯한 표정이었다. 미쓰비시 상사로서는 가만히 앉아서 큰 커미션을 받을 수 있었던 기회를, 한순간에 눈앞에서 놓친 꼴이라 못내 아쉬워했지만 어쩔 수 없었다. 그 소식이 우리 팀에 전해지자, 팀의 사기는 하늘로 치솟았다. 이제 굳이 일본 기계뿐만 아니라, 유럽과 미국의 기계를 포함하여 국적에 제약 없이 우리 마음대로 살 수 있게 되었다.

한 차장과 박 대리는 귀국할 겨를도 없이 동경 출장 사무소에서 여름 내내 기계 발주와 검사 일을 했고, 나도 한 달에 보름간씩 그쪽으로 가서 그들 일을 도왔다. 일본 사무실로 가기 전, 한 차장 집에 들러, 그의 아들이 자라고 있는 모습을 사진 찍어 담았고, 박 대리 집에 들러서는 더운 동경에서 박 대리가 입을 여름옷을 받아 전해주었다. 한 차장과 박 대리야말로 내게는 귀한 아들을 낳아줄 사람들이었다. 그 아들이란, 포니의 트랜스미션과 리어 액슬을 생산할 기어 공장이었고, 그런 과정을 거쳐 더욱 자라날 현대자동차의 생산기술이었다. 씩씩하고 튼튼한 아들을 탄생시키기 위해서는, 우리의 온 정성과 밤잠을 잊는 노력이 필요했다. 우리 엔진부가, 부원들의 집에 아들을 낳아주는 산실 역할 뿐만 아닌, 장차 우리 회사에 생산기술이라는 또 다른 아들을 낳게 하는 분만실 역할까지 하는 셈이었다. 기계 발주 업무가 끝나고 한 차장이 귀국한 뒤, 그의 아내를 만난 자리에서 칭찬을 해주었다.

"한 차장이 일본에서 아주 큰 일을 해냈는데, 활약이 정말 대단했어요."

"아, 그래요? 그래서 그런지 이 이가 갑자기 대범해졌어요. 전에는 제가 장을 본 가계부까지 일일이 챙기며 꼼꼼하게 들여다보며 잔소리를 하던 사람이 이젠 그런 걸 들여다보질 않아요."

부인의 얘기를 듣고, 한 차장에게 기계 발주를 책임 지워주며 큰일을 맡긴 것이, 내 바람처럼 그를 성장 시키는 데에 도움이 되었을지도 모르겠다는 생각에 무척 기뻤다. 한 차장은 그 뒤 더욱 넓어지고 깊어진 안목으로 관리자의 능력까지 인정받게 되어, 현대자동차를 30만대 공장으로 확장 시키는 프로젝트에서 기계 가공 부문의 총책임자가 되어 이를 보기 좋게 성공시켰다.

18장

Sure, it's the best plant!

"미쓰비시처럼 정상적으로 움직이는 공장에서는 하나씩 차례로 완성해도 될는지 모르겠습니다만 우리는 그렇게 오래 기다릴 수는 없습니다. 트랜스미션과 리어 액슬은 동시에 생산이 이루어져야 합니다. 그렇게 될 수 있도록 도와주십시오."

신 상무는 아라이 상무 앞에서 이렇게 단호하게 요청했다. 아라이 상무는 트랜스미션이 그렇고, 리어 액슬도 마찬가지로 보통 어려운 제품이 아니기 때문에 동시에 생산하는 것은 무리라며, 리어 액슬은 트랜스미션의 생산이 완성된 후, 적어도 일 년 뒤에 완성토록 하는 것이 좋겠다는 주장이었다. 먼저, 더 쉬운 트랜스미션을 만들어보고, 경험을 가진 뒤에 리어 액슬에 도전하라는 것이었다. 그러나 현대의 여러 가지 입장으로서는, 동시에 할 수밖에 없다는 신 상무의 주장이 거듭되자, 아라이 상무는 마침내 화를 내고 말았다.

"당신은 말이야, 기획실에 앉아서 종이에 줄이나 그으면 되지만, 실질적으로 기술이란 것이 당신 생각대로 하루아침에 이루어지는 게 아니요. 미쓰비시도 기어 때문에 얼마나 고생한 줄 알아요? 기어를 깎는 것은 다른 어떤 부품을 깎는 것보다도 훨씬 더 어렵단 말이야. 그런 되지도 않을 계획을 세우면 어떻게 해?"

아라이 상무는 버럭 소리를 질렀고, 나중엔 삿대질까지 해댔다. 양쪽 주장은 너무나 팽팽하여 이대로는 도저히 끝이 날 것 같지 않았다. 신 상무는 그 당시에 현대자동차의 대 미쓰비시 창구역을 수행 중이었으므로, 사장을 대리하는 자격으로서 미쓰비시와 교섭하는 사람이었다. 따라서 그는 본인의 생각보다는 정세영 사장의 뜻을 전달하는 역할을 하고 있었던 터라, 그가 개인적으론 아무리 아라이 상무의 이야기에 동의했다고 하더라도, 정세영 사장 허락 없인 마음대로 목표를 바꿀 수는 없는 노릇이었다. 신 상무의 입장을 알고 있던 나는 할 수 없이 중재에 나서야 했다.

"아라이 상무님, 신 상무의 입장은 회사의 공식적인 입장일 겁니다. 그것을 이해해주셔야 합니다. 신 상무도 아라이 상무님 말씀에 100% 동의하지만, 신 상무는 윗분인 정세영 사장의 뜻을 거역할 수가 없어서 그런 겁니다. 결국, 목표율을 맞추느냐, 못 맞추느냐, 하는 것은 이것을 집행하는 제 손에 달린 것 아닙니까? 저도 아라이 상무님의 충고를 100% 이해하고, 그 뜻에 따라 프로젝트의 집행 계획을 세우겠습니다. 비록 공정 계획과 기계 발주는 현대의 사정에 따라 동시에 하더라도, 제품 생산이라는 실제 목표일은 트랜스미션이 완성된 후, 최소 6개월 이후에 리어 액슬이 나오는 것으로 스케줄을 잡겠습니다. 그러니 제발 양해 해주십시오.

현대자동차가 생산 목표일을 넘기거나, 그밖에 어떤 일이 일어나건, 비난은 제가 감수하겠습니다. 모든 문제에 대한 책임을 제가 지라고 하면 그렇게 하겠습니다. 그러니, 이 논의는 공식적으로 현대가 주장하는 1978년 10월을 목표일로 정하는 것으로 제발 결론을 내주십시오. 아라이 상무님, 부탁드립니다."

이렇게 내가 간곡히 부탁하자, 아라이 상무는 마지못해 고개를 끄덕였다. 이렇게 해서 양사 간의 현대 측 인원의 훈련 계획과 미쓰비시 측의 기사 파견 일정에 관한 협의가 일단락이 났다. 하지만 회사가 정한 목표가 별 어려움 없이 맞추어지리라 기대했던 나에게 아라이 상무의 이런 강경한 반대는, 리어 액슬의 생산과 기어 공장의 완공이 얼마나 어려운 것인가를 다시 한번 일깨워주는 사건이었다. 울산으로 돌아오는 발걸음은 무거웠고, 짓누르는 압박감으로 내 양어깨는 축 처지고 말았다.

과연 이렇게 어려운 미션과 액슬의 생산을, 엔진공장 때와 마찬가지로 기초가 없는 초임자 직원들을 훈련해가며 해낼 수 있을까, 라는 회의감으로 가슴이 답답해져 옴을 느꼈다. 나는 다시 미쓰비시 교토 공장으로 가, 트랜스미션 제조 라인을 찬찬히 돌아보았고, 다시 또 그들의 미즈시마 공장으로 향해, 그곳의 리어 액슬 제조 라인도 살펴보았다. 그곳의 기술자들을 불러내어 제조과정에서 어떤 점이 어려운지를 다시 한번 조사했다. 그다음, 훈련 계획을 치밀하게 짠 뒤, 앞으로 파견되어 훈련을 이수할 개인별로 각각 이러한 방식으로, 이러한 깃들을, 가르쳐 주길 바란다는 요청을 미쓰비시 측에 상세하게 적어 내밀고 철저한 훈련을 부탁했다.

가장 중요한 열처리를 위해, 설비를 발주한 동경열처리에 가서 기술 책임자인 와다和田 이사를 만났다. 그는 이 방면으론 꽤 알아주는 유명한 열처리 전문가였다.

"여기에 올 사람, 세 명은 모두 공과 대학을 졸업하고, 병역을 마치자마자 회사에 입사한 무경험자입니다. 6개월간의 기간이 있으므로 이 사람들을 그동안 이곳에서 일류 열처리 기술자가 될 수 있는 바탕을 만들어 주십시오."

아이러니하게도 내가 수립한 훈련 계획에 의하면, 이들은 이곳에서 열처리 기계를 만지거나, 실제 열처리로를 운전하는 훈련은 하지 않았다. 그것은 그들이 교육을 마친 뒤 돌아와 우리 공장에서 나중에 할 수 있었기 때문이다. 그 대신 이들은 6개월의 귀중한 시간 동안, 침탄浸炭 및 질화 처리窒化處理가 무엇이며, 탄소나 질소가 어떻게 강철 표면으로 침투해 들어가서 금속 조직을 왜, 어떻게 변화시키는지를 교육받고 정확하게 이해해야만 했다. 또 금속 현미경으로 조직을 식별하면서, 열처리 층의 두께와 경도가 표면에서부터 안으로 들어갈수록 어떻게 달라지고, 또 왜 달라지는지를 배우고 터득해야 했다. 아울러, 열처리한 금속이 왜 변형을 일으키고, 처리 조건에 따라 어떤 변형을 가져올 것인지를 미리 예측할 수 있도록 열처리의 기본 이론을 모두 배우고 실제로 경험해보는 훈련을 해야 했다. 나의 이러한 주문을 보자, 와다 이사는 충분히 동의한다면서도 이런 말을 해주었다.

"강 상, 이런 식으로 교육을 부탁하는 사람은 당신이 처음이야. 대개는 열처리로의 조작을 단기간 내에 배우게 해달라고만 하는 것이 보통이오. 당신 주문은, 세 명의 무경험자들을 6개월 이내에 나보다도 더 훌륭한 열처리 전문가로 만들어달라는 건데…. 6개월만으론 정말 불가능할 것 같지만, 여기서 해볼 수 있는 데까지는 한번 해보겠소. 나머지는 한국에 돌아가서 실제로 열처리를 하면서, 문제가 생길 때마다 함께 해결해가면서 고쳐가도록 합시다."

열처리 팀을 제외한 기타 기계 가공 및 조립 연수팀들은 엔진의 경우처럼 일본에 파견하여 교육받게 하였고, 특히 그중 일부는 연수가 끝난 뒤에도 계속 남아, 기계 제작 업체의 공장에 보내 시운전과 검사를 경험하게 함으로써, 차후 자신이 맡을 기계에 익숙해지도록 했다. 1978년 8월 말, 기어 공장 기계설비 설치 작업이 완료된 후, 시운전 및 시제품 제작이 시작되었다. 아라이 상무에게는 정말 미안했지만, 그의 주장과는 다르게, 시차를 두지 않고 트랜스미션과 리어 액슬을 동시에 만들기 시작했다. 미쓰비시와 기타 공작기계 공급 업체에서 온, 많은 일본인 기술자들의 도움으로, 모든 기계를 동시에 시험 운전하면서 10월 말에는 처음으로 우리 손으로 만든 트랜스미션과 리어 액슬이 나오기 시작했다.

그러나 우리가 만든 제품을 자동차 조립 쪽에서 검사해 본 결과, 아니나 다를까 소음 검사에 걸린 반품들이 쏟아져 되돌아왔다. 역시 아라이 상무가 염려했던 대로였으나, 이제 어차피 엎질러진 물인지라, 최단 시간 내에 자구책을 세우고 해결하는 수밖에 없었다. 기어부 직원들을 독려하여 주야로 반품들의 원인을 찾게 하고, 기계를 조정하고, 공정을 고쳐가며 마침내 반품률을 5% 이하로 떨어뜨리는 데에 근 1년이 걸렸다. 이전 우리가 경험했던, 엔진공장의 건립과 엔진 제작을 동시에 했을 때, 부품 라인의 불량률을 1년 만에 3% 미만으로 떨어뜨린 것에 비하면, 트랜스미션과 액슬 공장의 5%는 엄청난 것이었다. 기어 제작이 얼마나 어려운 것인가를 뼈저리게 느끼게 한 경험이었다.

1979년 3월 영국 출장 중, 포드의 헤일우드 공장에 가 볼 기회가 있었다. 그들이 최고라고 자랑하는 기어 생산공장이었다. 그런데 찬찬히 둘러보니, 우리 공장과 비교하면 기계 레이아웃이나 조립 라인 작업에서 인건비가 더 많이 들어 보였다. 열처리 설비는 기사 4명이 교대로, 24시간 결과를 체크하며 온도와 가스의 분위기를 조정해주고 있었다.

우리 현대자동차에서는, 재료 배치 Batch (일괄처리하는 한 묶음)를 관리하며 한 배치에 한 번 검사하면 나머지는 검사할 필요도 없이, 똑같은 제품이 나온다 했더니, 그들은 내 말을 믿으려 들지 않았다.

그해 가을, 우리 공장에 찾아온 포드의 한 관리자가 우리의 기어 공장을 샅샅이 둘러본 후, 우리 기사들과 여러 질문을 마치고, 나와는 이런 대화를 나누었다.

"현대자동차 공장은 내가 지금까지 본 기어 공장 중, 최고의 공장입니다. 헤일우드 공장도 따라가기 힘들 정도예요."

"그래도 조립공장에서 되돌려보내지는 반품이 아직은 많습니다. 소음이 아직 큽니다."

"소음이 좀 나면 어떻습니까? 수명이나 트러블과는 아무 관계가 없지 않습니까?" 그 사람은 우리의 까다로운 기준에 놀라듯 말했다.

"하지만 한국에서는 차를 주로 전문 운전기사가 몰고 있어서, 소음에 아주 까다롭습니다."

"글쎄요…. 내가 보기에는 이곳보다 기어를 잘 만드는 곳은 세상에 없을 것으로 보이는데…. 아니, 이런 걸 반품하다니!

확실히 최상의 공장입니다! (Sure, it's the best plant!)"

그는 내게 엄지손가락을 치켜들어 보이며 감탄을 했다.

그의 이런 찬사는 내게 돈 조반니의 세레나데 Serenade From Don Giovanni 보다 더 달콤하게 들려왔다.

드디어 우리가 그 어렵다는 기어 공장을 해내고야 말았다는 성취감에, 가슴 속 저 깊은 곳에서부터 차오르는 말 못 할 희열감이 느껴졌다. 기술자들은 바로 이런 순간을 맞이하기 위해 밤잠도 설쳐가며 그토록 치열하게 기를 쓰고 일하는 것이 아닐까?

19장

휘청거리는 철판과 들뜨는 페인트

"철판은 휘청거리는 소재이기 때문에, 주물이나 알루미늄처럼 다룰 수는 없는 것입니다."

"페인트 공장에 날리는 먼지는 다른 데서 들어오는 것인데, 조립공장과 연결된 틈을 밀폐시킬 방법이 없으니 어쩔 수 없습니다."

포니와 마크IV Mk IV의[1] 조립에 관하여 내가 이런저런 질문을 하자, 이 부장으로부터 돌아온 답들이었다. 나는 1978년 초, 공장 전체 생산기술까지 담당하게 되었다. 그래서 자동차 차체의 용접 조립과 도장塗裝 및 의장艤裝 조립까지 맡게 되어, 그 방면의 공부도 서둘러야 했다. 이 부문에 가장 오랜 경험을 가진, 조립 담당 이 부장과 이야기를 나누며 내가 가진 의문들에 관해 물었으나, 그로부터 속 시원한 답변을 들을 수 없었다. 할 수 없이 과별로 기사들을 따로 불러모아 그들과 세부적인 이야기를 해보기로 했다. 그

---

[1] 마크IV: Mk IV, 코티나 시리즈의 네 번째 모델로 현대자동차에서 1977년 국내 출시한 차종.

제2부 도약을 위한 모색 203

리고 한동안 현장에 나가, 공정별로 그들을 따라다니며 관찰하고 질문을 했다.

하지만 여전히, 나의 의문들에 대한 속 시원한 답변은 그 어디서도 찾을 수 없어 답답한 맘은 좀체 해소되지 않았다. 돌아온 답변들은 대체로, 자기들 경험에 의존한, 혹은 그냥 이전부터 으레 그리해왔다는 식이 대부분이었다. 예를 들어, 페인트는 왜 철판에 부착되어 떨어지지 않느냐는 물음에는, "거기에는 세 가지 이론이 있습니다. 제가 그것을 복사해 드리겠습니다," 라는 대답과 함께 이튿날 내 책상 위에는, 도장에 관한 이론 책 몇 페이지의 복사된 사본이 놓였다. 페인트가 철판에 칠해지는 원리가 나와 있었으나, 그것이 우리 설비와 직접 어떤 관계가 있는지에 대한 설명은 되지 않았다.

페인트 문제와 더불어 현대에서 만든 차의 가장 두드러지는 결함 중 하나가, 문짝이 잘 닫히지 않는다는 거였다. 세게 힘을 주어 쾅! 소리가 날 정도가 되어야 겨우 닫히지, 슬쩍 밀어서는 로크Lock가 제대로 걸리지 않을 때가 많았다.

잦은 페인트 문제로는, 칠한 표면이 매끄럽지 못하거나, 칠이 들떠서 올라와 일어나는 경우도 많았다. 마크IV는 바퀴가 편마모 한다는 문제로 판매에 큰 지장을 주고 있었다. 그리고 내장內裝에 쓰인 합성 피혁들이 잘 삐져나와 조금만 운행해도 금방 중고차처럼 된다는 현대차 운전자들의 불만이 많았다. 아무 하자 없는 엔진을 우리가 만들어냈듯, 아무 문제 없는 자동차를 만들 수는 없는 걸까?, 라는 생각과 기타 여러 의문을 풀 길이 없어 고민 끝에, 나의 이런 의문점들을 해결해 줄 사람의 소개를 다시 한번 미쓰비시 아라이 상무에게 부탁했다.

그것이 1978년 11월 초 미즈시마 공장의 생산 담당 미야기宮城 부장을 만나게 된 계기였다. 아라이 상무가 어떤 엄명을 내렸는지는 알 수 없지만, 찾아간 우리 일행을 그는 참으로 정중히 맞아주었고, 공장을 보여준 뒤 질의 응답시간도 마련해주었다. 프레스에서 판금板金을 찍어내는 과정, 그리고 그 것을 용접 조립하는 과정, 도장 공정, 그리고 최종 조립하는 의장 공정, 등에 걸쳐 기술적인 문제와 관리적인 문제에 대하여 몇 날 며칠을 일대일 질문과 답변의 형식으로 공부하고 나니 이젠 어느 정도 자신감이 생겼다. 돌아온 뒤 곧, 용접 조립과 페인트 샵 기사들을 따로 불러모아 교육을 시작했다. 제조에 있어서 가장 근본이 되는 측정에서의 오차, 도면을 보는 법 등부터 차근차근 시작했다. 그러나 안타깝게도, 그들 대다수가 현대자동차 입사 전의 다른 공장에서, 대충하던 습관이 오래 몸에 배어 있었던 탓에 그것을 허물고 새로운 습관을 들이기가 여간 어려운 게 아니었다.

특히, 용접 조립에서 가장 놀라웠던 것은, 현장에서 전혀 도면을 보지 않고 일한다는 것이었다. 모든 용접 작업은 치구를 사용하므로 실제 도면이 항상 필요한 것은 아니었지만, 문제 발생 시에는 반드시 측정 결과를 도면상에서 검토해야 했다. 그러나, 도면이 제대로 준비되어 있지 않았다. 차체 용접용 치구 설계와 제작을 담당하는 생산기술부에서 쓰는 도면을 찾아보니, 자동차 전체의 부품배치를 보여줄 때 사용하는 배치도면일 뿐, 용접 부위의 디테일이 그려진 '제작도면'이 아니었다. 그런 도면으로는 현장에서 부품을 검토할 수가 없었다. 그 도면에서는 치수의 기준이 도어 패널의 가운데에 있었으므로 현장에서 문짝을 자로 재도, 쉽게 치수를 알아볼 수 없었다.

예를 들면, 문의 한쪽 가장자리에서부터 치수가 기재된 도면이 아니고, 문짝 철판의 중간쯤 되는, 밋밋한 표면상의 어느 한 지점에서부터 양쪽으로 재서 그 양쪽을 더 해야 문의 폭을 계산할 수 있는 식이었다. 즉, 기존의 배치도면 중앙부위에 있는 그 기준점은, 현장 작업 반원들이 다루는 실제 문짝에서는 정확하게 어느 지점인지 알 길이 없었다.

이런 상황이다 보니, 문짝을 제대로 만들어냈는지 아닌지, 그 여부를 알기 위해서는, 따로 만들어 놓은 '검사용 치구'라는 일종의 형틀에 맞추어 보는 길밖에 없었다. 그런데 더욱 어이없는 것은, 그 형틀이 제대로 되었는지를 체크하는 방법이, 이미 잘 만들어졌다고 생각이 되는 다른 문짝을 들고 이제 막 제작한 새로운 형틀에 맞춰보는 식의 검사방식이라는 점이었다.

이렇게 되면, 원본에서 복사를 거듭하는 사이에 원본과 점점 멀어지듯, 도면의 원래 치수와 점점 달라지는 것을 모른 채, 작업하는 꼴이 되고 마는 것이다. 당시, 서비스 공장에서는 '자동차를 꾸민다.'라는 표현을 쓰고 있었는데 이런 모습을 보고 나니, '아, 이것이 바로 자동차를 꾸미는 것이로구나' 라는 생각에 절로 허탈한 웃음만 나올 뿐이었다.

"문짝은 반드시 바깥으로 재고, 문설주門設柱는 반드시 안쪽을 재라." 문이 잘 닫히는 차를 만들자는 의도로 내가 만든 구호였다. 제대로 된 문을 어떻게 만드는지도 모른 채, 늘 하던 방식대로 아무 생각 없이 기계적으로 일하는 게 습관이 되어버린 현장 작업자들이 즉시 따라 할 수 있게끔 구호를 만들어 작업라인에 붙여두었다. 자동차 문의 경우, 보통 집에서 여닫는 문처럼 평평하고 넓적한 게 아니라 가운데가 구부러지면서 전체적으로 볼록한 곡면을 가졌다. 집을 지을 때, 평평한 문짝으로도 부드럽게 여닫히게 만들

기가 쉬운 일은 아니지만, 자동차 문짝처럼 곡면이면서 문설주와 힌지hinge
의 위치 잡기가 어렵고, 꼭 닫기면서 방수가 되어야 하고, 오르내리는 유리
창까지 끼운 문을 제대로 달기란 여간 어려운 게 아니었다. 특히 오랫동안
대충대충 해버리는 작업 방식이 몸에 밴 작업자들의 습관을 고쳐가며 제대
로 일을 시켜야 했기에 그 고충은 더 컸다.

조립부의 이 부장과 생산기술을 맡은 이 차장을 불러, 그들이 가진 도면을
도어 제작 현장에서 실제 정확하게 쓸 수 있는 제작도면으로 바꾸는 문제를
상의했다. 아무리 휘청거리는 철판이라 하더라도, 한쪽의 모서리를 기준으로
치수를 재어, 즉시 현장에서 도면과 대조해볼 수 있도록, 제작 기준점을 이동
시킨 도면을 만들어보자 했다. 그렇게 하면 검사도 수월해질 터였다.

얇은 철판도 두세 개 부품끼리 용접하여 상자 모양이 되면, 궤짝처럼 단
단해진다. 문짝은 외판과 내판을 용접하여 만든 것이고, 문설주에 해당하
는 필라Pillar도 철판을 구부려 기다란 궤짝 모양으로 만든 것이므로, 철봉처
럼 단단해진다. 철판 두 개를 서로 접합하는 용접 시, 이들이 각각 제 위치
에 꼭 붙어 있도록, 치구로 단단하게 잡아주며 해야 한다. 이때 만약 치구
로 잡은 위치가 조금이라도 잘못되면, 용접하여 만들어진 마지막 부품의
치수도 맞지 않게 돼버리는 것이다.

문짝이 잘 맞지 않는 이유는, 두 문설주의 폭과 위치가 정확하지 않거나,
문짝의 크기가 일정하지 않을 때, 또는 힌지의 위치가 정확한 제자리에 붙
어 있지 않을 때 등인데, 대개는 세 가지의 요인이 동시에 복합적으로 작용
하게 되는 수가 많다.

용접 접합 시, 오차를 최소화하기 위해 철판을 치구에 물릴 때, 어느 쪽으

로 힘을 주어 클램핑Clamping을 하는지, 각각의 부품마다 기준면을 정해 하나하나 수정해 가기로 했다. 이렇게 하여, 차근차근 개발한 방식을 차체조립의 표준 시방서로 만들어 그때 마침, 새로 준비 중이었던 포니 3도어부터 적용해보기로 했다. 포니 3도어가 완성되자 나는 문짝부터 열어 보았다. 조금 열고 살짝 밀며 닫았을 때의 감촉은, 포니 4도어보다 훨씬 좋아졌으나, 크게 열었다가 닫을 때의 느낌은 별로 나아진 게 없어 보였다. 나도 모르게 고개를 갸우뚱했더니, 기사 한 명이 다가와서 유리창을 내려주었다. 그러자 문이 순식간에 가볍게 닫혔다.

포니 3도어의 앞쪽 문은 표준형인 포니 4도어에 비해서 크다. 그래서 큰 문짝을 확 닫을 때는, 차 내부로 밀려 들어가는 공기의 양이 많고, 이 때문에 순간적으로 차 안의 압력이 높아져서 잘 닫히지 않는 것이었다. 이렇게 큰 문이 잘 닫히게 만들려면, 먼저 문짝을 정확하게 만들고 정확한 위치에 달아야 할 뿐만 아니라, 문을 닫을 때 공기가 순간적으로 밀려 들어가 높아지는 공기압을 내부에서 낮출 수 있는 공기 배출구까지 설계 단계에서 잘 고려해야 할 것 같았다.

포니 3도어에서 경험한 것을 토대로 만든 포드의 마크IV는 현대자동차에서 만든 차로는 최초로 문이 잘 닫히는 차였다. 그 뒤에 나오는 포니2, 스텔라Stellar, 엑셀Excel, 프레스토Presto로 차종이 늘어나면서 점점 도어가 개선되어, 이제는 포니 4도어의 문을 닫듯 세게 닫으면, 쾅 하고 차가 부서지는 느낌이 날 정도가 되었다. 나는 지금도 자동차를 볼 때마다 문을 여닫아 보면서, 잘 닫히는지 여부를 시험해보는 버릇이 생겼다. 살며시 부드럽게 잘 닫히는 차를 볼 때면, 절로 '잘 만든 차로구나', 하는 감탄과 함께 포니를 만들던 당시에 이것을 해내기가 얼마나 어려웠던지를 회상해 보곤 한다.

도장 공장에서는 먼지를 제거하려는 배풍排風 장치가 많다. 공장 안에서 생기는 페인트 가루 먼지, 걸레에서 떨어져 나온 먼지, 작업자 신발에 묻어 들어온 먼지, 그리고 사람의 옷이나 머리칼에서도 먼지가 떨어져서 공장 내부의 공기 중에 떠돌아다니니 그게 말썽이었다. 이 먼지들이 공중에 떠다니다가, 결국 차체 위에도 떨어지고 이런 표면에 페인트칠이 되면 표면이 매끈하지가 않아 칠이 쉽게 벗겨지게 된다. 그래서 먼지가 많이 날 것 같은 장소에서는 배풍기를 달아서 공기를 밖으로 빼낸다. 또 공장에 들어오는 공기는 반드시 필터를 통해 먼지를 거른다. 그러나 도장 공장은, 용접 조립 공장과 의장 공장 사이에 있는 관계로, 차체가 들어오고 나가는 구멍이 있고, 또 작업자용 출입문들도 있어서 먼지가 들어올 여지가 많았다.

이런 상황을 살펴본 나는, 이 부장에게 도장 공장 배풍기들에 의하여 빠져나가는 공기량과 필터를 통해 들어오는 공기량이 같은 온도에서 측정 시, 각각 얼마나 되는지를 계산해 보라고 했다. 공기는 온도가 달라지면 부피가 달라지므로, 같은 온도의 공기량을 비교하도록 한 것이다. 이 부장이 가져온 숫자를 놓고 잘 따져보니, 밖으로 내보내는 공기의 양이 들어오는 공기보다 더 많았다.

"이 부장, 이것 보게. 도장 공장 안으로 필터를 통해 들어오는 공기보다 나가는 공기가 더 많잖아. 공기가 우리 공장 내부에서 따로 더 만들어지는 것도 아니고…. 차이가 나는 공기량만큼, 추가로 들어오는 공기는 필터가 사용되지 않은 구멍이나 문틈 같은 곳에서 새 들어온다는 얘기 아냐? 대체 어디서 들어오는 거야?"

내 물음에 이 부장은 얼굴이 벌게져서 혼잣말처럼 중얼거렸다.

"처음 공장을 지을 때 이런 것은 따지지 않았었습니다. 모자라는 공기는… 뭐 당연히 옆 공장이나 바깥에서 들어오겠죠….."

"뭐라고? 처음에 잘못됐으면 빨리 고쳤었어야지. 그러면 지금까지 전부 그쪽에 있던 먼지 많은 공기가 틈바구니로 유입이 되었다는 얘기잖아. 필터를 통해 들어오는 공기량을 더 늘리든가, 아니면 나가는 공기량을 줄이든가 빨리 어떻게 조치를 해 봐."

"알겠습니다. 연구해보도록 하겠습니다."

"여보게 이 부장, 엔지니어라는 게 남이 하는 걸 보고 그대로 베끼는 사람들이 아니야. 아, 그렇게 할 거 같으면 굳이 회사에서 비싼 돈 주고 공과대학 나온 사람 쓰겠나? 차라리 공고 나온 기능직 사원을 쓰는 편이 낫지. 안 그래, 이 부장? 학교에서 어려운 수학을 풀고 역학을 공부하는 게 다 뭣 때문인가? 머리를 아껴두었다 뭐해? 이럴 때 써야지…."

"아, 예, 알겠습니다. 제가 머리를 잠시 쉬고 있었던 것 같습니다. 곧, 제대로 돌려보도록 하겠습니다. 이제부터라도 다시 잘 생각해보면 조만간 해결할 수 있을 것 같습니다."

이내 정신을 차린 듯한 이 부장이 갑자기 또 여유롭게 대꾸하며 자신 있는 표정을 하며 나갔다. 그는 내 대학 후배였다.

이 부장이 머리를 쓰면 곧 한 가지는 해결될 것 같았지만, 도장 공장의 문제는 이것뿐만이 아니었다. 간단히 말하자면, 철판에 페인트를 칠하기만 하면 되는 깃이 도장이지만, 그 칠하는 작업을 대량으로 제대로 한다는 건 그리 녹록지 않은 문제였다.

20장

페인트 공장의 물

페인트 공장에서 일하는 기사들과 이 과장을 불러 놓고, 그동안 페인트 공장을 조사하고 관련 서적을 통해 느낀 것들에 관한 얘기를 하였다.

"내가 자네들이 일하는 것을 그간 죽 살펴봤는데, 얻은 결론이 자네들은 아는 지식은 많지만, 그게 우리 일에는 별 도움이 안 되고 있다는 거야. 자네들은 '일은 그냥 늘 해오던 방식으로 하면 된다.'라는 생각을 하고 있다고.

내가 무엇인가 질문하면 항상 돌아오는 답변은, '포드에서는 이렇게 하고 있습니다.', '미쓰비시에서는 이렇게 하고 있습니다.', 이런 식일 뿐이야. 도대체 한 번도 정확하게, '이러 이러한 이유로 이렇게 합니다.' 하고 그 근본 원리를 말하는 사람이 없어. 그러니 남들과 비슷한 제품을 만들고는 있지만, 그건 겉모습일 뿐, 실제로는 항상 원본보다 더 못한 걸 만든다는 걸

제2부 도약을 위한 모색　　**211**

아는가?"

언제부터인지, 포니의 계속되는 페인트 문제를 우리가 해결하지 못하는 이유가, 우리 도장 작업자들과 그 책임자들이 페인트의 원리를 근본적으로 이해하지 못해서일지도 모른다는 의심이 들기 시작했다. 그래서, 그 원인과 해결 방법을 내가 직접 나서서 찾아보기로 작정했다. 페인트는 일종의 접착 제이다. 따라서 화학 전공자들의 도움을 얻어가며 해결책을 강구했다, 페인트가 철판에 붙는 이유는 지금까지 학설로 봐서 크게 두 가지로 볼 수 있었다. 하나는 페인트 분자와 철판의 전기 화학적인 끌어당김이고, 다른 하나는 철판의 눈에 보이지 않을 정도의 작은 구멍이나 주름들에 페인트가 스며 들어가 기계적으로 페인트를 붙잡아주기 때문이다. 나는 그들에게 이런 근본적인 문제를 밝히면서 따졌다.

"이번에 내가 페인트 공장을 지켜보니 이건 화학공장 이잖아. 화학공장을 운영하는 요령은, 각 공정의 조건을 항상 일정하게 유지하도록 하는 거 아니겠어? 반응 상태가 가장 좋은 조건으로 말이야." 나는 그들에게 그런 시각으로 우리 공장을 잘 살펴보자고 했다.

가장 먼저 세척 공정에서는, 철판에 묻은 먼지와 기름기를 완전히 제거하는 일이 무엇보다도 중요했다. 산酸으로 기름기를 씻어내고 알칼리로 중화시킨 다음, 물로 깨끗하게 씻어내는 작업이었다. 그다음, 파커라이징Parkerizing 처리를 하게 된다. 철판 표면에 아연처리를 하여 녹을 방지하고, 눈에 보이지 않을 정도의 미세한 주름을 만들어 넣는 과정인데 기계적으로 페인트를 붙어 있게 하기 위함이다. 이 처리에서 중요한 것은 그렇게 주름을 만들 수 있는 용액을 따로 보관할 때에, 오염이 되지 않도록 신경 쓰며 보존하면서,

그 농도를 일정하게 유지하는 일이었다.

그런데 이러한 과정을 현장의 기능직 사원 한 사람에게 맡겨 놓고는, 철저히 관리가 되는지 아무도 신경 쓰지 않고 있음을 알게 되어, 다른 공정 중에도 이와 유사하게 허술한 점들이 있는지 점검하도록 했다. 그다음은 철판에 묻은 파커라이징 용액을 다시 물로 씻어내는 공정이다. 씻어내는 물은 순정한 물 발생 장치에서 걸러낸 물을 이용하게 된다. 이때 주의할 점은 역시 깨끗한 물로 세척을 해야 한다는 것이었다. 그러면 현실은 어떠한가? 물의 청정도 관리가 전혀 안 되는 상태였다. 청정수 발생 장치를 돌리기만 하면 된다는 식으로, 아무도 신경을 안 쓰고 있었고, 이에 대한 관리를 전혀 않더라도 늘 똑같은 청정수가 나온다는 안일한 생각을 하고 있었다.

그런데 물로 씻은 뒤에 건조되어 나오는 차체를 보니, 옅은 색깔의 얼룩무늬가 보였는데, 그건 바로 파커라이징 용액을 씻어내는 물이 순수하지 않다는 증거였다. 또한, 녹스는 것을 방지하는 하도下塗 작업을 하는 전기도장조電氣塗裝組에서도 마찬가지로, 페인트 농도나 청정도 관리가 제대로 되고 있는지 전혀 신경을 안 쓰고 있었다. 이처럼 기본적인 사항들의 관리조차 소홀한 것을 제쳐두고, 이런 도장 방식이 좋다느니, 저런 방식이 좋다느니, 하는 논의는 우리에게 당면한 문제의 해결에 있어, 아무런 의미가 없어 보였다. 아무리 좋은 방식을 쓴다 한들, 그것이 정확하게 관리가 되지 않으면 결국 아무런 소용이 없고, 다른 어떤 방식을 쓰더라도 결코 좋은 도장이 될 리 만무했다.

하도 작업이 된 차체에 물칠을 하면서 샌드페이퍼Sandpaper로 문지르는 이유가, 그다음 칠을 하게 되는 상도上塗가 잘 엮이라고 표면에 흠을 내는 것으로 오인하는 사람들이 있었다. 그러나 하도 그 자체가 상도와 잘 결합할 수 있는 표면과 성질을 가지고 있으므로, 사실은 일부러 따로 흠을 내지 않아도 된다. 하도에서 칠이 울퉁불퉁하게 되어버리거나, 돌출되어 튀어나온 부분이 생긴다면, 이런 곳을 찾아 살짝 닦아내는 정도로 충분했다. 하지만 작업자들이 이것을 모르고 무조건 샌드페이퍼로 박박 문질러대니, 어떤 곳은 철판 밑바닥이 허옇게 드러나기까지 하였다. 현재, 상도나 하도가 잘 되냐 안 되냐를 가름하는 가장 중요 요인은, 철판과 페인트 사이에 먼지나 습기, 또는 손이나 장갑 등 외부의 물품에 묻어있던 기름기가 옮겨 묻느냐, 아니면 깨끗한 상태로 보존이 되느냐 하는 것이었다.

이들 오염 물질은 페인트의 철판에 대한 부착력을 결정적으로 떨어뜨리는 역할을 하므로, 공장의 모든 공정을 점검하여, 이것의 유입과 차체에 묻힘을 방지하고 모든 용액과 공기의 청정 수준을 일정하게 유지하는 조치가 종합적으로 검토되어야만 했다. 육안으로는 깨끗해 보이는 물속에 실제론 여러 가지 좋지 않은 인자들이 많이 있으므로, 현재의 물 처리 과정에 대한 재검토가 있어야 했다. 특히, 배관 파이프의 내부에 평소 이물질이 흘러들어와 관 내부의 벽에 들러붙어 있다가, 어느 순간 갑자기 떨어져 나와 물을 오염시킬 가능성이 커 보였다. 깨끗한 관을 설치한 즉시, 처음부터 물의 정화에 신경 쓰고 관리했어야 했는데 그러지 못한 채, 지금은 이미 배관의 내부가 오염되었을 가능성이 컸다. 따라서 지금은 물을 쓰는 개소에 따라 요구되는 청정도 기준별로, 배관 계통을 조사하여 이것을 근원적으로 고칠 것인지, 아니면 다음 증설 때까지 두었다가 그때 배관 전체를 새로 할 것인지를 판단해보고, 상세한 보고서를 작성해야 했다. 그리고 평소에도 관리적인 측면에서 정기적인 배관 내부 조사가 필요했다.

나의 이러한 생각에 많은 사람이 수긍해 주었지만, 현재 생산 가동 중인 공장에서 갑자기 이런 개선을 한다는 것은 여간 어려운 일이 아니었다. 처음 공장의 기획 단계에서 이런 것들이 미리 고려되었더라면, 힘들지 않게 약간의 추가 비용만으로 다 해결할 수 있었겠지만, 이제 와서 현재 사용 중인 상태에서 전체 배관을 교체한다는 것은 당장 큰 손실을 의미하기 때문에 결코 간단한 문제가 아니었다. 게다가 그러기 위해서는 상당 기간이나 공장을 멈추어야 하므로 현실적으로 아예 불가능한 부분도 있었다. 이 모두가 초기 단계의 계획이 얼마나 중요한지를 새삼 깨닫게 해주는 것이었다. 그럼에도 불구하고 내가 주장했던 것은 '소는 잃었지만, 외양간은 고쳐야 한다'라는 것이었다. 잘못된 곳을 포착했을 땐, 비록 당장 수정은 못 할지라도, 꼭 체크 해두었다가 차후에 있을 확장 공사 때나 기타 수리가 가능할 때에 즉시 반영할 태세가 되어있어야 한다는 점이었다.

내가 현대자동차에 입사하기 전에 전남, 광주, 인천, 서울 보광동의 취수장과 정수장 설비를 설치했었고 시운전까지 하며 종업원들의 교육을 해준 일이 있었는데, 그때 물에 관한 공부를 많이 했다. 그리고 물이 도장에 아주 중요한 역할을 할지 모른다는 것을 의심하고 있었다. 보통, 사람이 마시는 물은 순수한 물이 아니라 미세한 양이지만, 여러 가지 미네랄들이 섞여 있는 혼합물이다. 증류수와 같은 순수한 물은 맛이 전혀 없으므로, 사람들이 마실 때 상쾌하다고 느낄 수 있으려면, 물속에 약간의 미네랄을 첨가해야 한다. 또한, 실제로 하천의 물속에는, 유기질과 무기질 등의 불순물들이 많이 섞여 있는데, 이것을 처리하고 정수를 해도 사람에게 해가 없는 일부 불순물은 그냥 남아 있게 된다. 그리고 물속에는 각종 질소화합물과 유기질, 칼슘, 마그네슘, 나트륨, 철, 망간, 알루미늄, 동, 아연 등이 녹아 들어있다. 공업용수와 음료수의 차이는 이러한 불순물을 어느 정도로 제한하는 가의 차이일 뿐이다. 따라서, 도장 공장으로 들어오는 용수에 이러한 불순물들이 충분히 걸러지지 않은 채, 차체 세척에 사용되고 있다면 차체 표면에 남아 있게 되는 불순물 때문에 페인트의 부착력이 약화 될 수도 있었다. 이러한 부분부터 철저히 조사해야 도장 문제를 근본적으로 해결할 수 있을 것 같았다.

자동차의 도장은 여타 공업 제품보다 훨씬 어렵다는 것이 도장 전문가의 의견들이었다. 도장은 상품을 아름답게 보이기 위한 수단인 동시에 철판에 부식腐蝕을 막는 방청제防錆劑 역할도 한다. 냉장고 같은 가전제품의 경우는 일정한 온도에서 보관되며, 자동차와 같이 외부에서 온도 변화나 충격을 받는 일이 없어서, 한번 칠한 도장이 몇 년이고 변하지 않고 오래 간다. 이에 비해 자동차의 경우, 처음에 아무리 색이 곱더라도 한여름 이글거리는 태양열에 장시간 노출되어 달아오르고, 한겨울에는 꽁꽁 얼어붙는 강추위에 노출되어 극심한 온도 변화를 겪는 사이에 색이 바래기 쉽다. 또 눈덩이가 차체 표면에 달라붙어 얼음이 붙은 채 바람을 맞으며 달리고, 얼음을 제거할 때는 제거 기구의 거친 충격에 버텨야 하고, 도로를 달릴 때 날리는 모래와 바람의 충격을 끊임없이 받아내야 하므로 그 표면에 흠집은 물론이거니와, 부착력에도 이상이 생기기 쉽다. 특히 중요한 것이 페인트의 부착력이다. 이것이 약하면 페인트가 늘어진 후 공기가 들어가고, 열기로 부풀어 올라 곧 벗겨진다. 또 페인트가 벗겨진 작은 틈으로는 빗물이 들어가 페인트 아래쪽에서 녹이 생기게 되어 페인트의 부착력은 급속히 하락하게 된다.

그래서 나는 물에 대하여 알고 있는 기본 지식을 도장부 직원 모두에게 설명해주었고, 그들에게 구태의연하게 말뿐인 도장 전문가에 머물지 말고, 우선 현재 설치된 기존 설비의 문제점을 찾는 비평가적 시각을 갖추고, 매사에 있어 항상 문제의식과 함께 공정 전체를 꼼꼼히 살펴보도록 지시했다. 그러나 당시로는, 라인을 잠시도 멈출 수 없는 생산 일정 등, 여러 가지 사정으로 인해, 나의 말이 현실성 있게 받아들이기 어려운 면이 있었다.

1980년 말, 현대자동차를 그만두고 쌍용 중공업에서 일하기 시작하던 1981년 즈음, 마침 창원 공단에 있는 협력 공장에 출장 나왔던 이 부장이 나를 방문하여 이렇게 말했다.

"전무님, 그때 물이 중요하다고 강의하셨잖아요? 그때 전 그냥 그저 그런가 보다, 하고 대수롭지 않게 듣고 있었는데, 이번에 그걸 뼈저리게 깨달았습니다. 일전에 공장의 정수 처리 시설이 딱 하루 잘못되는 바람에, 수출 차량 300대를 재도장하는 큰 사고가 있었습니다. 전량 시트를 떼어내고, 모든 부품도 다 떼어내 분해하고, 차체에서 칠을 다 벗겨내고 다시 칠하느라 아주 큰 애를 먹었습니다. 그래서 이번에는 30만대 증설 계획의 초반부터 용수 계통을, 전무님 말씀하신 대로, 철저하게 검토해서 계획을 정확하게 세우려고 단단히 준비 중입니다."

"호오~ 그런 일이 있었어?"

나는 짐짓 아무 일도 아니라는 듯 말했지만, 내심 감개무량했다. 이제 드디어 이 부장이 깨닫기 시작한 것이다. 당시에는, 다들 그냥 자동차 페인트는 햇볕을 받으니 원래 솟아오르고 벗겨지는 건가 보다, 하고 별로 관심을 안 두더니 이제 큰 사고를 당하여 발등에 불이 떨어지니 뜨거운 맛을 안 것이다. 지금이라도, 그 트러블의 원인이 물 문제였다는 사실을 빨리 알아챈 것만 해도 내 교육이 마냥 헛되지는 않았다는 생각에 보람을 느꼈다.

다시 칠하느라 고생한 300대는, 완벽한 30만대 공장을 세우기 위한 수업료라 생각한다면, 크게 아까워하지 않아도 될 듯했다.

21장

일하기 편한 직장

"여러분을 여기에 모이게 한 것은 여러분의 일터를 보다 일하기 편한 곳
으로 만들기 위해, 여러분의 의견을 듣고자 함입니다. 그간 김 기사가 현장
에서 여러분 한 사람, 한 사람이 온종일 어떻게 움직이고 있는가를 관찰하
여 발견한 것은, 여러분이 하루 평균 20㎞를 걷고 있으며, 또 무거운 짐을
운반하고 있다는 사실입니다. 지금은 그래도 하루 300대 정도만 생산하고
있으니까 그만큼만 걷고 있습니다만, 앞으로 공장이 더 확장되어 하루에
500대, 1000대 생산하게 되는 날에는, 인원이 물론 늘어나기는 하겠지만,
여러분이 움직이는 거리 또한 상당히 더 늘어날 것입니다.

여러분들이 움직이는 거리의 절반은 빈손으로 부품 집으러 가는 것이고,
나머지 절반은 약 20㎏의 부품을 다시 들고 걸어오는 것입니다. 김 기사는
이번에 새롭게 기계 위치를 바꾸어보려고, 기계 재배치 계획안을 만들었습

제2부 도약을 위한 모색   **219**

니다. 그 안案대로 고친다면 여러분들이 걷는 거리가, 평균 3분의 1 이하로 줄어들게 됩니다. 제가 보기에는 아주 좋은 계획안 같이 느껴집니다만, 실제로 일하시는 분들이 내용을 살펴보시고, 다른 불편한 점이 또 없겠는지 의견을 말씀해주시면, 그것을 최대한 반영하여 더 일하기 편하게 해드리겠습니다."

이야기를 마치고 좌중을 둘러보니, 40세가 조금 넘어 보이는 조장과 열두 명의 조원들 얼굴이 모두 한결같이 어둡고, 의심의 눈빛마저 역력해 보였다. 그들은 지금까지, 기존 이미 만들어진 라인에서 그냥 시키는 대로만 일해왔지, 자기들 손으로 스스로 라인을 만들어본다든지 하는 개선의 경험은 전무全無했다. 그러니 뜬금없이, 그들의 의견을 듣고 참조하여 라인을 고치겠다는 중역의 말에 뭔가 다른 꿍꿍이 속셈이 있지 않을까, 라는 의심이 들고, 표정이 밝지 않은 게 어찌 보면 당연한 노릇이었다.

김 기사는 그들 앞으로 나가, 칠판에 두 장의 큰 종이를 붙이고 설명을 시작했다. 한 장에는 현재 조립 라인의 기계 위치와 부품의 배치 상황 및 각 작업자가 어떻게 움직이고 있는지 그 동선이 기록되어 있고, 또 다른 한 장에는 새로운 배치 계획안으로서, 재배치하게 될 기계의 위치와 부품의 위치가 표시되어 있었다. 현재 용접 조립공장의 주 조립 라인은 직선으로 배열되어 있었으나, 중간에 더 작은 부품을 조립하는 라인들은 용접기의 배치가 직선으로 되어있지 않은 것이 대부분이었다. 이것을 고쳐보려고 나는 기존의 기사들에게, 작업라인은 되도록 직선으로 해서 가공품의 운반 거리를 최소한으로 줄이라고 했다. 그러나 그들이 금세 이해를 못 하는 바람에 할 수 없이 이 부장에게 두 가지를 부탁했다.

첫째, 그해 신입사원 한 사람을 내게 내어주는 일이고, 또 하나는, 그 신입사원을 데리고 내가 직접 시범적으로 기계 배치를 할 수 있게 자그마한 부품 라인을 골라 달라는 것이었다. 이 부장은 신입사원 김 기사를 내게 보내주었고, 엔진 컴파트먼트Engine compartment에 들어가는 작은 부품 조립 라인을 내게 내어주었다. 나는 신입사원인 김 기사를 훈련해가며, 이 작은 부품 조립 라인을 일하기 편한 곳으로 개조, 시범을 보일 생각이었다. 새로운 방식을 도입하는 데는, 기존 방식이 머리에 굳게 박힌 경력사원보다는, 경험이 아예 없는 신입사원 쪽이 훨씬 더 순수하고 흡수가 빠르다는 것이 나의 평소 지론이었다. 그래서 엔진공장도 무경험자들로만 훈련했던 것이었다.

신입사원 김 기사에게 기본 개념을 알려주고는, 어렵게 생각 말고 우선 공정을 파악한 뒤에, 기계들을 직선으로 배열할 것을 지시했다. 기계와 기계 사이는 부품을 쌓아놓지 못하도록 간격을 없애버렸다. 그리고 용접에 들어가는 너트 및 부자재 같은 부품 관련해서는, 그것을 필요로 하는 장소 바로 가까이에 운반 용기를 갖다 놓도록 지시했다. 이전까지 부품을 담은 용기들의 위치는, 라인 바깥에서 관리자들이 지나치며 이쪽을 쳐다볼 때 보기 좋도록 일렬로 정렬되어 있었고, 작업자들은 그곳까지 죽 걸어가 몇 개씩 집어 운반해 온 다음, 기계 사이에 잠시 쌓아놓고 일을 했었다. 기계와 기계 사이에는 그러한 부재 외에도 반가공된 부품들이 무질서하게 쌓여있는 바람에 통로가 막혀있어서, 그것을 피해 사이를 걸어 다니는 것이 상당히 복잡하고 시간이 오래 걸렸다. 작업자들이 실제 사용에서의 효율성 등을 고려하지 않은 채, 그냥 뚝뚝 떨어져 있던 기계들 사이 간격을, 운전자가 작동할 최소 공간만을 남기고 바짝 줄임으로써, 가공 중인 부품이 중간에 쌓여 잠자는 공간과 쓸데없이 움직이는 시간을 근원적으로 없애고, 한 공정이 끝난 부품은 바로 다음 공정에 들어가도록 하자는 것이었다. 그렇게 함으로써 전체적인 운반 거리가 줄어들 뿐만 아니라, 기계들 사이의 공간에 일시적으로 쌓이는 반가공 부품들을 없앰으로써 결국 이를 내렸다 들었다를 반복하는 노동도 줄어들게 된다.

자동차의 차체 껍데기 즉, 외곽Shell을 이루는 구조는 전부 얇은 철판으로 되어있다. 0.7~1.2mm의 얇은 철판을 프레스로 눌러 모양을 잡고 둘레를 자른 후, 이렇게 만든 부품들을 용접으로 붙여 만든다. 용접은 점용접點鎔接으로, 붙이려고 하는 두 장의 철판을 겹쳐두고 지름 3~5mm의 구리로 만든 전극을 양쪽에서, 압력과 함께 눌러주면서 전기를 통하게 하여 저항 열을 발생시켜 두 장의 철판이 그 전극 부분의 점에서 녹아 붙게 만든다. 넓은 면을 따라, 튼튼한 접합이 되게 하도록, 때로는 커다란 철판을 타고 빙빙 돌며 용접기를 옮겨가며 부품당 십 수 개소의 정확한 지점에 용접하기도 하는 노동집약적인 일이다.

철판 한 장짜리는 휘청거리고 약하지만, '포밍Forming'이라고 하는 뚜껑이 없는 얇은 작은 상자의 형태로, 평평했던 철판의 중간을 눌러 각을 주게 되면, 처음에는 종잇장 같던 철판도 휘청거림이 줄어들게 된다. 이런 포밍은 프레스 기계로 철판을 눌러, 부품의 모양을 만들 때 함께 눌리어 형성된다. 이렇게 포밍이 형성된 철판은, 이제 낱장이라도 휘청거림이 감소하게 되는데 이는, 얇은 종이일 때는 휘청거려도 상자가 되면 단단해지는 원리와 같다. 이런 식으로 포밍과 함께 만들어진 낱장의 부품을, 또 다른 포밍이 포함된 철판 재질의 부품과 여러 장 더해 점용접으로 붙이고 나면, 최종적으

222

로는 매우 튼튼해져서, 이 부위에는 엔진이나 바퀴같이 큰 하중이나 뒤틀림이 가해져도 견딜 수 있게 된다.

이처럼 철판으로 붙여 만든 차체 부품들을, 서로 연결하고 용접하여 자동차의 바닥Floor을 만들고, 여기에 양쪽 벽Side frame을 용접한 후, 천장Roof을 용접하면 자동차 외곽의 뼈대가 된다. 여기에 엔진 컴파트먼트를 덮는 본네트와 짐칸의 트렁크 뚜껑을 달면 자동차의 외곽이 완성된다.

모든 철판 부재는, 프레스부에서 눌러 제작하거나, 작은 부재일 경우, 협력 공장에서 눌러 만들어 들어오는데, 모두 지게차로 실어 나르기 좋도록 큰 용기에 담아 가져온다. 용접할 부재를 이 용기에서 작업자들이 일일이 꺼내 작업을 해야 하므로, 용기가 멀리 있으면 작업자에게는 부재 운반이 용접하는 일보다도 더 큰 일이 되고 만다. 이런 내용을 작업자들에게 상세히 설명한 뒤, 김 기사는 작업자들에게 김 기사가 미처 예상 못 했던, 발생 가능한 다른 문제점에 관해 물었다.

처음에는 어두운 표정으로, 어쩔 수 없이 듣는 듯한 표정이던 작업자들이 김 기사의 진정성 있는 이야기가 계속되다 보니 어느 순간부터인가 마음을 열고, 각자의 담당 기계 작업 시 일어날 수 있는 불편에 대해 늘어놓기 시작했다. 30대의 아주머니도 두 명 있었는데 그들은 주로 부품을 날라다 주는 일을 하고 있었다. 그들도 자기가 나르는 부품의 위치를 확인하며 깊은 관심을 가지고 생각 중인 것 같았다. 김 기사는 그들의 의견을 하나도 빠짐없이 기록하고는, 그것들을 고려해서 계획안을 수정하겠다고 했다. 그동안 작업장은 작업자들의 편의보다는, 사 측의 일방적인 결정에 따라 조성되어 왔고 또 작업자들은 그에 무조건 따르게 되어있었다. 그런데 이제부턴 양측의 소통과 협력을 통해, 작업자들 스스로가 판단하여, 일하기 편한 환경으로 만들어가자는 우리의 제안에 그들이 동의한 것이다. 앞으로 우리 작업장은 이 전보다 훨씬 더 일하기 좋은 멋진 공간으로 개선될 것이다. 이 모든 제안에 공감해주고 동의해준 그들에게 난 진심으로 감사를 표했다.

"오늘 모두 열심히 의견을 내어줘서 대단히 고맙습니다. 그런데 방금 김 기사가 만든 계획안이나 여기서 여러분들이 해주신 제안이나 아직은 모두 종이 위에서 하는 말들일 뿐입니다. 곧 실제로 이 안※대로 기계를 배치하고 일하다 보면, 또 다른 예상치 못했던 문제가 많이 일어날 수 있습니다. 일하다가 조금이라도 불편한 점이 있으면 말씀해 주십시오. 저도 매일 나와보겠습니다만, 김 기사는 항상 여러분 곁에 있도록 할 것이므로, 그에게 다시 지적해 주시면, 그때도 의논해서 또 함께 고쳐나가도록 합시다.

여러분들이 일하기 편해야 생산 능률이 올라가고, 품질에도 신경 쓸 여유가 생길 것이므로, 이렇게 점점 편한 직장으로 만드는 게, 바로 회사가 원하는 방향이기도 합니다. 아무쪼록 우리 모두 함께 힘을 합쳐, 이곳을 일하기 편한 직장으로 만들어 나갑시다."

김 기사는 바로 다음 날 착수하여 사흘 안에 기계 배치를 끝내고 새 라인을 만들었다. 나는 시간이 있을 때마다 현장에 나가, 일하는 사람들과 대화를 나누며 불편한 것이 없는지를 확인했다. 몇 군데 불편하단 곳을 고쳐가며 한 달이 지났을 무렵, 방문하여 작업반의 조장에게 물어보았다.

"라인을 새로 고치고 일을 해보니 어떻습니까? 바꾸기 전보다 좀 편해지신 것 같습니까?"

조장은 별로 신통치 않다는 표정으로 대답했다.

"뭐, 어차피 공장 안에서 똑같이 일하는데 달라질 게 뭐 있겠습니까? 똑같이 하루 8시간 꼬박 서서 일하는 건데…"

그러더니, 지나가는 말투로 한마디 덧붙인다.

"아, 근데 한 가지 달라진 게 있긴 있어요. 전에는 집에 가면 저녁 먹고 신문을 한 장 읽으려고 들고 있다 고단해서 바로 잠이 들어 버렸는데, 요즘엔 저녁 먹고 동네 한 바퀴 돌 기운은 남게 되었어요."

"그럼, 결국 조금 편해졌다는 말 아닌가요?"

"어, 그런 모양이죠? 겨우 그놈에 철판 쪼가리 조금 들고 다니던 것을 줄인 것뿐인데 그런 차이가 난다는 게 믿어지지 않네요.

그게 보기보다 힘든 일이었던 모양이죠?" 조장은 멋쩍은 듯 씩 웃으며 말을 마쳤다.

이번의 시범적인 작은 작업라인 개조로 인해, 작업자들이 편해졌을 뿐만 아니라, 작업장의 바닥 면적도 많이 축소되었다. 애초에 150평 면적이 120평 정도로 줄게 되자, 남는 공간에 책상과 의자를 놓고 분임조 활동의 회의 장소로 만들어, 쉬는 시간에 틈을 내어 분임토의를 할 수 있게 되었다. 김 기사의 작은 시범라인이 성공적인 결과를 내게 되자, 나는 전체 생산부서 관련 직원들을 모아놓고, 김 기사에게 그가 어떤 방식으로 라인 개조를 했으며, 또 어떤 좋은 효과가 발생했는지를 발표하게 하였다. 그의 발표는, 생산 기술자는 어떻게 해야 하는가에 관한 나의 몇 시간에 걸친 지루한 설명보다 훨씬 더 효과적으로 그들을 이해시켰다. 그리고 틈나는 대로 모두 각자 개조한 작업라인을 서로 방문하게 하여 달라진 작업 광경을 보게 하였다. 그것을 기화로 각자 책임진 라인을, 전체 생산 일정에 차질이 없는 한

제2부 도약을 위한 모색　225

도 내에서, 기회가 생길 때마다 한 부분씩 개조하여 작업자들이 작업하기에 편한 환경이 되도록 지시하였다. 그리고 이렇게 만들어 놓은 거라도 끝까지 고수하지 말고, 사용 중 불편 사항이 생기면 언제든 그때그때 편하게 고쳐 쓸 수 있는 유연한 사고방식을 갖도록, 평상시 분임토의를 통해 발의와 토론을 계속하도록 하였다.

한국 사람은 머리는 좋은데 끈기가 지나치게 강한 게 흠이 아닐까 생각한 적이 있다. 불편한 일들을 조금만 머리를 쓰면 편하게 고칠 수 있을 텐데도, 너무 인내하고 참아내는 경향이 있기 때문이다. 지금도 가끔 창원에 있는 공장들을 둘러볼 기회가 있어 살펴보면 작업장에서 그런 일들이 심심찮게 눈에 띄곤 한다.

현대자동차 입사 전, 서울시 용산구 보광동 수원지의 펌프를 수리할 때였다. 길이가 20m를 조금 넘는 수직형 펌프였는데, 처음에 잘못 설치되어 모두 망가져 버려, 그것을 공급한 미국 회사의 기사와 함께 분해하여 새 부품으로 갈아 끼우고 다시 설치하는 일을 했었다.

지름 60cm 굵기의 송수관이 수직으로 수면에 설치된 곳이었다. 수직 펌프의 모터는 취수장 마루에 설치되어 있고, 펌프 장치가 되는 물을 뽑아내는 날개 자체는 그보다 22m 아래에 있는 물속에 잠겨 있었다. 송수관 중앙에는 지름 10cm의 구동축이 있어서 펌프 모터와 날개를 연결하고 있었다. 구동축은 길이 6미터짜리 세 개와 4미터짜리 한 개가 직렬로 길게 연결이 되는 구조였다. 구성되는 짧은 축들의 양 끝은 파이프 자체에 나사산을 만들어진 구조였다. 즉, 한쪽 축의 암나사와 다른 연결축의 수나사가 결합하는 커플링Coupling으로 연결 짓는 구조였다.

이 구동축은 900마력 커다란 모터로 구동되므로, 모터의 힘으로 돌아갈 때마다 구동축 파이프의 연결 부위인 커플링은 점점 더 조여지게 되어 수리할 때 축을 풀려면 아주 큰 힘이 필요했다. 보통 우리가 하는 방식은, 파이프렌치 네 개를 물린 후, 각 파이프렌치마다 긴 손잡이가 될 파이프를 끼워서, 한 개의 파이프렌치 당, 두 사람씩 모두 여덟 명이 매달려서 온 힘을 다해 돌리는 것이었다.

그런데 미국에서 온 설치 기술자는 이것을 다른 방식으로 아주 편하게 푸는 것이었다. 1미터짜리 파이프렌치 두 개를 풀어야 할 상하 축에 60도쯤 되는 각도로 물려 놓고, 렌치의 자루 양 끝을 체인 통Chain tong이라는 체인을 당기는 장치로 연결하여, 한 사람이 혼자 체인을 당겨 축을 돌릴 수 있도록 꾸몄다. 그리고는, 다른 한 사람은 산소 용접 하는 데 쓰는 토치로 커플링 표면을 가열하여 그것을 팽창하게 하였다.

우리가 여덟 사람이 끙끙대며 40분 걸려야 할 일을 미국인 설치 기술자는 두 사람이 10 여분 만에 쉽게 끝내버렸다. 우리가 보통 10명이 사흘 걸리는 펌프 수리 일을 그들은 7명이 하루 만에 끝낼 수 있으니, 펌프 9대를 수리할 때의 수익으로 체인 통과 파이프렌치 여러 개를 더 살 수 있을 만큼 수익을 냈다. 인건비 절약은 물론이거니와, 일의 능률 면에서도 보다 편하고 빨리 마치는 효과가 있었다.

이 장면을 입을 딱 벌리고 본 나는, 머리를 쓰지 않고 그저 땀 뻘뻘 흘리며 무작정 열심히만 한다고 다 좋은 게 아니라는 사실을 절실히 깨달았다.

이날 이후, 힘든 일을 대할 때마다 좀 더 쉽고 편하게 해결할 방법은 없는지를 모색하게 되었다. 그런 생각으로 현장을 둘러보니, 우리의 일 중, 개선해야 할 많은 점이 눈에 들어오기 시작했다. 외국에서 발달한 자동 제어와 여러 가지 자동 기계를 잘 생각해보면, 귀찮아도 참고 그저 꾸준히 같은 일을 되풀이하는 사람들이 만들어낸 것이 아니라, 오히려 그와는 반대로 조금이라도 일을 편하게 하려고 머리를 짜내고 더 나은 대안을 궁리한 사람들에 의한 것이다. 따라서 우수한 두뇌의 우리 한국인들도 이러한 시각에서 초점을 맞춘다면, 틀림없이 곧 어떤 외국인들보다 더 멋지고 훌륭한 것을 만들어 낼 수 있을 것으로 믿는다.

현대자동차에서 일한 마지막 해였던 80년도에, 내가 공장의 모든 기술자와 관리자들에게 심어주려고 노력한 점이, 바로 이렇게 머리를 쓰는 방향으로 사람들을 유도하는 것이었다. 작업자들이 일하기 쉽고 편한 공장을 만들어주는 것이 결국, 생산성을 높이고 품질도 높이는 효과를 가져온다. 따라서 생산라인을 책임지는 관리자들은, 작업라인에서 일하는 사람들이 편해질 수 있도록 끊임없이 머리를 쓰고 노력하는 것이 결국 세계에 경쟁력이 있는 품질 좋은 차를 만드는 길임을 명심해야 한다.

22장

1만 명이 한 사람같이

　토요타 자동차의 가토우加藤誠之 회장이 현대자동차의 울산 공장에 방문
한 것은 1979년 8월 16일이었다. 그가 한국의 자동차 공장을 찾아온 진짜
이유는 알 수 없지만, 그를 안내하고 대담하는 동안 재차 확인하고 깨달은
것이 하나 있었다. 자동차 공장 운영에서 가장 중요한 것 중 하나가 훌륭한
관리 시스템과 이것의 철저한 관리라는 사실이었다. 그 무렵, 토요타가 대
만의 자동차 회사와 합작할 것이라는 소문이 일본과 한국의 신문에 심심찮
게 나고 있었다. 그 일에 대해 알고 싶어 화제를 그쪽으로 돌렸다.

　"회장님, 대만과 합작 하실 것이란 말을 들었습니다만, 대만이 본격적으
로 자동차 생산에 뛰어들면 한국을 앞지르는 것은 시간문제 아닐까요? 그
들의 부품 공업은 제너럴 모터스나 포드에 납품하고 있을 정도로 이미 상
당한 수준인데 그에 비하여, 한국은 아직 부품 때문에 고생하고 있잖습니

제2부　도약을 위한 모색　**229**

까?"

가토우 회장은 웃으면서 고개를 가로저었다.

"아니에요, 귀국에 비하면 대만은 아직 까맣게 멀었어요. 당신은 아까 연간 생산량 5만 대에서 10만 대로 올리는 데 아주 애를 먹었다는 말을 했지요? 적어도 당신들은 자동차를 양산한다는 것이 무엇인지 알고 있다는 이야기가 되는 거죠. 대만에 가서 그쪽 사람들과 이야기를 해보면, 20만 대 공장, 30만 대 공장을 너무 아무렇지도 않게 하자고 해요. 그런데 이것은 자동차 산업에 대해 너무 모른다는 뜻이기도 한 거죠. 그러니 겁이 나서 그런 사람들과 같이 일할 수 없어요."

대만이 본격적인 자동차 공장을 세운다는 말은 여러 해 전부터 있었지만, 아직 그것이 실현되고 있지 않은 것이 바로 이런 이유인 때문인지도 모르겠다. 그만큼 자동차 공장에서는 대량의 작업과 인원을 효율적으로 관리하는 기술이 극도로 중요하고 필수 불가결한 것이었다. 2년 전, 1977년도 한창 공장 확장으로 마음이 부풀어 있을 때, 미쓰비시에서 나를 염려해주는 사람들이 이구동성으로 충고해준 말은 바로 이런 것이었다.

"연간 생산량에 동그라미 하나가 더 붙게 되면, 관리에 대한 개념을 완전히 뜯어고치지 않으면 안 돼요. 일본 회사들도 전부 다 겪은 것이랍니다. 연간 7천 대에서부터 5만 대 정도로, 그리고 거기서 다시 20만 대로 올렸을 때 전부 말할 수 없는 고생을 해야 했고, 다시 연간 생산량 100만 대에 육박했을 땐, 회사의 전체 조직을 다 뜯어고쳐 아예 새로운 회사로 다시 태어나는 듯한 변화를 겪었으니 알 만한 일 아니겠습니까? 연간 생산량이 10만 단위만 되어도, 이때부터는 사람을 단위로 관리하는 시스템이 안 돌아갑니다. 시스템을 만들고 그 시스템을 단위로 관리해야지, 개별 인원을 직접 관리하려다 보면 공장 전체가 다 돌아가지 않게 된답니다."

이런 충고를 듣고, 내가 관장하고 있던 부문에 여러 가지를 미리 준비하려고 했으나, 정작 그 말이 뜻하는 바가 무엇이었는지는 나중에 당하고서야 비로소 깨달을 수 있었다. 현대자동차의 의장 조립 라인 같은 데서는 용량을 연간 10만 대로 늘린 후 처음 몇 달간은, 연간 5만 대였을 때보다도 오히려 생산속도가 더 떨어질 만큼 능률이 오르지 않았고, 품질 문제 또한 매일 되풀이되고 있었다.

마크IV가 생산된 것이 이 무렵이었다. 이 차의 여러 가지 문제점을 종합적으로 생각해볼 때에, 겉으로 드러나는 품질 문제의 수면 아래에는, 연간 10만 대의 시스템을 도입해 두고도 연간 5만 대였을 때 쓰던 관리 수법을 고수했던 것이 근본적인 원인으로 커다랗게 잠재하고 있을 것이라는 확신이 들었다.

1980년도에 들어 생산본부 부본부장이라는 직책의 공장장인[1] 내가 가장 힘을 쏟았던 분야가 관리 시스템의 개선 문제였다. 생산과 직접 관련된 주요 관리에는 공무, 기술, 자재, 생산, 품질의 5가지가 있었는데, 특히, 기계 설비의 유지 보수를 하는 공무부에서는, 기계가 고장으로 멈추어 있는 시간을 최소화 시키는 체계화된 시스템이 필요했다. 이것을 위한 기초작업의 시작은 1978년부터였고, 전기, 전자, 유압, 공기압에 쓰이는 각종 부품의 표준화 및 공장의 주요 설비의 도면을 마이크로필름화하는 것이었다. 고장이 났을 때 즉시, 전체적인 배선 배관의 흐름을 계통적으로 찾아보기 쉽게 하기 위해서였다.

---

[1] 공장장: 생산본부 본부장은 서울 본사에서 근무하는 사장직이었으므로, 부본부장인 공장장이 당시 현대자동차의 유일한 공장인 울산 공장의 모든 업무를 책임지는 가장 높은 직위였음.

방대한 설비의 기초 자료 제작이야말로 설비의 사전점검, 보수 못지않게 중요한 일이라 생각했다. 수시로 확장되고 대체되는 설비 관련 자료를, 입수하는 족족 정리해 가는 체제 없이는, 공장의 적절한 유지 관리가 불가하다는 판단에, 조 부장을 시켜 기틀을 만들어나갔다.

기술 관리는 이미 기술 센터에서 조직을 만들어 운영하고 있었다. 도면을 처음 제작하는 기술관리부 중심으로 부품표를 통일하고자 하였으나, 제품의 부품표는 현재 업무상, 생산 부서와 자재 부서 양쪽에서 각각 관리해오고 있었기 때문에 이것을 통합하여 하나의 관리 체제를 만들기란 여간 어려운 게 아니었다.

언뜻 보면 자동차는, 몇 안 되는 차종을 대량 생산하는 것처럼 보인다. 하지만 알고 보면 그리 단순한 것이 아니다. 포니원 하나만 보더라도, 1200cc, 1400cc 등, 엔진 크기가 다른 것이 있고, 표준형의 4도어 세단, 3도어, 또 픽업이 있으며, 수출하는 나라마다 해당 국가의 법규나 기온 등에 따른 부품 변경과 추가가 있었다.

그에 더해, 표준형, 딜럭스형, 택시형 등 용도별 고급사양仕樣 차별화에 따른 부품의 차이도 있었다. 시트 및 내장의 컬러를 차체 컬러에 맞춰 조합을 다르게 하면, 고급사양들도 이에 따라 컬러별로 따로 조합을 이루는 부품의 종류까지 맞추어야 하므로, 관리해야 할 부품의 숫자는 기하급수적으로 늘어나게 된다.

하나의 조립 라인에서 하루 300~400대의 자동차 조립으로, 이같이 수많은 조합으로 포니와 마크IV가 함께 뒤섞여 생산한다는 것을 상상해본다면, 이것이 단순한 대량생산이 아님을 알 수 있을 것이다. 굳이 명명한다면,

'다품종 대량 생산'이라고나 할까? 생산라인의 관리가 일반적인 소품종 대량 생산라인의 개념과는 전혀 다르기 때문이다.

그뿐만 아니라, 자동차라는 상품은 살아 움직이고 자라는 물건과 같아서 겉보기엔 늘 같아 보여도, 자세히 들여다보면 수시로 바뀌고 있다. 기술센터에서는, 자동차의 성능을 향상 시키거나, 일부 부품의 취향을 바꾸기 위해 설계 변경을 하게 된다. 또한, 설계 변경은 생산 부서가 제조과정에서 작업의 편의성을 위해, 혹은 품질 규격의 차이로 변경을 요청할 때도 있고, 협력업체가 재질이나 형상 변경을 자재 관리 부서를 통해 요청하여 이루어지기도 한다. 품질관리부가 고객의 불만을 처리하는 과정에서 요청하는 때도 많다. 이렇게 하여 부품 하나가 설계 변경되면, 그것을 부착하기 위한 여러 가지 부품의 변경도 동시에 이루어져야 한다.

자동차의 부품 수를 대략 1만 5천 개로 보면, 그 부품 모두가 수시로 변경될 가능성이 있다고 보아야 하며 실제로 크고 작은 변경을 합하면, 한 해에 약 3천 건 정도의 변경이 일어나고 있다. 이러한 변경이 일어날 때마다 생산 부서와 자재 부서는 현재 생산하고 있는 차의 흐름을 방해하지 않고, 어느 차부터 적용할 것인지 협의하여 미리 결정하여야 한다. 그리하여 정해진 차에서부터 새로운 부품이 부착될 수 있도록, 자재 발주를 하고, 생산 부서는 그것에 맞는 공구준비와 작업자 교육을 하는 등, 관련되는 전 부서가 서로 맞물려 돌아가는 톱니바퀴처럼 협력하여, 한 몸처럼 움직여야 한다. 부품이나 공정의 변경을 적용하는 시점의 관리는 어느 자동차 회사에서나 다 하는 것이지만, 생산량이 증가하고 인원과 조직이 확대되면, 여간 어려워지는 게 아니었다.

제2부 도약을 위한 모색　233

자재 관리나 생산 관리의 가장 기본이 되는 것이 부품표다. 앞에서 설명했듯, 차종별로 조금씩 다른 부품표가 만들어져, 필요한 자재는 그것을 기준으로 발주되는데, 한 개의 부품이라도 발주되지 않았거나, 변경 전의 부품이 발주되어 나갔을 시, 자동차 생산은 즉시 중단되고 만다.

따라서 자재 관리와 생산 관리는, 기술 관리와 일체가 되어 늘 움직이는 시스템이 만들어져, 그것이 기계처럼 자동으로 움직이도록 해야 할 필요가 있었다. 하루 150대에서 200대를 생산할 때는, 조립 라인 옆에 하루 동안에 사용될 부품들을 쌓아놓고 일해도 무방했다. 그때는 조립 공장 옆에 창고가 있어 이틀 정도의 부품을 가지고 있었다. 그런데 하루 300대를 조립하려면 이것을 놓을 장소도 당연히 늘어나야 한다. 이런 식으로 생산공장의 확장에 비례해 창고를 늘린다면, 연간 30만 대가 되는 날에는 창고만 해도, 일반적인 협력업체 전체 공장 만한 크기가 되어야 할 것이며, 거기에 드는 자금도 막대하게 들 것이다.

이것은 군밤을 까먹고 난 뒤 껍질의 양이 먹기 전보다 분량이 점점 커지는 것으로 생각해보면 이해하기 쉽다. 완성된 차보다 부품이 차지하는 공간이 점점 커짐으로써 작업에 방해가 되고, 필요한 부품을 꺼내오고 채워 넣는 일이 점점 많아지면 창고 관리에도 더욱 신경 써야 해서, 전체적으로 업무의 효율성이 크게 떨어지게 되는 것이다.

특별소비세 등 우리나라 특유의 중간 세금을 공제하고 난, 포니의 판매가를 280만 원이라고 가정할 때, 하루 300대를 생산하는 공장에서 필요한 자재 사흘분을 쌓아두고 있는 경우, 얼마만큼의 자금이 공장에 쌓여서 쉬게 되는가를 간단히 계산해보면 다음과 같다. 자재비를 판매가의 약 60%

로 잡으면 한 대당 168만 원이 된다. 이것을 900대분 쌓아놓는 것이니, 15억 원(현재가치약151억원)이 넘는 액수가 된다. 실제로는 자동차 부품 중 값이 비싼 차체, 엔진, 트랜스미션, 리어 엑슬 등은 공장 내에서 제작하고 있고, 그것에 들어가는 원재료는 한 달분 정도의 수입한 재료를 포함해서 가지고 있어야 하므로 이 자금은 훨씬 큰 것이 된다.

자재와 생산관리가 최적화되면, 이것을 일본처럼 1시간분 미만으로 줄일 수 있다. 토요타가 창시한 일명 '간판 방식看板方式'이라는 무재고無在庫 관리 방식을 도입하기 위한 준비가 공장 각 부서에서 행하여 졌으나, 가장 기본이 되는 것은 정확한 재고 파악이었다. 장부에 기록된 재고 숫자와 실제 현장의 숫자가 딱 들어맞는지, 실시간으로 매 순간 파악해야 한다는 것은, 계속 흘러가고 있는 생산 라인의 성격상 보통 어려운 문제가 아니었다.

이를 위해 생산 부서에서는 부품을 실어 나르는 팔레트의 규격화와 및 부품을 세기 좋도록 쌓아놓는 규격화 작업을 하기 시작했다. 부품량이 몇 개인지 한눈에 알아볼 수 있도록 하자는 것이었다. 기술 관리와 자재 관리의 전산화는 1975년경부터 프로그램을 만드는 작업이 시작되었으나, 이것이 본격화된 것은 1977년부터였다. 경험이 많은 구 부장이 전산부장으로 들어오면서 이 방대한 작업이 하나씩 이루어져 갔다. MRP라고 하는 자재와 회계를 통합한 프로그램이 이미 팔리고 있었으나, 자동차 회사에는 적용이 어렵다 하여, 선진국의 자동차 회사들 방식처럼 현대자동차 역시 독자적으로 프로그램을 만들어야 한다는 것이었다.

1980년 초에 그 기본적인 전산 시스템이 이루어져 기존의 수동식 사무와 병행으로 시험 운영되기 시작했다. 현장에서는 이제까지 하던 대로, 같은 보고서를 쓰고, 이에 더해 전산을 위한 새로운 보고서를 또 써야 했다. 사무가 번잡하다는 불평들이 많았으나, 나는 30만 대 공장을 세우기 전에 전산화가 끝나지 않고서는 그것이 불가능하다는 것을 모두에게 이해시키면서, 전산부의 구 부장을 적극적으로 도왔다.

그는 경영학 전공으로, 다른 회사에서 경리 업무를 하다가 전산을 배운 사람이어서, 생산에 필요한 각종 업무를 설명하면, 그것을 전산적 시스템에 연관 지어 정리해 낼 줄 알았다. 공장 전체 관리의 체계화가 그의 손에 의해 이루어져 나갔다. 차체마다 각각 다른 색깔을 칠해야 할 때, 어떻게 식별하여 그에 맞는 도장을 하고, 또 트림Trim이 다른 각각의 차량을 식별하여 작업자들이 그에 맞는 부품을 달게 하는 법 등, 아주 복잡하고 어려운 관리 방법도, 그는 손쉽게 전산화 작업으로 프로그램을 제작하여 생산에 혼동 없이 작업할 수 있도록 하였다.

자동차 공장에서는 '적정 규모'라는 것이 있다. 이것은 하나의 조립 라인에서 최대 몇 대까지 생산하는 것이 가장 효율적이냐 하는 것인데, 통상 연간 생산량 40만 대가 가장 적정하다고 되어있다. 가령, 외국 회사들이 100만 대를 생산하는 경우, 기본 40만 대로 설계된 두 개 라인을 가동하되, 생산성과 작업 시간을 조정하여 각 라인에서 50만 대씩 생산하도록 하는 것이라고 보면 된다. 공장의 설비 투자에서 가장 비중이 큰 엔진이나 기어 공장의 생산능력 한계에 따른 것이다.

연간 생산량 40만 대를 생산하는 라인에서, 하루 실제 작동 시간 20시간, 연간 300일을 일한다고 볼 때, 고장이나 공구 교환 시간을 빼고, 스페어 부품과 불량품이 나오는 것도 고려해 넣었을 때, 한 부품 라인의 끝에서 매번 부품이 완성되어 나오는 시간 간격은 40초 미만이 되어야 한다. 이것을 사이클 타임Cycle time이라고 한다. 이렇게 되려면 그 라인에 있는 일련의 공정을 수행하는 모든 기계가 사이클 타임 안에 부품 소재를 장착하고, 가공한 뒤 그것을 들어내어 다음 기계까지 운반해야만 한다.

기계 기술의 발달은 이 사이클 타임을 꾸준히 단축시켜, 지금은 30초 미만으로 한 공정을 마칠 수 있게 되었으나, 노동 조건이 그간 많이 달라져 1인당 하루 평균 작업 시간이 줄었기 때문에, 생산량은 전과 별로 달라지지 않고 있다. 기계 작업라인에서는 시간 단축이 가능하지만, 차체에 엔진을 얹는다든지 바퀴를 달고 내장 부품을 조립하는 의장 라인에서는, 사람이 직접 부품을 매달고 공구로 조이면서 일해야 하므로, 1분 미만의 짧은 시간에 한 공정 작업을 마칠 수 있는 경우가 많지 않다. 따라서 40만 대 공장이라고 한다면 의장 조립 라인을 두 개 가지는 것이 보통이다.

현실을 보자면, 다품종 때문에 매 차체마다 어떤 종류의 부품이 들어가는지 식별하고, 필요한 부품의 종류를 확인하여, 들고 와 끼우고, 다수 개의 볼트를 꽂아 잠그는 작업을 1~2분 안에 해내는 일이 여간 바쁜 게 아니다. 특히, 온종일 같은 작업을 반복해야 하는 작업자의 입장이라면, 매번 눈앞에 다가오는 다음 차에 어떤 부품을 골라 붙이는가를 금세 한눈에 쉽게 판단할 수 있게 해주지 않으면, 잘못된 부품을 붙이는 일이 허다하게 발생하게 된다.

연간 생산량 대수가 작을 때는, 같은 트림을 가진 차끼리 따로 모아 한꺼번에 생산하는, 배치Batch 방식을 쓸 수 있어 관리가 편하다. 그러나 생산 대수가 많은 공장에서 배치 방식을 쓰려면 부품의 재고량이 더 커지고, 그보다 자금이 훨씬 더 많이 드는, 완성차의 재고도 늘어나기 때문에, 별수 없이 다품종 대량생산의 복잡한 관리 방식을 써야 한다.

앨빈 토플러Alvin Toffler의 '미래의 충격Future Shock'에서 예견했듯, 사회는 기존의 획일적으로 똑같은 모양의 공업제품만을 생산하고 소비하던 관습에서 벗어나 다양한 디자인을 찾는 소비자들의 입맛에 맞게 생산해내는 초 산업화 사회를 향해 놀라운 속도로 빠르게 변화해 나가고 있다. 똑같은 기계에서 찍어낸 듯한 똑같은 물건은, 고객들에게 개성이 없는 물건으로 치부되어 더는 팔리지 않게 된 것이다. 그중에서도 자동차는 가격이 가장 비싼 일상용품의 하나이므로 고객의 요구는 더욱 다양하고 까다로워졌다.

우리나라가 신생 자동차 생산국으로서 앞으로 경쟁하게 될 기존의 구미와 일본의 자동차 제조 선진국들에 비해 어떤 경쟁력을 갖추고 있는지 스스로를 돌아본다면 흔히 저렴한 인건비로 생각하기가 쉽다.

자동차를 구성하는 부품 가격은, 현재 우리나라가 다른 나라 대비, 상대적으로는 다소 저렴한 편이라고는 하나, 그것은 부품 업체가 아직 영세하여 일반 관리비가 적게 들기 때문이고, 게다가 우리는 생산성이 낮기 때문에 이를 감안한 인건비는 대당 자동차 원가에서 그다지 큰 경쟁력을 갖지 못한다. 그렇다면 결국 자동차의 경쟁력은 다음 두 가지에서 생길 수밖에 없다. 첫째, 작업자 1인당 생산성을 얼마나 더 올릴 수 있느냐와, 둘째, 얼마나 정확하게 고객들이 원하는 상품을 예견하고, 얼마나 신속하게 소비자들의 개성에 맞는 다양한 옵션을 가진 좋은 제품을 만들어 그들에 다가가서 많은 수요를 끌어낼 수 있는가 하는, 기획 및 관리 능력이다.

이처럼 다품종 생산 관리 능력은 중요한 경쟁력의 하나이며 이것이 효율적으로 현장 적용될 수 있도록 연구하여 체계화된 것이 관리 기술이다. 그것은 이제 전산의 힘을 빌지 않고서, 더는 사람의 손으로 할 수 없을 만큼 복잡해졌다. 그러한 의미에서, 현대자동차 전산부가 이때 이뤄놓은 업적은 장차 30만 대 공장으로의 확장에 필요한 튼튼한 초석을 마련한 것이라 해도 과언이 아니었다.

1979년도부터 자재를 담당했던 박 이사는, 부품 개발 전략에서 나와 손발이 잘 맞는 사람이었다. 이전까지는, 필요에 따라 수시로 손쉽게 교체했던 '하청업체'를, 우리의 파트너라는 개념을 도입하고 난 후, 나아가 우리 공장의 일부로 생각하게 되어 '협력업체'라 부르게 되었고, 그런 업체가 우리에게 더욱 저렴한 가격으로 부품을 공급하고도 적정한 이윤이 남을 수 있도록 생산기술을 지원하자는 데에 뜻을 같이했다.

나는 그가 새로 만든 '업체 협력부'에, 엔진 공장에서 일하며 훈련을 받은 생산기술 전문가를 파견하였고, 이들이 함께 협력업체 지도에 나서게 했다. 이런 기술 지원은 내가 현대자동차를 그만둔 뒤에 더욱 본격화되어, 부품업체들은 명실상부한 협력업체가 되어 포니 수출에 빠질 수 없는 필수 파트너로 자라게 되었다. 또한 품질관리부는 1976년부터 장 상무 지도하에, 단순 검사 부서에서 품질 보증 부서로 기틀을 잡아갔다. 협력업체의 품질을 높여서 무검사無檢査를 목표로, 업체 협력부와 손을 잡고 그들을 훈련하고 지도해왔다.

공무 관리, 자재 관리, 생산 관리, 품질 관리와 이를 뒷받침한 전산화의 큰 성장이 이뤄졌기에, 1만 명이나 되는 직원들이 한마음, 한뜻으로 일사불란하게 일함으로써, 엑셀Pony Excel의 미국 수출이 가능했다고 본다.

그 기초를 마련하는 작업에 미력이나마 일조한 나로서는, 마치 아무것도 없는 빈 땅에 맨손으로 집을 짓는 것 같았던, 무에서부터 그런 방대한 시스템을 완성까지의 그 지난한 과정의 노고와 어려움을 너무도 잘 알기에, 그것을 완성한 현대자동차 직원들의 피나는 노력과 열정에 진심으로 아낌없는 박수를 보내고 싶다.

제2부 도약을 위한 모색　241

제3부
세계로 뻗는 길

23장

기술은 곧 상품이자 국가 경쟁력

후발 공업국의 처지에서 보자면, 빠른 시간 내에 선진국처럼 발전된 공업국이 되기 위해선 단순한 '물품 원조'보다는 '기술 이전'이 더 시급하다. 이것은, 배고픈 사람에게 물고기를 던져주는 대신 낚시하는 법을 가르쳐주는 것과도 같은 맥락이다. 물품을 원조하는 것은 공업 선진국과 후발국의 관계를 영원히 주종관계로 묶어두겠지만, 기술 이전을 한다는 것은 비록 대등한 위치는 아닐지라도, 파트너가 되는 관계가 확립되어야 하므로, 상호 존중의 의미가 부여된다. 따라서 우리 처지에서는, 이미 선행한 나라에서 많은 시행착오 끝에 정립된, 완성도 높은 좋은 기술을 시행착오 과정의 낭비 없이 바로 적용해 공업화를 이루는 게 되니 매우 효율적일 수밖에 없다.

그러나 기술 보유국의 입장은 우리와 같은 마음일 수만은 없을 것이다. 그들이 애써 개발한 기술을 우리에게 전수해 줄 때는, 그에 상응하는 합당한 보상을 당연하게 기대할 것이고, 이를 위한 양측의 협상과 동의가 필요할 것이다. 그에 더하여, 기술을 주려는 측에서 더욱 고민되는 것은, 기술 이전의 결과로 인해, 자신들이 씨를 뿌리고 키워낸 기술 수혜국이 미래에 무서운 경쟁자로 자란 후, 기술 공여국인 바로 자신들을 위협할 상황이 오지 않을까 하는 우려이다.

"자동차 사업은 세 개의 기둥으로 이루어집니다.
첫째는 새 차를 만드는 것이고,
두 번째는 자동차의 서비스와 부품 판매이고,
세 번째가 중고차 판매입니다."

한편, 1980년 8월 현대자동차에 처음 찾아온 미쓰비시 자동차의 구보ㅅ 保富夫 회장은 현대자동차 중역들 앞에서 이렇게 말했다. 이는 구보 회장이 일본 자동차 회사 경영전략을 소개한 것이지만, 때마침 현대자동차가 현대자동차 서비스를 분리한 것을 두고 현대자동차가 바람직한 길로 들어서고 있음을 격려한 것으로도 들리게 하는 거였다.

포드와 제너럴 모터스는 자동차의 월부 판매를 지원해주는 은행과, 월부로 차를 사는 고객의 신용을 보증해주는 신용 보증 회사가, 서로 공조하여 자동차 판매 시장을 넓혀나간다. 그런데, 한국에서 은행과 신용 보증 회사의 두 기둥이 서지 못하는 것은 아직 자동차 산업이 충분히 크지 못한 탓이라 할 수 있다. 뿐만 아니라, 정부의 자동차 산업에 대한 정책마저도, 그동안은 그 중요성에 대해 너무 과소평가하고 있었던 것이 아니냐는 아쉬움을

제3부 세계로 뻗는 길   245

떨치기 어려운 부분도 있었다. 그 한 예가 특별 소비세 문제였다. 정세영 사장은 차에 부과하는 세율이 보석에 부과하는 세율보다 높다는 사실에 대해, 만나는 사람마다 그 불합리성을 호소하곤 했다. 자동차에 대한 세율은 이후 일부 조정은 되었지만, 자동차 공업을 육성한다는 정부의 기본 방침과는 너무도 동떨어진 조치였다.

자동차 회사에도 책임이 없다는 것은 아니다. 정부의 입장은, 자동차 산업의 육성을 장려하는 것은 맞지만, 차를 만드는데 너무나도 많은 외화가 소비되므로, 한편으로는 제약하지 않을 수 없다는 것이었으며, 고율의 자동차세 부과에 대한 당연한 근거로 내세웠다. 자동차 업계는 이런 오명에서 벗어나기 위해서라도 자동차 수출 증대에 박차를 가해야 했다. 이제는 달러 환산 시, 자동차 관련 설비 수입보다 훨씬 상회하는 많은 액수를 자동차 수출로써 벌어들이게 되었으니, 정책도 그에 부응하여 자동차 산업이 제대로 성장할 수 있도록 바뀔 것으로 기대된다. 현재 국내 자동차 제조사들의 현실을 볼 때, 외화 소비 중에서 특히 기술료의 비중이 매우 크다. 외국의 설계를 사 와서 제품을 만들어 파는 경우, 비싼 로열티를 지불하지 않으면 안 된다.

일반적으로 로열티는 물건에 따라 다르겠지만, 자동차 부품의 경우 국제 시세는 대략 2~3%다. 자동차 회사의 손익 계산서를 보면, 일본이나 미국의 경우 세후 이익이 한 대당 약 3~5%인 사실을 감안할 때, 3%의 기술료 지급은 실로 엄청난 금액이 아닐 수 없다. 왜냐하면, 기술료란 공장 건립이나 생산은커녕, 손에 기름 한 방울 안 묻히고 가만히 앉아서 차를 만들어 판 것과도 비슷한 이익을 보는 것과 같기 때문이다. 따라서 기술을 팔아 편하게

3%의 대금을 받는 장사는 그들에게 최고의 알짜배기 사업이라 볼 수 있다.

대체로 외국의 선진 자동차 회사들은 새로운 제품 개발을 하게 되어 필요 없게 된 낡은 기술을 팔려고 할 뿐, 새로 개발한 최신 기술은 팔지 않는다.

이제 막 개발한 신기술을 상대에게 주게 되면 시장에서 즉각 경쟁 상품이 나오게 될 우려가 있으므로, 이것은 너무도 당연한 일이다. 시효가 지난 낡은 기술이라 할지라도, 함부로 팔기에는 위협적인 요소들이 존재한다. 시효가 지난 기술을 받은 회사가 그것으로 제품을 만들어 판 후, 그 수입으로 독자적인 기술을 구축할 힘과 능력을 재빨리 갖추게 되면, 원래의 의도와는 상관없이 결국, 기술 전수회사와 경쟁하는 회사로 자라날 가능성을 배제할 수 없기 때문이다. 쉽게 벌 수 있는 기술료도 좋지만, 호랑이 새끼를 키워 화를 당하는 어리석은 짓은 하지 않겠다는 것이다. 이처럼 기술 이전은 주는 쪽과 받는 쪽의 이해관계가 첨예하게 대립하고 있으므로 성사시키기가 쉽지 않다. 받으려고 하는 측으로선, 주려는 측이 제시하는 여러 가지 까다로운 제약조건이나 특별조항 등을 검토하고 이를 장기간에 걸쳐 협상하다 보면, 때로는 굴욕감까지 들게 되는 때도 있다.

그런가 하면, 신생기업이 처음부터 독자적으로 기술개발을 병행하며 신제품을 설계한다는 것 또한 쉬운 일이 아니다. 예를 들면, 자동차의 신모델 하나를 개발해내는 데 드는 자금은 막대하기 때문에, 설령 독자적 기술개발에 성공했다 치더라도, 사운社運을 걸고 제작한 신모델이 시장 수요와 맞지 않을 경우, 신생회사의 유지·존속이 위태로워지기도 한다.

따라서 처음부터 스스로 기술 축적을 하려 할 때 드는 천문학적 비용과

제3부 세계로 뻗는 길 **247**

기간을 단축한다는 의미에서 볼 때, 기술 수혜국의 입장에서 기술 이전 협력에서 얻어지는 이익은 어찌 보면 돈으로도 살 수 없을 만큼 값진 것이다. 1970년 초부터 현대자동차가 포드와 합작하려고 노력한 이유는 기술료를 지불하더라도 필요한 기술과 함께 자립해볼 기회를 얻기 위해서였다. 그러나 앞에서 밝혔듯이 포드는 끝내 응해주지 않았다.

1973년 8월, 정세영 사장은 당시 런던에 출장 중이던 이수천 이사에게, 자동차 신차 설계를 도와줄 외국 회사를 찾아보게 하는 등, 꾸준히 고유모델을 독자적으로 개발하는 데에 도움을 줄 회사를 물색하고 있었다. 그러던 중, 기술부를 맡고 있던 정주화 차장을 데리고 유럽 출장길에 올랐다가 조르제토 주지아로를 알게 된 것이 이 무렵이었다. 이탈리아에서 그와 만난 이후, 정세영 사장은 파워트레인Powertrain만 기술제휴 하여 만들게 되면, 굳이 까다로운 조건으로 자동차 전체를 기술제휴 하지 않고도 우리가 독자적으로 자동차를 개발, 생산할 수 있겠다는 자신감을 얻었다고 한다. 귀국 후 정주영 회장에게 이를 보고하고 그의 재가를 얻어, 포니의 독자적 개발이 본궤도에 오르게 된 것이다. 주지아로는 이때 현대자동차와 맺은 인연으로 포니 원에 이어 포니2, 스텔라, 엑셀 등을 디자인하게 되었다.

당시 정주영 회장의 포니 개발 재가 과정을 곁에선 지켜본 나의 짐작으로는, 그가 자동차의 독자적 개발에 대해 그다지 크게 어렵다고 생각한 것은 아니라는 거였다. 정주영 회장이 최초로 세운 기업이 '현대자동차 공업사' 였다. 이 회사는 해방 직후, 자동차 서비스를 하면서 당시 우리나라에서 흔히 하던 대로, 중고차들을 분해하고 재조립하여 판매하는 일을 반복했던 것으로 안다. 게다가 남들이 쉽게 할 수 없었던, 규모가 큰일들도 불도저같이 막힘없이 척척 해내던 정주영 회장으로서는, 그때의 경험과 다져진 사업적 내공에 비추어 볼 때, 자동차 독자 개발쯤은 대수롭잖게 보였을 것이다.

그러나 자동차 독자개발이 쉽지 않은 것은 자동차의 중심이 되는 핵심 기술을 개발하기가 간단하지 않기 때문이다. 예를 들면, 전륜구동前輪驅動 기술도 당시에는 소형차의 핵심 기술이었는데, 이것을 우리가 독자적으로 개발하기엔 너무 큰 리스크가 따랐다. 특히 전륜구동에 필요한 트랜스액슬Transaxle(앞바퀴 굴림용 변속기와 액슬의 복합체)의 개발에 오랜 기간이 걸릴 것을 감안하면, 이번에도 외국 회사와의 기술제휴를 피하기 힘들었다. 앞에서 언급한 바와 같이, 현대에 그냥 기술만 팔아줄 회사가 없었기 때문에 자본 제휴를 고려하지 않을 수 없었다. 때문에, 포니를 팔기 시작한 1976년부터 기획실에서는, 차후 모델에 관해 여러 가지 가능성을 검토하는 한편 포드와의 합작 문제를 다시 거론하기 시작했다. 이때부터 80년 가을, 현대가 미쓰비시와 자본 제휴를 결정하게 되기까지 포드는 우리와 여러 차례 협의 과정 중, 관심 표명은 계속하면서도 미온적인 태도로 일관하였다.

그 무렵 나는 현대자동차의 전반적인 생산과 생산기술을 맡고 있었다. 그래서 현대자동차가 기술 협약의 상대인 외국 자동차 메이커들과 만나, 기계 설비 투자에 관한 협상이나, 기술 문제 관련 협의가 있을 때는 경영진과 함께 참석하곤 했다. 협약의 상세한 내막은 알 수 없었으나, 큰 숲의 한쪽 편을 볼 기회를 가질 수 있었다. 나는 미쓰비시와의 제휴를 주장했고, 협상의 뒷전에서 갖가지 심부름을 해가며, 국제간 기업 흥정이 얼마나 어려운지를 톡톡히 경험할 수 있었다.

24장

돼지고기 회를 먹다

기획 담당 신 상무, 영업 담당 전 상무와 함께 폭스바겐 측과 회의를 하기 위해 브라운슈바이크의 철도 역전에 있는 호텔에 여장을 푼 것은 1978년 12월 10일 정오경이었다. 긴 비행기 여행과 공항에서의 기다림 등, 24시간 동안 잠을 충분히 자지 못한 일행 일곱 명은 간단한 점심 식사 후, 다음 날 아침까지 잠을 자기로 했다. 한국에서 저녁 식사 후 탑승한 비행기 내에서 런던에 도착할 때까지 네 차례 식사와 영국에서 독일로 오는 중 아침을 먹었으니, 만 하루 동안 다섯 번의 식사를 한 셈이었다. 배는 고프지 않았으나 다음 날 아침까지 자려면 간단하게 식사를 한 번 더 하는 것이 좋겠다는 의견이 나왔다. 호텔에 레스토랑이 있는 것을 알았지만, 스낵바를 이용하려고 우리 일행은 일 층으로 내려갔다. 때마침 점심시간이라 외부에서 식사하러 온 사람들로 붐볐다. 우리는 기다란 바에 나란히 앉아 메뉴판을 달라고 했다.

내어주는 메뉴판을 보니, 모두 독일어로 쓰여 있어 무엇인지 알 길이 없었다. 영어로 쓴 메뉴가 없냐고 묻자, 40대쯤 되어 보이는 주인이 어깨를 으쓱해 보이며 양손을 펴 보였다. 그는 영어를 한마디도 못 했다. 우리는 저마다 한두 마디씩 알고 있던 어설픈 독일어를 총동원하여 샌드위치와 같이 가벼운 음식을 달라고 손짓까지 해보았으나 그는 여전히 어깨만 들썩거릴 뿐이었다. 그때 그의 아들같이 생긴 열대여섯 살 정도의 한 소년이 나타났다. 그 소년은 영어를 좀 할 수 있었다. 그 꼬마는 우리에게 메뉴를 보이면서 수프, 미트, 포크, 피시, 콜드 미트, 라고 읽어주며 메뉴를 하나씩 손으로 짚어 나갔다. 우리 일행은 쇠고기, 돼지고기, 생선, 찬 고기 중의 하나를 어림짐작으로 시키는 수밖에 없었다. 나는 영국에서 먹던 콜드 미트가 생각나, 그 꼬마가 콜드 미트라고 한 사진 속 음식을 손으로 가리켰다. 영국의 콜드 미트는 훈제한 고기와 치즈가 나왔었기 때문이다. 음식이 나오자 모두들 생각한 것과 달라서 놀랐다.

"야, 나는 끝에 라이스라고 하던 걸 시켰더니 그런대로 먹을 만한 게 나왔는데!"

"이건 뭐지? 삶은 쇠고기에 된장국을 뿌린 것처럼 보이는데…."

내가 시킨 콜드 미트가 제일 나중에 나왔다. 커다란 접시에 손바닥만 한 크기로, 두께 2cm로 다져져 있는 잘게 썬 육회였는데, 잘게 썬 양파 여러 조각이 함께 나왔다.

"어이구 강 이사, 무엇이나 잘 먹는 것을 아는 모양이지? 생고기를 다 주네."

제3부 세계로 뻗는 길 251

"근데 회가 왜 그렇지? 핑크빛이 나는 게 소고기는 아닌 거 같은데?…."

내게만 유달리 이상한 것이 나왔다고 모두들 재밌어하며 웃어댔다. 옆에 앉았던 전 상무가 메뉴를 다시 보며 물었다.

"아니, 무엇을 시켰는데 그런 걸 가져왔죠?"

"나는 영국에서 먹던 콜드 미트를 생각하고 이걸 시켰는데, 별난 게 나왔네요…."

"어디 이것은…. 오, 가만있자, 슈바인. 돼지고기 회로구먼."

나는 한국에서도 육회를 별로 즐기지 않던 터라, 잠시 당황했으나 그렇다고 시킨 것을 안 먹을 수도 없는 노릇, 반은 자포자기 심정으로 어차피 독일에서도 뭐 사람이 먹으라고 만든 것일 테니 한번 먹어보자는 생각이 들었다. 당황해하는 나를 처음부터 빙글거리며 지켜보던 옆자리 독일인에게 손짓으로 어떻게 먹는지를 물었다. 그는 내 손짓의 의미를 알았는지 팔을 꺾고 알통을 만드는 시늉을 하며 연신 '굿-. 굿-.'을 연발했다. 아마도 건강에 매우 좋은 음식이라 설명하는 듯했다. 그러더니 내 앞에 놓여 있는 소금과 후추를 가리키며 고기에 뿌린 뒤 빵 위에 고기와 양파를 얹어 먹으라고 손짓을 한다. 그가 시키는 대로 만들어 한 입 덥석 물었다. 간도 맞지 않고 비위에도 좀 거슬렸으나 그냥 참고 먹었다. 신 상무와 전 상무는 내가 얼굴을 찡그리며 먹던 모습이 인상적이었는지, 이후 함께 식당에 갈 때마다 이것을 꺼내 얘깃거리로 삼아 놀려대곤 했다.

사실 폭스바겐과 현대와의 일 년 남짓한 교섭을 떠올릴 때면, 나 역시 그때 먹었던 돼지고기 회가 생각났다. 외국에 여행 가서 원하는 음식 하나 뜻대로 선택하기 어려운 마당에, 언어와 관습이 전혀 다른 양 나라 간, '기업 합작'이라는 대사업을 성공시키기란 얼마나 힘겨운 작업이겠는가? 그것은 원활하지 못한 소통의 문제, 혹은 각 나라마다 독특한 관습의 간극이 빚어낸 크고 작은 오해들, 이 모든 것들을 이겨내고 극복해가며 '소통'이라는 공통 언어로 향하는 복잡하고 기나긴 여정일 수도 있기 때문이다.

현대와 폭스바겐이 자본 제휴를 구체적으로 협의하기 시작한 것은 1978년 7월, 정세영 사장을 따라 본사의 기획실 간부와 내가 동행하여 볼프스부르크에 있는 폭스바겐의 본사에 찾아갔을 때였다. 현대는 당시 74년 형, 폭스바겐의 소형 전륜구동 차, 골프Golf가 맘에 들었다. 딱정벌레 모습으로 유명한 비틀Beetle의 후계 차량으로 나온 것이었다. 폭스바겐 측에선, 일본에 밀리지 않기 위해, 동양에서 일본과의 경쟁에 맞설 수 있는 가격대의 자동차를 만들 전진 기지가 필요했다. 이것이 바로 양사를 협의회장으로 이끈 동기였다.

폭스바겐엔 골프 외에도 파사드Passat와 아우디Audi라는 중형차가 있었는데, 포드에서 마크IV를 공급받지 못할 때, 후속 차로 걸맞은 모델들이었다. 또 골프보다 더 작은 차로 폴로Polo, 더비Derby, 등도 있었다. 6천 명의 인원과 2만여 평에 이르는 폭스바겐의 기술 센터를 방문해보니 여러 가지 최신형 모델의 자동차를 시험하고 있었는데, 당시 현대의 수준에서 볼 때 그들은 저 높이 까마득한 존재로서 언제 그들의 기술을 쫓아갈 수 있을는지 상상조차 힘든, 그야말로 산봉우리 같은 존재였다. 현대자동차는 폭스바겐이 가진 자동차 개발력의 뒷받침만 있다면, 일본과도 충분히 겨룰 수 있다고 생각했다.

그들은 그때 이미 연료 분사와 터보차저가 달린 엔진을 쓰고 있었고, 샷시 Chassis (바디를 제외한 구동계, 조향장치 등 나머지 모든 부분)는 어떤 일본 차보다도 앞선 디자인으로 되어있었다. 울산 공장 기술 센터의 정 부장은 그들의 기술을 받아 차를 만들면, 현대자동차 기술 수준 또한 그만큼 끌어올릴 수 있겠다는 기대감에 들떠 잔뜩 흥분하고 있었다. 한편, 그들이 보여 준 엔진 공장과 액슬 공장의 생산기술 수준은 내가 본 일본의 자동차 공장과 비교하면, 설비에만 지나치게 많은 자금을 투입한 듯 보여, 오히려 일본식 생산기술을 적용하는 편이 훨씬 더 경제적일 것 같았다. 당시 폭스바겐 골프는 일본에서 일본 자동차의 1.8배의 값에도 팔리고 있었다. 이 차를 한국에서 생산한다면, 일본 자동차와 비슷한 가격으로 만들 수 있을 테니 일본에 수출하여 큰 수익을 볼 수 있을 게 분명해 보였다.

양사는 7월에 이어 9월에 다시 서울에서 회의를 가져, 기본 전략에는 합의를 보았다. 그러나 그해 12월, 폭스바겐 본사에서 열린 회의에서 합작 비율 문제 논의 과정 중, 양측의 주장은 엇갈리기 시작했다. 현대 측에서는, 폭스바겐이 현대의 경영에 일일이 간섭한다면 결국 그들이 가진 여러 해외 조립공장 중 하나에 불과한 신세로 전락하고 말 것이라고 염려했다. 반면, 폭스바겐 측에서 보자면, 현대에 돈과 기술을 넘겨준 채, 경영에 참여하지 못하면 자신들의 이익을 보호받지 못할 수 있다고 우려하는 입장이었다. 정주영 회장은 워낙 독립심이 강한 탓에, 자신의 독자적 경영에 남이 간섭하는 것을 싫어하여, 아무리 좋은 기술 협조를 받기 위한 합작이라 하더라도 외국사의 간섭이 동반되는 조건이라면, 그것을 승인할 리가 없었다. 결국, 폭스바겐과의 교섭은 교착 상태에 빠지고 말았다.

만일 그때, 서로 간에 상대방의 문화적 배경이나, 상대의 사고방식에 대한 좀 더 충분한 이해가 있었더라면, 어쩌면 다른 방향으로 교섭이 진전되지 않았을까, 하는 아쉬움이 남는 부분이었다. 서로가 서로를 꼭 필요로 하는 좋은 비즈니스 파트너가 될 수 있다는 것을 양측이 알면서도 협력이 더는 진척되지 않는 것은, 비즈니스 관계에서도 이윤 하나만으로는 완전한 협력 관계가 이루어지기 어렵다는 방증이었고, 결국 서로가 상대를 진심으로 잘 이해하고 그것을 바탕으로 신뢰할 때만이 뭔가 성사될 수 있다는 것을 깨달은 좋은 경험이었다.

폭스바겐과 협의를 추진하던 중에도, 현대는 프랑스의 르노, 이탈리아의 란치아와의 협력 가능성에 대해 타진을 했다. 르노는 국영 회사였지만, 개인 회사인 푸조에 비하여 매우 경영이 잘되고 있었고, 전륜구동 차 개발에도 유럽에서 가장 앞선 회사였다. 그러나 기술 제공의 대가를 너무 많이 요구해, 흥정도 하지 못한 채 교섭은 결렬되었다. 란치아는 피아트의 자매 회사로 피아트의 고급 차종을 만들기도 하는, 기술 수준이 아주 높은 회사였다. 그러나 그들 회사가 당시 경영 위기에 처해 있었기 때문에 현대와 책임을 분담할 정도의 재정적인 투자를 하기는 힘들었고, 현대 또한 그들의 그런 조건은 수용키 힘들었다. 협상 시, 대부분 회사가 현대 측에 요구했던 공통점은 현대자동차의 경영 참여와 역할이었다. 그렇게 함으로써, 현대가 독자적으로 신기술 개발에 계속 투자하여 독립하게 되는 것을 억제하는 한편, 오로지 값싸고 우수한 생산 인력을 이용하여 경쟁력 있는 차를 저렴하게 생산함으로써, 당시 태양처럼 우뚝 솟아오르는 일본 차와 대결하게 하여 일본의 기세를 꺾어보자는 것이 그들의 주요 목적이었다.

당시 현대자동차의 생산기술 책임자로서 이런 교섭의 회의를 여러 번 반복하는 동안 가장 절감했던 것은, 기술의 발전에는 수많은 사람들의 시간과 노력이 따른다는 사실이었다. 지금 쓸 수 있게 된 기술도 자세히 알고 보면, 그 역사가 깊고 오랜 기간에 걸쳐 개선되어 다듬어진 후에서야 비로소 실용화된 것들이 많다. 앞바퀴 굴림차는 자동차의 여명기에 뒷바퀴 굴림차보다 일찍 개발되었으나 몇 가지 문제가 해결되지 않아 잠시 그 개발이 중단되었던 기술이다. 원래 자동차는 마차에서 발달한 것이기 때문에 마차처럼 앞에서 끄는 차를 당연하게 생각했었다. 그러나 방향 조작 장치를 달아야 하는 복잡함과 더불어 엔진의 출력단에서의 높이와 바퀴 중심 간, 높이 차이 때문에 출력을 전달하는 축이 직선이 아니고 급하게 꺾여야 하는 문제가 대두되었으며, 이 부분의 동력전달을 해결하지 못했었다. 유니버설 조인트로는, 축의 꺾여진 각도가 작을 때는 문제가 별로 없지만, 각도가 커질 때, 축의 꺾이는 부분 전후에서 회전속도가 달라지기 때문에 동력전달의 비효율과 심한 진동문제 등으로 중단되었던 것이다.

이것을 해결한 것이 CV 조인트Constant Velocity joint 즉, 정속 연결 조인트이다. 이 조인트가 개발되면서 비로소 소형차에서부터 전륜구동이 쓰이기 시작했다. 이것은 차 무게를 줄이고 뒷좌석을 비롯한 실내 공간을 넓혀줄 뿐만 아니라, 자동차의 여러 가지 성능을 향상하는 데 도움이 되어 차츰 큰 차에도 적용되기 시작했다. 전륜구동 차에서 또 한 가지 어려운 측면은, 알맞은 변속기의 개발이다. 후륜구동과 똑같이 기어들로 구성된 변속기이기는 하지만, 엔진에 병렬로 배치 연결하여 디퍼렌셜 기어까지 좁은 공간에 넣어 설계해야 하기 때문에, 새로 개발하려면 시제품을 만들어 적어도 3년 이상 따로 실험을 거치지 않고는 실용적인 것을 개발할 수 없다.

어떤 회사나 자동차 개발 초기에는, 새로 개발된 부품들을 차에 부착하여 시험 주행을 해보면서 각종 실험을 하게 된다. 그렇게 제작된 부품을 장착한 자동차가 시장에 나온 뒤에도, 여러 해에 걸쳐 일어나는 문제점들을 관찰하고 꾸준히 연구하는 동안 부품마다 작은 문제점들을 점차 개선해 나가고, 그 성능에 있어 여러 가지 상황에 따른 특성이 어떤 것인지를 차차 자세히 알게 된다. 그리고 그때마다 시험 종목이 개발되고 그것이 새로운 시험 규정으로 추가된다.

흔히 협력업체에서 제기하는 불만 중에, 현대자동차의 검사 규정이 너무 까다롭다는 것이 있다. 그러나 검사 규정도 시험 규정과 마찬가지로 여러 해에 걸친 시험에서 자주 일어날 수 있는 결함을 분석하여 그러한 고장을 미리 발견하기 쉬운 수단으로 개발된 것이다. 따라서 이들 검사 규정과 시험 규정은 기술제휴에서 도면 이상으로 중요한 기술의 핵심 부분이다. 설계 도면은 경험이 어느 정도 있는 기술자라면, 실물을 분해하고 스케치하여 스스로 그릴 수도 있지만, 시험 규정이나 검사 규정은 절대로 그렇게 대충 어깨너머로 본 것만으로는 만들어 낼 수 없다. 회사의 역사와 연구가 길어지기 전에는 절대 만들어 낼 수 없는 귀중한 자산이다.

자동차는 사람을 실어 나르는 기구이므로 어느 한 부분 소홀히 제작될 수 없는 것은 당연한 일이다. 특히, 문제 발생 시 생명에 위해를 줄 가능성이 있는 부품은 보안 부품이라고 따로 분류되어, 개발 시험이나 수입 검사에서 까다롭게 검사하고 시험을 한다. 포니 개발에서는 포드와의 기술 제휴에서 제공 받은 검사 규정과 시험 규정 자료가 있었기 때문에 많은 도움이 된 것이 사실이다. 그러나 포니 이후, 후속 모델 개발에 필요한 전륜구동 방식은 우리가 접해보지 않은 새로운 기술이어서, 처음 적용할 자동차는 외국과의 제휴가 필수적이었다.

기술자의 한 사람으로서, 다른 기술자에게 고개 숙여 도움을 요청하는 일이 한편으론, 자존심 상하는 일일 수도 있다. 금전 상납을 조건으로 하면서 이에 더해 애원하다시피 부탁까지 해야 하니, 기술을 가진 그들과 회의하며 그들의 고자세에 휘둘릴 때는, 솔직히 오장육부가 뒤집히는 느낌이 들 때가 한두 번이 아니었다. 그래도 그것을 참고 웃으면서 머리를 숙이며 매달려서라도 도움을 받을 수밖에 없었다. 당시 우리는 공업화가 이루어지지 않았고 아무런 기술적인 기반이 없던 터라, 그렇게라도 하지 않으면 어떤 시작도 시도하기 어려웠기 때문이었다. 기술자의 자존심 따위는 다 접어두고, 그들 앞에서 머리를 조아릴 수밖에 없었던 이런 수모를 우리 후대에는 절대 대물림 해주지 말자고 입술을 깨물며 다짐했던 내게 가장 간절한 소원은 기술 자립이었다.

당시에는, 그렇게라도 하지 않으면 매년 점점 더 심화되는 기술격차로 인해 앞서가는 그들을 영영 따라잡을 수 없을지도 모른다는 조바심과 불안감이 컸다. 공장에서 사람을 훈련하고 기계를 설치하여 제품을 생산하는 것이 가장 어려운 일인 줄만 알았는데, 구걸하다시피 돌아다니며 기술 협력을 해보겠다고 노심초사 애를 쓰는 기획실의 고충 또한 결코 그에 못지않음을 절실히 깨닫게 된 계기였다. 하지만 바꿔 생각해보면, 저들 기술자 관점에서는, 자기들이 혼신의 노력으로 개발하고 설계한 제품에 관한 기술을 단돈 몇 푼에 팔아넘긴다는 것이 결코 기분 좋은 일이 아닐 터였다. 그것을 넘겨줌으로써 자기 회사가 더 잘 된다거나, 자국에 이익이 된다는 등의 어떠한 보장이 없이는 더더욱 그럴 터였다.

음식 이름도 잘 모르는 나라에서, 좋아하지도 않는 돼지고기 육회를 먹어가면서도 기분 좋게 견딜 수 있었던 건, 좋은 기술 협력에 대한 희망 때문이었다. 기술 선진국으로부터 좋은 기술을 좀 더 저렴하게 얻을 수만 있다면, 장래에 우리 힘으로 기술을 개발할 수 있을 때까지 필요한 자금과 시간을 부지런히 벌어 기업을 유지·발전해 나갈 수 있는 기회를 얻게 된다는 희망 때문에, 비굴하다 싶을 만치 그들에게 매달린 것이다. 가슴 한구석엔 늘, 우리도 언젠가는 독자적으로 개발한 기술을 갖게 되어 스스로의 능력과 아이디어로 신제품을 기획하고 제작하여 세계 무대에 당당하게 진출할 날이 올 것이라는 기대와 확신이 있었다. 말석에나마 국제간 기업 제휴 교섭의 테이블에 잠시 앉아 본 나는, 이 글을 읽게 될지도 모르는 미래의 후배 기술자들에게 비록 보잘것없지만 하소연하듯 소소한 경험담을 바친다.

25장

디젤엔진 개발

1979년 새한 자동차에서 중형차에 디젤 엔진을 얹어서 팔겠다고 나서자 현대자동차에서도 이에 대한 대책을 세우지 않으면 안 되었다. 우리 승용차에 얹을 디젤 엔진을 유럽에서 찾든지, 아니면 경험 있는 연구소에 개발을 의뢰하든가 해야 했다. 그 무렵 가장 좋은 소형 디젤 엔진은 폭스바겐 골프에 얹혀 있던 1500cc짜리 엔진이었는데 이것은 그들이 기존에 생산하고 있던 1600cc 엔진을 개조한 것이었다. 폭스바겐과의 협상이 거의 결렬된 상태에서, 우리가 그들에게 새삼스럽게 엔진만 달라고 할 처지는 못 되었다. 고민하던 정세영 사장은 내게, 그해 새로 중역이 된 기술 센터의 정 이사를 동반, 유럽에 가서 쓸만한 디젤 엔진이 있는지를 조사 해보라 했다. 우리 둘은 우선 전반적인 정보도 얻을 겸, 서독 슈투트가르트 대학의 베르네케Wer-nicke 교수를 찾아갔다. 그는 생산 공학의 세계적 권위자로, 1978년도 한국에

260

서 열린 생산 공학 워크숍에 참석했고, 그때 그곳에서 간략한 발표를 했던 내게 다가와 서로 인사를 나누면서 알게 된 사이였다. 우리는 그를 방문하여 마땅한 연구소를 소개받을 생각이었다.

"저희는, 디젤 교수가 디젤 엔진을 개발한 전통을 이어받은 독일이 역시 디젤 엔진 기술이 가장 앞서는 곳으로 알고 있는데요, 우리 차에 얹을 디젤 엔진을 어디에 의뢰하는 게 좋을까요?"

"아, 그럼 포르쉐Porche 연구소에 부탁하는 게 좋을 것 같네."

"포르쉐는 폭스바겐과 자본적으로 연관이 있는 곳인데, 우리가 폭스바겐과 협상이 결렬된 상태인데도 과연 우리를 도와줄까요?"

"아무런 상관이 없어요. 포르쉐는 스포츠카를 생산하지만, 원래 연구소가 본업이니 누구든지 돈만 내면 개발해 줍니다."

"뮌헨 공대 또는 아헨 공대 같은데 부탁하는 건 어떨까요? 그들도 디젤 엔진 연구에 많은 업적을 갖고 있지 않습니까?" 이 말을 듣자 베르네케 교수는 빙그레 웃으며 우리를 보더니 이렇게 말한다.

"나도 대학에 몸담고 있으면서 생산 공학에 관한 여러 가지 연구를 하고 있고, 지금도 시각을 가진 로봇 연구를 의뢰받아 연구도 하고 있지만, 솔직히 말해, 대학 연구소는 어디까지나 기본적인 것만 해낼 뿐이지 최종 완성 상품과는 거리가 먼 곳이에요. 아마 뮌헨이나 아헨 공과 대학에 부탁하면, 이론적으로만 작동하는 엔진을 개발해 줄 거예요. 그걸 실제로 자동차에 바로 얹어 사용하긴 어려울 겁니다. 내가 지난번에 당신들 공장을 가봐서 당신들의 기술 수준을 알고 있는데, 당신들로서는 지금 당장 쓸 수 있는 엔진이 필요한 거지, 이론적으로는 우수하나 실제 돌려보면 고쳐야 할 곳이 많아서, 실용화를 위해 다시 또 여러 작업을 거쳐야 하는, 그런 엔진을 원하는 건 아니잖아요?"

맞는 말이었다. 우리는 즉시 자동차에 얹을 수 있는 완성된 엔진이 필요했다. 베르네케 교수는 그렇다면 바로 직접 포르쉐에 부탁 해보기를 권했다. 그래서 정 이사와 나는 그의 소개장을 들고 슈투트가르트 교외에 있는 포르쉐 엔진 연구소를 방문했다. 포르쉐의 수석 연구원인 그루덴Gruden 박사는 포르쉐의 활동 상황을 설명한 뒤, 우리를 엔진 실차 시험實車試驗 연구실로 안내하였다. 폭스바겐의 창시자였던 페르디난트 포르쉐Ferdinand Porsche 교수가 1930년 최초 자동차 연구소로 문을 연 것을 시작으로, 지금은 자동차뿐만 아니라 탱크에 쓰이는 대형 디젤 엔진 등, 여러 가지 연구를 하고 있었다.

로터리 엔진으로 유명한 벙켈Wankel 엔진도 포르쉐에서 처음 내놓은 것이고, 세계 각국의 승용차에 쓰이고 있는 독립 현가 방식의 서스펜션도 포르쉐의 작품이라는 것을 알게 되었는데, 그들의 활동이 광범위한 데에 놀라울 뿐이었다. 최근에 이룩한 포르쉐의 개발 작품으로는, 연료 분사 방식의 가솔린 엔진 실용화가 있었다. 폭스바겐 엔진도 포르쉐가 개발한 분사식을 쓰고 있다는 것이었다. 우리가 미처 몰랐던 수많은 개발품의 실제 사용례가 나오자, 같이 간 정 이사가 물었다.

"당신들에게 연구를 의뢰한 자동차 메이커는 어떤 나라 메이커들입니까?"

"독일 자동차 메이커는 세 곳 전부 다 도와주었죠. 미국의 네 곳도 우리가 도와주었고, 일본, 이탈리아, 동유럽 나라들까지 거의 모든 자동차 메이커에 전부 무엇인가 연구 개발에 도움을 주었죠. 고객의 체면을 생각해서 어떤 회사에 무엇을 개발해 주었다는 것까지는 알려드릴 수 없습니다."

그의 말을 듣고 우리는 안심할 수 있었다. 그래서 바로 핵심으로 들어갔다.

"새로운 소형 디젤 엔진을 개발하는 데는 얼마만큼의 기간이 필요합니까?"

"자동차에 바로 얹을 수 있게 완벽한 것을 요구한다면, 3~4년 정도 걸릴 겁니다."

"그렇게 오래 걸려야 하나요?"

"디젤 엔진을 새로운 승용차에 얹으려면, 연료계통의 새로운 개발이 필요할 수도 있기에 그 정도 기간이 걸릴 수 있다는 겁니다. 만일 운이 좋아서 첫 설계 때 가정했던 게 맞아떨어지면, 의외로 빨리 되는 수도 있긴 해요."

이어서 비용 이야기를 했다. 엔진 개발에 들어가는 모든 비용과 개발에 참여하는 사람들의 급여를, 전부 개발 의뢰자가 내야 하는데 기간이 길어지면 그만큼 더 많이 내야 한다는 것이었다. 그의 말에 의하면, 엔진이나 새로운 시스템의 연구처럼 경비가 많이 드는 프로젝트는 단독 회사보다는 보통 2~3개 업체가 공동 의뢰하는 경우가 더 많다고 했다. 당시의 현대로서는 상대하기가 벅찬, 너무 큰 연구소로 생각되었다. 그 막대한 개발비를 낼 수 있는 처지가 아직은 못 되었기 때문이다. 그날 오후, 정 이사와 나는, 뉘른베르크로 가서 다음 날, 엘코ELKO 연구소를 찾아갔다. 이틀 뒤 BMW 방문 약속이 이미 잡혀 있었지만, 그 사이에 하루 쉬는 날을 이용해, 작은 연구소 하나를 더 찾아가고 싶어서였다.

엘코 연구소는 뉘른베르크에서 1시간쯤 뮌헨 쪽으로 가는 힐폴슈타인이

제3부 세계로 뻗는 길 263

라는 작은 시골 마을에 있었다. 이 연구소 설립자는 만_{M.A.N SE}에서 구형球形 엔진 연소실을 창안했던 노인이었다. 만의 직업학교를 나와 은퇴할 때까지 그곳에서 일한 엘스벳_{Elsbett} 씨는, 인상이 꼭 에디슨_{Thomas Alva Edison} 같이 생긴 분으로 전형적인 발명가 스타일이었다. 그를 처음 알게 된 것은 그해 여름 유럽 출장 중에, 굉장한 엔진을 개발한 사람이 있다는 네덜란드 사무소의 이야기를 전해 들었는데, 그때, 나중에 한 번 찾아가겠다고 미리 연락을 해 두었기 때문이었다.

1600cc 골프 가솔린 엔진을 개조하여 만들었다는 디젤 엔진은 골프의 디젤 엔진보다 연료 소비량이 더 적고 소음도 더 낮았다. 지름 30m 정도 되어 보이는 단층 원형 건물 속에 공작기계와 다이나모미터_{Dynamometer} 몇 대를 설치해 놓고, 기본적인 엔진에 개조를 거듭하여 시행착오 끝에 새로운 엔진을 제작해내는 곳이었다. 그들이 보여 준 실린더 헤드 단면의 견본품은, 그것이 완성에 이르기까지 20여 회가량에 걸쳐 진행되어 온 실험과 개발 과정을 고스란히 보여주는 것이었다. 이 엔진의 특징은, 일종의 단열 엔진에 가까운 것으로 연소 열을 밖으로 빼앗기지 않게 함으로써 열효율을 높이는 데 있었다. 그것을 위해, 피스톤을 두 조각으로 만들고, 구형球形 연소실을 가진 피스톤 헤드와 스커트는 피스톤 핀으로 연결하고 있었다. 그리고 흡기의 원심력을 주기 위하여 매니폴드_{Inlet manifold (엔진으로 공기가 빨려 들어가는 관)}를 달팽이 모양으로 했다. 발명가 기질인 사람의 개발품이어서인지, 엔진의 기계적인 구조와 기구학적 창안은 매우 좋았던 반면, 엔진 성능의 철저한 분석이나, 그 무렵 국제적으로 한창 관심사였던, 배기가스에 관한 연구가 전혀 되어있지 않은 점이 불안했다.

처음 이 엔진을 보고 귀국한 뒤, 기술 센터에서 엔진을 공부하고 있던 서 대리와 노 대리에게 이 엔진의 특징을 설명해 주면서 같은 개념을 가진 엔진을 설계해보라고 주문해 보았다.

"도면을 그려내면, 만드는 것은 내가 만들어볼 테니 한번 설계를 해봐."

이 말을 들은 서 대리와 노 대리는 펄쩍 뛰었다.

"이제 겨우 내연기관 이론을 공부하는 중인데, 저희가 설계를 어떻게 하겠습니까?"

"아니야, 직접 설계도 해보고 시작품도 만들어보고 그러면서 공부하는 편이 엔진을 이해하는 데 훨씬 도움이 될 걸세. 내가 다녀본 자동차 회사의 엔진 연구소들이 하나같이 공통으로 하는 얘기가, 처음 엔진의 기본 모델을 만드는 건, 늘 엔진을 만지작거리는 튜너들이라는 거야."

"그들이 직감에 의해 기본 모델을 만들고 나면, 엔지니어들이 그걸 개량해서 실용화한다는 거야. 즉, 각 부분을 실험하고 이론으로 자세히 따지고 계산해서 배기가스를 연구하고, 연비를 개선하는 등, 세부적으로 고쳐가는 일 같은 거 말이야. 자네들은 튜너가 하듯, 기존 엔진을 뜯어보고 개조하면서 새로운 모델 하나 만들어 볼 수는 없겠나?"

"글쎄요, 그건 그런데요, 책을 보면 다른 데에서 인용한 부분이 많고, 인용한 책을 읽다 보면, 또 다른 인용 논문이 나오고 해서… 이론적으로 다 이해하는 데만도 상당한 기간이 필요할 것 같습니다. 우선 이론적으로 좀 알아야 엔진 설계도 가능하지 않겠습니까?"

"자네들 지금 엔진을 이론적으로 설계하려고 한다면, 무엇이 중요하고 어디를 더 공부해야 하는지도 모를 텐데, 인제 와 책 몇 권 더 읽는다고 어차피 금방 이론의 대가가 될 것도 아니고 말이야…. 우선 한번 만들어보면서 감을 잡고, 그다음 또 무엇을 배워야 하는지 알아내면서 실제로 만들어나가는 것도 나쁘진 않아! 처음 엔진을 개발한 사람들이 이론 공부를 다 끝내고 엔진을 발명했을까? 그게 아니야. 먼저 만들어 놓으니까 나중에 이론가들이 설명한 거야. 물론 그 이론을 전개하다 보니 다른 가능성을 알아내고, 또 그것을 이용하여 더 나은 엔진도 만들고, 그렇게 해서 현재의 엔진이 만들어지게 된 거지. 맨 처음으로 기술을 개발하는 사람은 아무런 선례가 없기 때문에 느릿느릿 진행할 수밖에 없겠지만, 뒤쫓아가는 우리는 먼저 그들이 개발해놓은 것을 얼른 흉내 내 비슷한 물건을 만들고, 다시 그걸 기본으로 해서 우리 실정에 맞게 개조하는 식으로 하면 된다고. 자신을 가지고 한번 해보게."

나의 끈질긴 강요에 못 이겨 마침내 그들은 엔진 설계에 들어갔다. 하다 보니 막히는 곳들이 계속 나오는데, 그것들은 모두 내연기관 교과서에서조차 상세히 나와 있지 않은 부분들이었다. 그렇게나 어렵다는 캠Cam 설계도 정작 여러 교과서를 찾아봐도 도통 어떻게 설계하는 것인지 아무런 언급이 없었고, 다른 여러 문헌 자료를 찾아봐도 신통하게 기술되어 있지 않아, 우리 스스로 나름의 수법을 개발, 설계해야 했다. 엔진의 형체가 대충 만들어지고 보니, 연료 분사 장치가 필요하게 되었다. 나는 일본의 디젤 기기에서 견본으로 가져온 직렬형 펌프In-line pump를 개조해서 써보라고 조언했다.

펌프 개조를 맡았던 노 대리가 이런 말을 했다.

"펌프는 그지 돌아가며 연료가 분출되어 나오는 거라 간단히 생각했는데, 연료 용량을 맞추려고 개조하면서 보니까, 이거 하나만 해도 한 팀이 달라붙어 본격적으로 연구해야 할 만큼 복잡하게 설계되어 있네요. 내연기관 책에는 펌프에 관해 설명한 것이 하나도 없어서 그다지 힘들지 않을 것으로 알았는데 말입니다."

어쨌든 서 대리와 노 대리는 내 등쌀에 못 이겨 자체적으로 시제품 같은 디젤 엔진을 하나 만들어냈다. 그런데 그들이 만든 엔진은 시동을 걸어도 연기만 풀썩풀썩 날 뿐, 폭발이 제대로 되지 않았다. 서 대리와 노 대리가 이 일로 행여라도 기죽을세라 그들을 격려하는 걸 잊지 않았다. 적어도 이번 기회를 통해, 엔진 개발이 어떤 것이며, 엔진 설계를 위해선 어떤 분야의 공부가 필요한지를 어느 정도 깨닫게 되지 않았느냐고 위로해주었다.

정 이사와 엘코 연구소를 다시 방문한 것은, 서 대리와 노 대리가 미처 엔진 설계를 채 마치지 못한 11월 중순 무렵이었다. 연구소라는 이름만 내걸었을 뿐, 실제는 철공소나 다를 바 없는 설비와 기술진을 만나본 정 이사는 처음에는 별 흥미가 없어 보이는 눈치였다. 그러나 폭스바겐 골프의 디젤 엔진이 얹힌 차와, 엘코 엔진이 얹힌 차를 번갈아 비교하며 운전해보더니 차츰 관심을 보이면서 이것저것 전문적인 내용을 질문하기 시작했다. 그러나 안타깝게도, 그곳에는 그런 질문에 만족할 만한 답변을 줄 수 있는 사람이 없었다. 엔진의 여러 가지 이론들을 깊게 알고 있는 사람이 없었던 것이다. 엘스벳 씨의 작은 아들이 운전하는, 엘코 엔진이 얹힌 차를 몰고 뮌헨으로 가며 연료 소비를 조사해 본 우리는 그 소모량이 턱도 없이 적은 데에 깜짝 놀라지 않을 수 없었다. 그것을 확인한 정 이사는, 아직 배기가스 기준이 엄격하지 않은 우리나라 실정에서, 그 정도의 엔진으로 연료 소모만 적다면, 택시에는 이용할 수 있지 않겠느냐는 의견을 냈다.

제3부 세계로 뻗는 길　**267**

귀국 후 중역 회의에서 엘코 엔진에 대한 여러 가지 논의가 있었다. 우리의 기술이 전무한 상태에서 완벽한 것을 포르쉐에 의뢰하면 너무 많은 경비와 시간이 들 것이므로, 차라리 엘코를 이용하는 것이 우리 기술진에게 훈련 기회도 줄 겸해서, 더 낫지 않을까, 라는 의견이 나왔다. 어떠한 자동차 메이커를 보더라도, 디젤 승용차의 판매량은 가솔린 차의 그것에 비하면 극히 미미하다. 따라서 어떤 회사도 이 분야에 많은 투자를 하지 않는 실정이었다. 가솔린 연료비가 상대적으로 비싼 한국의 경우는 상황이 앞으로 정확하게 어떻게 전개될지 알 수는 없었으나, 어쨌든 새한에서 내는 디젤 차종과 경쟁해야 할, 우리 쪽 디젤 승용차는 있어야 했기에, 최소한의 설비비 투자로 경제적인 디젤 엔진 개발이 필요했다.

그러한 시각에서 본다면, 가솔린 엔진의 부품 일부만 개조하여 만들 수 있는 엘코 엔진이야말로, 성능만 보장된다면 꽤 이상적인 것으로 보였다. 설령, 성능이 아주 좋지는 않더라도, 그것으로 기술자들의 독자 엔진 개발을 위한 훈련이 가능하다는 점을 감안하면, 크게 나쁘지는 않다는 판단과 함께 중역 회의에서 호의적으로 논의되었다. 1980년 1월, 엘코와 개발에 관한 계약을 맺고 기술자 세 명을 파견했다. 그들은 약 1년간 엘코 연구소에 주재하면서, 실제 자동차에 장착하여 실험하는 등, 디젤 엔진 개발에 부분적으로나마 참여할 기회를 얻게 되었다. 그해 가을 엘코와 합작으로 처음 만들어진 엔진 중의 하나가 한국에 도착하여 바로 디젤 엔진용 포니에 장착, 시험 운행되었다. 포니에 없은 엔진은 1600cc 디젤 엔진이었는데 연료 소모 시험 결과, 리터당 16km 정도로, 당시로선 놀라운 연비였다.

그러나 회사를 퇴직한 이후 전해 들은 바로는, 오랜 시간 철저한 검사를 하니 배기가스에 문제가 있어, 해당 엔진 사용이 중단되었다고 한다. 무척 안타까운 일이었다. 하지만, 적어도 이때의 엘코 엔진 개발 경험은 이후 현대자동차의 자체적인 엔진 개발에 대한 의욕을 고취하고, 엔진 개발의 어려움을 알게 함으로써 독자 엔진 연구소 설립을 활성화한 계기가 되었다. 최근 현대자동차는 마침내 마북리 엔진 연구소를 설립하게 되었다. 연구소에서 개발한다고 해도 엔진이 한두 해 안에 바로 실용화되기는 힘들겠지만, 오랜 연구와 실험을 필요로 하는 것이니만큼, 하루라도 빨리 시작해야 그만큼 빨리 자체 제작 엔진을 손에 넣을 수 있게 되므로, 연구소 설립은 참으로 의미 있고 고무적인 일이 아닐 수 없다. 언젠가는 현대자동차의 자체 설계, 제작 엔진이 세계의 자동차에 장착되어 온 세계를 누빌 날이 오길 바라는 마음이 간절하다. 서 대리와 노 대리는 이제 차장들이 되어 엔진 개발 팀의 중요한 위치에서 일하고 있다. 그들이 성장해가는 과정을 보면, 하나의 기술을 이루는 데 얼마나 많은 돈과 시간과 인재가 필요한지 알 수 있고, 기술이라는 상품을 얻기가 왜 그토록 어려운지를 이해하게 된다.

제3부 세계로 뻗는 길 **269**

26장
미래의 예측은 신중하게 최선을 다해

1976년~1977년 사이 포니의 판매량은 순조롭게 늘어났고, 현대자동차는 이에 대응하여 공장 확장을 서두르기 시작했다. 연간 생산량 15만 대로 늘릴 것인지 20만 대로 할 것인지, 계획을 여러 번 세우고 또 수정하기를 반복했다. 공장 확장에 필요한 단계별 소요 기간을 보자면, 기획이 끝나 확정된 뒤에도 따로 설비 계획을 세우기까지가 약 6~12개월이 걸리고, 그에 따른 설비 및 기계의 발주처를 찾고 시방서 작성 및 계약 체결까지 또다시 1년 정도가 더 소요된다. 이후, 기계가 발주처에서 만들어진 후, 울산으로 운반해 도착까지가 또 1년가량, 들어오는 대로 설치가 된다 치더라도 시 운전을 마치는 데 적어도 반년이 소모된다. 기간 단축을 위해, 계획 단계와 발주 단계를 일부 겹쳐 가며 진행하고 동시에 확장되는 공장 건물의 건설과 설비 설치를 겹쳐서 한다고 할지라도, 기획 승인 후 설비가 완비되어 확장된 공장

270

의 가동까지 적어도 약 3년이라는 긴 시간이 필요하다.

그래서 공장을 지을 때는 먼저 장차 완공되어 전체가 원활하게 돌아가게 되는 시점인, 적어도 5년 앞의 시장 상황을 예측한 뒤 기획해야 한다. 실제로는 넉넉잡아 10년 정도의 미래를 내다본 계획이 좋다. 왜냐하면 완공 후 공장이 활발히 운영될 경우, 즉 기획하여 만든 차의 판매가 순조로울 때 즉시 확장이 필요한데, 만일 계획 단계에서 확장을 염두에 두지 않았다면, 여건을 무시한 무리한 공장 확장은 여러 비효율을 초래하여 생산성 하락으로 이어질 수도 있다. 면밀한 검토 없이 급히 서두른 탓에 기계 배치나 설비에 오류가 생기고 생산이 원활치 못하게 되어 증설 후, 단위 생산 코스트가 올라갈 수 있기 때문이다. 따라서 기획은 면밀하고 신중해야 하고 가능한 한 미래를 정확히 예측하도록 애써야 한다. 15만 대로 확장이니, 20만 대니, 여러 차례 기획이 변경되었고, 많은 인력을 동원한 막대한 양의 서류가 오갔다. 결국, 최종적으로 선택받지 못한 서류를 준비하고 작성한 인력은 깊은 실망과 허탈에 빠지게 된다. 하지만, 작성된 서류가 버려지고 그것을 만들기 위해 투여된 노동력의 손실은, 공장 설립 후 착오를 발견하는 것에 비하면 극히 미미하다. 차츰 지쳐가는 기획실 직원들을 달래가며 새로운 지침이 번복되어 내려올 때마다, 또다시 인력과 많은 시간을 들여 기획서를 새로 만들곤 했다.

그 무렵, 자동차 업계에선 머지않은 미래의 자동차는 축전지와 모터로 달리는 구조의 전기 자동차가 될 것이라는 예측이 있었다. 실제로 제너럴 모터스와 포드가 전기자동차 개발을 위해 그 핵심이 될 축전지 연구에 많은 투자를 했다는 내용의 잡지 기사도 있었다. 더구나 한 차례의 오일쇼크를 겪고 난 후, 앞으로 석유 자원이 얼마 남지 않았다는 어두운 전망이 석유 가격을 더욱 부채질하고 있던 때라, 엔진 제작자 입장에선 적지 않은 불안감을 떨치기 힘들었다.

피스톤이 왕복하여 공기를 압축하는 왕복형 엔진은, 역학적으로만 보자면, 운동에너지의 낭비를 초래하는 디자인이기 때문에 출력대비 효율이 그다지 높다고 볼 수는 없다. 그러나 아이러니하게도, 공기 압축 방법을 왕복 운동에서 회전 운동으로 바꾸어 새로 개발한 로터리 엔진보다 오히려 효율이 좋은 편이다. 또한, 재래식 터빈에 비교해도 제조비가 월등히 저렴한 이점이 있는 등, 여러 면으로 볼 때 왕복형 엔진이 현재 기술로서는 여전히 우위를 점하고 있는 게 현실이다. 석유 연료를 쓰는 한, 왕복형 엔진은 쉽게 없어지지 않을 것이라는 믿음이 있다. 물론 전기를 쓴다고 한다면 이야기는 달라질지 모른다. 틈이 날 때마다 기술잡지와 엔진이나 연료에 관한 책을 찾아 읽기 시작했다. 또 외국 출장 때면, 기회 있을 때마다 미래의 자동차 모습에 나름대로 일가견 있는 전문가를 만나서 그들이 제시하는 여러 가지 비전을 경청했다. 이렇게 하여 내가 얻을 수 있었던 결론은 대략 다음과 같은 것이었다.

당시 너무 바쁜 와중이라 제대로 자료 정리가 되어있지 않아, 정확하게 누구에게 들었는지 지금은 그 근거제시를 할 수 없어, 독자들께는 한편 미안한 마음이고, 그냥 나의 개인 의견 정도로 가볍게 보아 주셔도 무방할 듯하다. 지금까지 인간이 개발한 기관 중, 자동차에 실용적으로 적용하기에는 왕복 엔진만 한 것이 아직은 없다. 자동차에 얹히는 엔진의 필요조건으로는, 출력에 비해 가볍고 부피가 작아야 하며 고장이 적고 수리가 쉬워야 한다. 터빈은 그런 측면에서는 비교적 가볍기는 하지만, 아직 자동차에 쓸 만큼의 작은 부피로는 개발되지 못했다. 개발된다고 하더라도 고장이 났을 때 수리가 어렵고, 배기가스 온도가 너무 높아 사람과 차가 많은 길거리에서 문제가 될 수 있다. 무엇보다도 제작비가 비할 수 없이 비싸지는 결점이 있다.

전기자동차의 단점은 축전지의 무게가 무겁다는 것과 그 무거운 축전지에 담을 수 있는 전기량, 즉 에너지 용량이 아주 적다는 점이다. 최근 개발되고 있는 전기자동차의 자료에 의하면, 가장 실용적으로 근접한 전기자동차의 주행거리가 통상 50㎞, 최대 100㎞밖에 안 되고, 이것을 충전하는 데에는 10시간 정도 걸리기 때문에 실제로 사용하기엔 불편한 점이 너무 많다. 축전지의 성능에 커다란 돌파구가 생기지 않는 한, 전망이 밝지 않다. 설혹 축전지의 무게를 줄이고 주행거리를 늘리는 기술이 나오더라도 충전소를 널리 보급 시키는 문제가 뒤따를 것이므로, 이를 해결할 특단의 조치가 따르지 않는 한, 당분간은 전기를 동력으로 하는 자동차가 실용화되기에는 적지않은 시일이 걸리지 않을까, 라는 나름의 추측을 해본다.

따라서 적어도 당분간은 자동차에 왕복형 엔진을 쓰지 않으면 안 될 것이라는 생각을 가지게 되었다. 다만 연료 문제는 앞으로 석유 사정이 어떻게 될 것인가에 따라 새로운 엔진이 개발될 여지가 있다. 이미 남미에서는 알코올로 가는 차가 실용화되고 있다고 한다. 그러나 알코올의 중량당 에너지는 석유 연료보다 훨씬 작으므로, 석유가 고갈되기 전에는 현존하는 엔진이 그대로 쓰이리라 예측된다. 중량당 에너지가 크다는 점에서, 어떤 학자들은 이제 남아 있는 석유 연료를 자동차에만 쓰고, 그 밖의 모든 엔진에는 다른 연료를 써서 국제적으로 규제해야 한다고 주장하기도 한다.

석유 연료 다음으로 가능성이 커 보이는 것이 수소 연료이다. 그러나 액체수소는 저장이 어렵고 충돌사고 때 폭발할 위험이 있어, 암모니아 형태로 운반하여 이것을 분해하여 수소를 발생시키는 방법을 쓸 수는 있다. 간단히 촉매를 이용하여 분해하는 특허 등도 이미 나와 있다. 최근 비결정非結晶 금속에 관한 연구가 크게 진전되자, 수소를 저장할 수 있는 금속이 개발되어 수소 연료의 실용화가 한걸음 눈앞으로 다가온 듯한 느낌이 든다.

에너지를 저장하여 싣고 다녀야 하는 자동차의 특성상, 아직은 석유 연료 탱크와 비교하여 부피와 중량에서 비교가 안 되지만, 수소가스를 안전하고 실용적으로 저장할 수 있을 만한 금속이 발견된다면 가능성이 있다. 수소 원료는 전혀 공해가 없는 연료이고, 지구에서 물이 마르지 않는 한 무한한 자원이다. 태양광 발전이나 풍력 발전 등으로 얻어지는 전력으로 물을 분해하여 수소가 발생하므로, 비교적 비용이 낮은 새로운 발전 방식의 개발이 생긴다면 수소가 석유 원료를 대체할 날도 머지않으리라 생각해본다.

그다음에는 자동차를 대신하는 완전히 새로운 교통수단이 발명되어, 자동차가 사라져버려, 엔진이 없어지는 일이 없을까 하는 예측도 가능하다. 컨베이어 벨트가 도로를 대체한다거나, 1인용 로켓을 타고 날아다니는 세상 같은 모습이다. 그러나 이것은 어디까지나 공상의 영역 범위이거나, 한정된 목적에서만 사용할 것이라는 생각이다. 왜냐하면, 그런 방식은 같은 무게의 물체를 운반하는 데에 드는 에너지량이 자동차보다 훨씬 크기 때문이다. 따라서 앞으로 에너지의 가격이 더 올라갈수록, 그에 비례하여 자동차의 중요성 또한 높아지게 될 것이다. 약 4천 년 전에 개발된 바퀴를 대체할 다른 편리하고 경제적인 지상 교통수단이 출현하지 않았으며, 비록 자동차의 형태 면에서는 변화가 있을지언정, 미래에도 바퀴로 굴러가는 운반기구는 남아 있게 될 것이 분명하다.

이러한 현재의 추론하에, 현재 상황에서 적어도 당분간은 자동차나 왕복형 엔진이 사라지는 일이 없을 것이라 가정한다면, 우리의 실질적 관심사는 자동차 시장의 수요를 예측하는 문제가 될 것이다. 자동차가 앞으로는 몇 대로 늘어날 것이며, 어떤 자동차가 얼마에 팔리느냐 하는 문제인데, 이것은 엔진의 가격 책정과도 밀접한 관계가 있다. 즉, 어떤 엔진을 얼마의 가격에 만들어도 팔릴 수 있을까 하는 문제를 풀어내야만 경제적으로 전략적인 투자를 할 수 있기에, 기획실 의견과 외국인 전문가들의 견해를 들어보곤 했다. 그리하여 다음과 같은 결론을 얻을 수 있었다.

개략적인 추산이므로 생산된 자동차는 모두 판매된 것으로 가정한다. 한 해 판매되는 차량 수는 1975년 기준, 전 세계적으로 약 3천만 대로 집계된다. 수치를 단순화하자면, 미국에서 매년 대략 1천만 대의 자동차가 만들어지고 있으며, 일본은 나라가 작아도 열 개 제조사에서 합계 약 1천만 대를 생산하고 있다. 유럽과 동유럽 기타 생산량이 합쳐서 약 1천만 대로 보았을 때, 전부 3천만 대가 되며 그중에서 국제간 무역으로 팔리는 차가 약 1천만 대라고 볼 수 있다.

자동차를 만들고 있는 나라의 위치를 지구의에서 살펴보면, 모두가 온대성 기후에 속한 나라들이다. 너무 춥거나 더운 곳에서는 공장의 실내 온도를 자동차 제작의 적정 온도로 맞추기에 많은 비용이 들어서 불리하다. 또한, 자동차 산업은 한 나라의 여타 모든 기초 산업이 어느 정도 수준에 도달해야만 가능한 산업이다. 이러한 여러 가지 조건을 충족하는 나라는 대개 자동차를 이미 만들고 있으며, 그중에서 한국과 대만이 가장 후발국이라 할 수 있다. 소형 승용차를 미국에서 조립하는 것은, 자동차의 구조와 생산 기법에 큰 변혁이 없는 한 아시아 제조국들과 가격 경쟁이 어려울 것으로 보인다. 그 이유는, 자동차 조립에서 가장 인건비가 많이 드는 의장 조립은 자동화가 매우 어렵고, 체구가 큰 작업자가 많은 미국에서 아시아인만큼 능률적으로 작업을 하기가 어려울 것이기 때문이다. 적어도 그 부분이 오일쇼크 직후, 미국이 일본의 소형차를 빨리 따라 하는 데에 걸림돌이 된 장애물이었으며, 경쟁차가 없는 미국 시장에서 일본 소형차가 폭발적으로 수요와 공급이 생긴 이유 중의 하나이다. 이것으로 미국, 일본 간의 무역마찰이 심화하기 시작했고 일본 차의 대미 수출은 이제부터는 그리 쉽게 증가하기 어려워질 것이다. 그렇다면 자연히, 일본은 자동차의 고급화와 대형화에 의존해서만 수출액을 높이게 될 것이다.

가장 큰 미국 시장만 보자면, 신차 시장은 크게 두 가지로 구분된다. 중·대형차 시장과 소형차 시장이다. 먼저, 중·대형차 시장은 대체로 그동안 타던 차를 처분하고, 새 차로 바꾸는 사람들이다. 따라서 브랜드 충성도가 높은 시장이다. 반면, 소형차 시장은 전통적으로 세컨드 카의 수요가 대부분이다. 세컨드 카는 말 그대로 중·대형차를 한 대씩 소유한 가정에서 추가로 작은 차를 하나 더 사려는 시장이다. 이러한 소형차 시장의 수요를 충족시키는 과정에서 일본 차가 진입했고 현재 급속히 신장 중이다. 하지만 미국과 일본의 무역 마찰로 인해, 미국 정부의 엔고 압력이 거세지면서 자연히 일본 차의 가격이 오르고 고급화된다. 이렇게 되면 세컨드 카 시장의 기존

수요에 중고차가 유입되기 시작할 것이며, 이에 많은 수요자들이 적절한 가격의 신차를 구매하고자 하는 열망이 생길 것이 분명하다.

바로 이때 만약, 현대에서 그 세컨드 카 시장의 수요에 맞는 적정 가격의 고품질 차를 출고한다면, 소비자들의 환영을 받기 좋을 것이다. 유고슬라비아와 소련이 저렴한 차를 내고는 있지만, 그들과 비슷한 가격대에서 그들보다 높은 품질의 차를 만들 수 있다면, 잠재 수요의 개발도 가능할 것이므로, 약 200만 대의 시장을 우리가 점유할 수 있을지도 모른다. 자동차의 원가 구성으로 볼 때, 자동차 회사들 사이에 서로 경쟁이 되는 요소는 크게 재료비, 인건비, 그리고 감가상각이다. 그 밖에 일반 관리비가 있는데, 이것은 당연히 한국이 유리하다. 재료비는 일본이나 미국 유럽과 비교할 때 한국이 약간 유리하긴 하나, 고도의 기술을 필요로 하는 배기가스 정화를 위한 부품 등은 로열티를 물고 국산화를 하든지, 또는 완제품으로 수입을 해야 한다. 그런 부품의 비중은 비교적 크므로 거기에 많은 돈을 투자했을 경우, 자동차 전체로 봤을 때 자칫 제조원가에서의 우위를 잃게 되는 수도 있다.

또, 작업자의 임금 수준을 미국이나 일본과 비교해보면, 한국은 그들의 절반에 약간 못 미치지만, 생산성이 아주 낮으므로 자동차 대당 원가에서의 인건비 비율은 그들에 비해 월등하게 유리하다고는 볼 수 없는 처지이다. 미국의 경우 인건비가 자동차 원가의 15% 내외, 일본이 약 12%이고 한국은 10%가량이다. 만약 생산성을 일본에 육박할 만큼 올릴 수만 있다면, 현재의 인건비 구성을 5% 이하로 낮출 수가 있게 된다. 그리고 같은 댓수의 자동차를 제조하기 위해 투자되는 설비를 비교해보면, 일본을 100 기준으로 할 때, 미국이나 유럽은 150 또는 180 정도로 높다. 그만큼 일본의 자동차 회사는 생산 기술과 관리 기술이 앞서 있고 일본의 기계가 싸다는 결론이다.

그에 비해 현대의 경우, 일부 기계를 자작하고 구매 비용을 최대한 저렴하게 한다면, 설비 투자에서 일본보다 20% 이상 더 유리하다고 볼 수 있다. 그리고 토지 가격이 한국이 월등히 싸기 때문에 전체 투자에서 더 유리할 것이다. 당시인 1979년 내가 계산한 바에 따르면, 연간 30만 대 생산을 한다면 40만 대 생산과 비교 시, 자동차 원가에서 감가상각의 비중이 2~3% 정도의 상승하는 것으로 나왔다. 1973년 처음 기획할 때 예측은 20만 대 생산 규모의 공장을 지어도, 큰 규모의 공장에서 생산된, 대당 감가상각액이 더 작은 외국의 자동차들과 충분히 경쟁할 수 있게 된다고 여겼으나, 1979년 현재, 기계 설비의 가격이 많이 상승하였고, 가공 기술에 많은 진보가 이루어지는 등의 변수를 고려하여, 30만 대 정도 규모로 만들어야 그들과 경쟁을 할 수 있다고 추산되었다. 연간 생산량 30만 대 공장을 세우려면, 현재 사용 중인 설비를 일부 포함, 약 2억 달러가 될 것으로 보아, 연간 30만 대를 생산하는 경우 단기 감가상각하는 치공구류를 포함해서, 상각액이 대당 약 10만 원 내외가 될 것이므로, 당시 일본과 충분히 경쟁할 만했다.

현대가 일본이나 구미 각국과 경쟁하는 길은, 일본과 비슷하게 투자하여 일본 수준의 생산성을 내는 길밖에 없었다. 생산성을 올리는 길은, 생산 기술과 관리 기술의 문제이며 현대의 발전 속도로 볼 때 1982년~1983년 정도까지는 상당한 수준으로 올릴 자신이 있었다. 특히, 1984년이 되면 1973년 말에 입사한 사원들이 약 10년 차 경력이 된다. 같은 시기 일본에서 입사한 사원들은 주임이나 과장이 되어 일본 자동차 회사의 중추적 역할을 하게 될 것인데, 이에 맞설 현대자동차 직원들은 그들보다 몇 배나 더 어렵고 막중한 경험을 하여, 상대적으로 능력 면에서 그들을 훨씬 능가하는 인원들이기에, 생산 기술이나 관리 기술 면에서 그들 일본인에게 뒤떨어질 턱이 없었다.

이런 여러 가지 추론 끝에 나는 기획실 사람들에게 다음번 확장은 15만 대나 20만 대가 아닌, 궁극 목표 40만 대 확장을 전제로 한 30만 대 공장으로 해야 한다고 주장했다. 그리고 기술제휴나 합작은, 일단 미쓰비시와 하는 것이 좋겠다는 편을 지지했다. 그 이유는 두 가지였다. 첫째 생산기술을 배우는 데 일본만큼 잘 가르쳐주는 선생이 없고, 두 번째는 미쓰비시사 제품의 기술력이 앞으로 많이 성장할 것으로 예측되었기 때문이었다. 미쓰비시는 제2차 대전 때 이미 실전 전투기를 개발한 그룹이다. 그만큼 잠재력을 가진 회사지만, 자동차 산업에 본격적으로 진출한 것은 토요타나 닛산에 비해 늦었기에, 처음에는 크라이슬러와 자본 제휴하여 그들의 기술적인 도움을 받아가며 자동차를 만들었었다. 그러다가 1977년 무렵, 더는 구미에서 배울 것이 없다는 판단하에 기술 센터의 인원을 두 배로 늘린 뒤, 본격적으로 자동차 기술개발에 투자하기 시작했다.

일본에서는 새로운 기계제품 개발 기간을, 대략 5년 정도로 본다. 따라서 나는 미쓰비시에서 개발비로 투입한 자금의 결과가 서서히 나타나는 시점을 1982년쯤으로 보았다. 합작을 하려면 그 이전에 해야지 그 이후에는 미쓰비시의 합작 조건이 더욱 까다로워질 것으로 예측했다. 남보다 더 우수한 기술을 가졌다고 자부하는 사람은 쉽사리 남에게 그것을 내어주려고 하지 않는다. 그래서 그들의 기술 수준과 자부심이 월등히 높아지기 전에 연합 전선을 펴자는 제의를 하는 편이 우리에게 더 유리하다는 것이 나의 판단이었다.

그러나 현대자동차 내부엔 나와 다른 견해를 가진 사람이 많았다. 어느 것이 옳은 판단인지는 아무도 알지 못한다. 내가 현대자동차를 그만둔 뒤, 결국 현대는 미쓰비시와 합작하였고 이제 그들의 설계 일부를 받아 개발한 엑셀과 프레스토를 생산하고 있는데, 지금도 과연 그것이 옳았는지 판단은 아무도 속단하기 어렵다. 기획실에서는 사내의 여러 가지 의견을 청취하면서 독자적으로 여러 가지 가능성을 검토했다. 자동차 회사에, 하나의 제품이 성공했다고 해서 영원히 성공한다는 보장은 없다. 새 차는 길어야 10년의 수명을 가지고 있고, 때로는 5년도 못 되어 사장되는 제품도 있다. 그런데, 새 차 하나를 탄생시키는 데는 5년가량의 세월이 필요하니, 새로운 제품을 내기 시작하면서 동시에 다음 제품의 준비를 바로 시작하지 않으면 안 된다. 팔리고 있는 차도 해마다 조금씩이라도 개량하지 않으면, 곧 수요가 감소하므로, 한쪽에서는 끊임없이 개선과 개량을 계획하여야만 한다. 이러한 기획은 한 두 사람의 힘만으로 되는 것이 아니고, 각 분야의 전문가들이 수시로 모여 머리를 맞대고 아이디어를 짜내길 계속해야만 한다.

자동차는 개인이 보유하는 재화 중, 종종 집 다음으로 큰 비중을 차지하며, 소유자에게 안전과 편리성을 제공하는 이동 수단임과 동시에, 나아가 그의 품격을 표현하는 수단이 되기도 하는, 그래서 심리적인 만족감까지 제공하는 중요한 소유물 중 하나이다. 이렇게 복잡하고 다양한 속성을 가진 자동차라는 상품을 실제로 만드는 과정과 일하는 사람들의 노력은, 사실 몇 줄의 글로 설명하기가 불가능함을 잘 알면서도, 조금이라도 그들의 노고를 알리기 위해 이렇게 시도해보는 것을 양해해 주었으면 한다.

결론적으로 말해, 불확실한 미래지만 최선을 다해 차세대 자동차 산업의 지평을 열 전략을 만든다는 목표로, 회사 내부에서 많은 사람이 다양한 의견을 제시하였고, 그에 더해 회사의 입장이 함께 엇갈리고 섞이고 흘러가는 과정에서 차츰 현대자동차의 기본 방침이 정해져 나갔다.

27장
네마와시

1979년 5월 초 정세영 사장은 나를 포함한 중역 몇 사람을 동반하여 미쓰비시 자동차를 방문했다. 먼저 협상을 하고 있던 폭스바겐, 포드, 르노, 등과 서로의 조건이 맞지 않아 교섭의 진행이 지지부진할 무렵이었다. 이번에 미쓰비시 쪽과는 실질적인 성과를 이루고자 정세영 사장이 직접 나섰다. 그들의 신설 엔진 공장도 구경하면서, 그쪽 중역들에게 우리의 찾아온 취지를 전하고 마지막에 구보 사장과 회담을 하게 되었다. 나는 그때 동행을 하게 되어 두 사람의 대화를 들을 수 있었다. 정 사장과 구보 사장은 여러 가지 양국 간의 이야기를 나눈 뒤에 본론으로 들어갔다.

"우리는 그동안 전륜구동 차를 찾아 여러 곳과 교섭을 했습니다만, 마지막으로 미쓰비시에 찾아왔습니다."

정 사장이 이렇게 말을 꺼내자 분명 미리 보고를 받아 어떤 목적의 회담인지 알고 있었을 것임에도 구보 사장은 마치 그런 이야기를 처음 듣는 사람처럼 대꾸하는 것이었다.

"호~ 우리도 전륜구동 차를 가지고 있긴 하지요."

"우리가 여러모로 고려할 때, 배우는 데는 역시 일본이 가장 좋은 것 같습니다."

"아, 그래요? 독일이나 프랑스도 미터제를 쓰고 있어서 표준화를 하는 데 좋지 않아요?"

"그렇긴 하지만, 일을 배우는 데는 언어가 무척 중요한데, 독일어나 프랑스어는 배우기가 너무 어려워서요…."

"그렇긴 하죠, 특히 프랑스는 도면 정리가 잘 되어있지 않습니다. 만들면서 고친 부분에 도면 수정이 잘 되어있지 않아서 실물하고 도면이 같지 않은 것이 더러 있습니다."

정 사장이 찾아온 이유를 뻔히 알고 있으면서도, 구보 사장은 짐짓 모른 체하며 화제를 다른 곳으로 몇 번 돌리더니, 마침내 정색하며 이렇게 물었다.

"그런데 이번에 오신 것은 무슨 일 때문이죠?"

"전륜구동 차의 기술을 저희에게 주십시오. 그것을 부탁드리려고 왔습니다."

"드릴 수 있습니다. 먼저 실무자들끼리 협의하도록 하시죠."

너무나 간단한 대답이었다. 그리고 나서 화제는, 승용차에 디젤 엔진이 얼마나 응용될 것인지, 세계시장에서 전륜구동 차의 전망이 어떠할지 등, 가벼운 대화들이 잡담처럼 오갔다. 그날의 회담은 시종 우호적이고 협조적인 분위기에서 이뤄졌다. 그러나 추후 실무자끼리의 협상은 상당한 난항을

제3부 세계로 뻗는 길   283

거듭하여, 원칙적인 합의에만 걸린 기간이 그로부터 1년 6개월이 더 지난 1980년 말이었다. 일반적으로 일본 회사와의 협상이 어느 정도 시간이 걸리긴 했지만, 그중에서도 특히, 미쓰비시와 진행되었던 전륜구동 기술 협상은 가장 긴 시간이 소요되었다. 기술을 공여하겠다는 최고 경영자의 결정이 있었기에 시작은 하였으나, 기술 공여 범위와 로열티 등 구체적인 조건이 제시되지 않았다. 우리와 접촉하는 그쪽의 실무자에게 독촉하면, 아직 회사 내의 의견이 채 수렴되지 않았으니 더 기다려달라는 회신뿐이었다.

우리나라나 미국 유럽 회사들과 비교하여, 일본 기업의 의사결정 과정을 들여다보자면, 특이하게도 일본 기업에서는 하부에서 상부로 올라간다. 그들은 그것을 '네마와시根回し라고 부른다. 원래 의미는 나무를 이식하기 전, 뿌리를 정리하여 돌린다는 뜻인데, 비유하는 의미는, 아래 실무자들 선에서 미리 충분한 의견 수렴을 한 뒤, 위에서 결정한다는 뜻이다. 교섭을 맡은 현대자동차의 기획 담당, 신 전무는 여러 가지로 그들을 설득했으나, 그가 네마와시에 관여할 수 있는 입장이 아니어서 결국 미쓰비시의 결정을 기다리는 도리밖에 없었다. 미쓰비시로부터 부품 구매를 맡았던 자재부의 노 이사와, 엔진 프로젝트 때부터 그들과 자주 왕래하며 접촉했던 내가 밑에서 미쓰비시의 돌아가는 분위기를 파악해내고 그들을 설득하는 일을 해야 했다. 여러 가지 경로를 통하여 조사한 바로는, 미쓰비시의 기술 센터 측에서 우리에게 기술 제공하기를 꺼린다는 것이었다. 어느 날, 우리와 접촉하는 미쓰비시의 해외사업부 실무자와 저녁을 먹는 자리에서 나눈 대화이다.

"당신네 기술 센터에서 말을 잘 안 듣는 모양인데, 그게 사실입니까?"

"마, 언제나 그렇지 않습니까? 기술자들 측에선, 자기들이 땀 흘려 개발한 걸 쉽게 주고 싶지 않은 게 당연한 거 아니겠습니까?"

"아, 그래도 당신네 사장이 주라고 이미 결정한 것인데 아래에서 왜 그렇게 하죠?"

"허, 강 상무님, 그 누구보다도 당신만은 우리를 잘 알면서 그러십니까? 꼭 당신네 회사 사장과 똑같은 말을 하시는군요…. 우리는 당신들과 달라서, 주인이 따로 없는 회사가 아닙니까? 전 사원이 다 똑같은 입장에서 주주에 대한 책임을 지고 있으니, 각자 자기들 관점에서 검토하는 거지요. 위에서 명령한다고 하여, 전체 사원들 모두를 일률적으로 한 방향으로 움직이게 할 수는 없는 노릇이랍니다."

그는 답답해 죽겠다는 듯이, 거의 짜증에 가까운 소리로 말했다.

"아, 예. 실은 저도 이해는 하고 있습니다만. 그래도 사장이 결정하면 모두가 그 방향으로 움직이는 우리로서는, 그걸 알고 있어도 실감이 나질 않네요. 허, 허…. 그런데, 키무라 상, 이렇게 설득하는 것은 어떻습니까? 지금은 현대가 기술을 받아만 가고 있지만, 장래에는 현대가 미쓰비시에 도움을 줄 날도 있을 것이라고 설득해 보는 건 어떠신지요? 가령 앞으로 주요 사안이 될, 차의 경량화 같은 것은 제너럴 모터스나 포드가 분명히 일본을 앞섰지 않았습니까? 거기서 그런 연구를 하는 사람 중에는 한국인 박사들이 많아요. 그들은 한국에 나오고 싶어 하는데 그런 사람을 현대가 받아들인 다음 미쓰비시와 공동 연구도 할 수 있는 것 아니겠습니까?"

"오, 그런 게 정말로 가능할까요?"

"아, 그럼요. 한국에서 미국으로 공부하러 간 사람 중에는 화학 공학을 한 사람이 참 많아요. 그들이 그곳에서 공부한 것이 고분자 화학이나 세라

믹 등이거든요. 그 분야에서는 아마 일본 학자들도 그 사람들 연구에 못 따라올 겁니다."

그는 잠시 입을 다물고 생각을 하더니 다시 물었다.

"그런데 그들이 미국을 떠나서 과연 한국에 돌아올까요?"

"물론이죠. 한국에는 아직 일할 곳이 없어서 못 오는 것이지, 일할 곳만 있다면 왜 안 오겠습니까? 79년 4월에 정 사장을 따라서 구매 사절단 일원으로 내가 미국에 갔을 때, 디트로이트에서 정세영 사장이 미국 자동차 회사에 근무하는 한국인 기술자 부부들을 호텔에 초청한 일이 있었어요. 그때 약 백여 명이 참석했는데, 그들 모두가 한국에서 일할 수 있는 날이 오기만을 기다리고 있었습니다."

"흠…. 그런 정보는 꽤 설득력이 있겠는데요…. 우리 기술 센터에 있는 사람들도 미국 회사에서 어떤 사람들이 무엇을 연구하고 있는지를 잘 알고 있으니까요."

"그럼, 그쪽에서 여론을 주도할 만한 사람을 저랑 한 번 만나게 해주세요. 제가 직접 설득해 보겠습니다."

한번은 공작기계 사업부와 기술제휴를 하는 동경열처리에 새로 취임한 사장에게 인사를 하러 갔더니 이야기 끝에 그는 내게 이런 말을 했었다.

"지난번에 미쓰비시 자동차의 M 상무를 만났을 때 들었는데, 현대자동차와 잘 협조해 나가고 있다고 하더군."

M 상무는 바로 미쓰비시 자동차의 기술 센터를 맡은 사람으로. 우리가 알기로 그는 원래 현대에 기술 제공을 반대하는 입장이었다. 따라서 어떻게든 그의 마음을 돌려놓아야겠다고 생각하던 터라, 사장의 그 한 마디에 자

연스레 귀가 솔깃해졌다.

"사장님, 그분과는 어떻게 아시는 사인가요?"

"M 상무는 나의 대학 일 년 후배이고 럭비도 같이 하여 아주 가까운 사이에요. 4학년 때 내가 하던 럭비부 주장을 이어받아, 다음 주장이 된 것도 그 사람이지요."

"그렇습니까? 사실은 미쓰비시와 새로운 기술제휴를 하려는 중인데, 우리가 듣기론 그분이 그다지 찬성하는 쪽이 아니라 해서 고민 중이거든요. 기회가 된다면 사장님께서 저희 쪽과 그분이 함께할 자리 한번 마련해주지 않으시겠습니까? 어떻게든 그분을 이해시켜 드리고 싶습니다."

"오, 그래요? 지난번에 그를 보았을 때는, 잘 협조하고 있다고 하던데…. 아무튼 그렇다면, 나도 협조해서 어떻게든 그 사람을 설득해 보지요. 걱정하지 마세요. 현대가 진정성을 갖고 미쓰비시와 협력 관계를 맺고 싶어 하는데, 그걸 안다면 그도 끝까지 반대하지는 못할 거에요."

마치 중병이 든 사람에게, 이 약 저 약 다 쓰다 보니, 어떤 약의 효험이었는지도 모르게 어느새 나아버린 것처럼, 꽤 오랜 기간은 걸렸지만, 마침내 미쓰비시 기술 센터 측에서 적극적으로 협조하기 시작했다는 정보가 들어왔다. 그들은 우리 현대 측의 개발 기술자에게 자기들이 가진 전륜구동 차의 샷시를 이용, 우리가 새로운 차를 개발하겠다면, 협조할 것이고, 필요한 기술에 대해 좀 더 구체적으로 상의할 용의가 있음을 전해왔다.

그런데 이번에는 우리 측에 약간의 문제가 생기고 말았다. 현대자동차 기술 센터를 맡은 정 이사가, 일본과의 제휴를 반대한다는 의사를 표명하는 것이었다. 그는 설계부 전문으로, 주지아로와 일하기 전, 포드의 스펙을 받아 그쪽 설계 일만 줄곧 해왔기에, 일본어가 서툴뿐더러 일본인들에 대한 이해도 적어서, 그들이 제안하는 협조의 진정성에 대해 의심을 하고 있었다. 그리고 그는, 개인적인 식견이긴 하겠지만, 일본의 기술 자체에 대한 의구심도 없지 않아서, 가능하면 그보다 훨씬 앞선다고 생각되는 구미 쪽 회사와의 기술제휴를 원하고 있었다. 다 된 밥에 코 빠뜨리지 않으려면, 정 이사를 설득하는 일이 급선무였다. 무엇보다 그에게 일본인들을 바로 이해시키는 것이 중요하다는 생각에, 그와 함께 한 일본 출장 중, 미쓰비시 해외사업부의 영어 능통자를 불러내어 저녁 식사 자리를 만들었다.

미쓰비시라는 회사는 결정하기까지엔 시간이 걸리지만, 일단 결정이 되고 나면, 전 사원이 모두 하나가 되어 그 결정을 끝까지 수행하는 단합된 회사임을 강조하며, 나는 정 이사와 일본인 사이의 소통을 유도했다. 그날 저녁의 화제는 전륜구동 기술 협력과 직접적인 관계는 없는 것들이었지만, 과연 일본인들이 한국을 진정한 파트너로 볼 것인지, 그리고 파트너가 되었을 시 서로가 얻을 수 있는 유·불리 사항은 어떤 것들이 있을지에 관해 폭넓은 대화가 오갔다. 나는 이 대화의 시간이 정 이사가 일본인들을 이해하는데, 조금이라도 도움이 되기를 바랐다. 과연, 며칠 후 있었던 미쓰비시 개발 담당자들과의 협의 진행 중에 보인 정 이사의 언행은 이전의 것과는 사뭇 달라졌음을 느낄 수 있었다. 이전의 무관심한 태도에서 조금 더 진지하고 적극적인 방향으로 나아가 있었다.

그 후 정 이사가 부하 직원 몇 명과 미쓰비시 기술 센터를 방문하여 더 구체적인 협의를 하게 되었을 때, 그들이 정 이사 일행을 융숭하게 대접하며 기술 협력에 대해서도 적극적이고 솔직하게 이끌어갔다며, 정 이사는 매우 만족해했다. 이렇게 양측의 기술 센터끼리 실무적인 협상이 원만히 마무리되고 있으니, 이제 일이 일사천리로 진행되겠지 하고 생각할 때였다. 갑자기 또 다른 장애물이 나타났다. 이번에는 미쓰비시의 해외사업부에서 찬성하지 않는다는 것이었다. 현대 측에서 여러 사람이 찾아가 설득 작전에 들어갔다. 그런데, 미쓰비시 해외사업부의 반대 이유가, 자기들 차와 동일한 샷시의 현대차가 판매되기 시작하면, 자칫 해외 시장에서 자기들 차와 경합을 벌일 수 있다는 우려 때문이었다. 당시 현대자동차 서비스를 통해 판매망을 독자적으로 운영하고 있던 현대로서는, 그런 그들의 우려를 불식시킬 만한 반론을 제시하지 못해 갑자기 진퇴양난의 난관에 봉착했다.

나는 미쓰비시에서의 여론형성에 도움이 될만한 사람들을 만날 때마다 '오징어장사 이론'을 펼쳤다. 우선 미쓰비시의 해외사업부 담당자부터 설득했다.

"미쓰비시가 왜 토요타에 지고 있는지 아십니까? 내가 보기에는 차를 파는데 구색을 갖추고 있지를 못해요. 일본에서 택시를 탈 때마다 운전기사에게 물어보곤 하는데, 단 한 사람도 미쓰비시 자동차의 성능이 나쁘다고 말하는 걸 못 봤습니다. 그만큼 차가 좋다는 거지요. 그런데도 왜 토요타보다 적게 팔리냐고 물어보면 한결같이 '선택의 범위가 좁으니 그럴 수밖에 없지 않겠냐'는 대답들이에요."

나는 어렸을 때 관찰하여 터득한 상술 한 가지를 이들에게 설명했다. 6·25전쟁이 터졌을 때 우리 가족은 충남 광천읍으로 피난 가, 조그만 시골 장에서 해산물 장사를 했다. 시간이 있을 때마다 가친家親을 도우며 배운 장사 기술 중에 이런 게 있다.

제3부 세계로 뻗는 길 **289**

마른오징어 100축이 한 짝이 된다. 도매 장사꾼에게서 그것을 한 짝 사서 소매를 했는데, 그것을 묶음 그대로 팔지 않고 반드시 먼저 풀어헤쳐서, 보기에 좀 더 커 보이고 윤기가 나는 묶음을 선별하여 따로 빼냈다. 즉, 100축 가운데서 열댓 축 정도 크고 좋은 것만을 골라, 광주리에 담아 위에 올려두고, 따로 비싸게 받았다. 나머지 잔챙이들은 그냥 바닥에 쌓아 적당한 이윤을 붙여 좀 싸게 팔았다. 나의 가친은 옛날에 상업 학교 밖에 못 나왔지만, 장사할 때 판매하는 상품의 질이 여러 종류로 뒤섞인 채 한꺼번에 팔지 않고, 반드시 선별 분류하여 판매하는 게, 이윤이 더 높다는 상술을 깨우치고 있었다. 우리 가게에 온 손님이, 가게 안에서 물건들을 비교하며 값도 비교하게 해야지, 그렇지 않고 가게의 물건이 모두 같은 가격이면, 꼭 다른 가게와 비교를 하게 되기 때문에 우리 가게에서 팔 기회가 절반으로 줄어든다는 것이었다.

그때 실제로 내가 관찰을 잘 해보니, 오징어를 사러 온 사람 중에는, 두 가지 가격을 다 물어보고는, 바닥에 있는 것들이 광주리에 있는 것보다 모양은 별로지만 더 싸게 많이 살 수 있다면서 그것을 사 가는 사람들이 많았다. 한편, 돈이 좀 있어 보이는 사람들은, 양쪽 것을 교대로 들여다보고는 위쪽 광주리에 있는 비싸고 좋은 것을 흥정해서, 값을 조금만 깎아주면 그것을 기어코 사 갔다. 결국, 두 가지 상품 중 한 가지를 사가는, 두 부류의 손님들이 각기 따로 있는데, 그들 모두에게 판매가 이뤄진 거였다. 나는 그때의 기억을 되살려 이렇게 말했다.

"우리는 미쓰비시의 샤시를 이용하여 차를 만들 때 미쓰비시보다 약간 싼 차를 만들 것입니다. 그러면 여유 있는 고객들은 우리 것과 당신들 것을 비교한 뒤에 돈을 조금 더 주더라도 당신네들의 좋아 보이는 제품을 사 갈 것 아닙니까? 군이 닛산이나 토요타하고 비교하지 않고 말입니다. 돈이 없는 사람만이 우리 것을 사 갈 텐데, 그들은 어차피 당신들에게서 떠나갈 고객이었을 것입니다. 당신들이 4대 팔 동안, 우리는 1대만 판다고 해도 10만 대 가까이 팔리는 것이니 그것으로 우리에겐 충분합니다. 우리의 현재 수준인 1만 2천 대 판매량이 비해 정말 고마운 일이고 당신들도 틀림없이 더 많이 팔리게 될 것입니다. 당신들 혼자서 여러 가지 차종을 개발할 것을 우리가 나누어 개발하여 차종을 늘려줌으로써 결국, 공동으로 토요타나 닛산과 싸우게 되는 것입니다. 우리 차가 팔리게 되면, 당신들이 취하게 될 이익은, 물론 당신들의 차를 직접 파는 만큼은 안 되겠지만, 따로 자금도 들이지 않고, 손에 기름칠도 안 묻히고 가만히 앉아서 로열티 형태로 얻는 이익인데 대단하지 않겠습니까? 우리가 공동으로 많이 팔게 되면 당신들의 이익은 토요타나 닛산에 못지않을 만큼 커질 것이라고 나는 믿습니다. 당신네들 사장도 앞으로는 다른 자동차 회사들과 연합 작전이 필요한 시대가 올 것이라 하지 않았소? 내가 주장하는 것도 바로 그겁니다. 혼자 하기보다 둘이 힘을 합쳐서 함께 더 큰 이익을 보자는 겁니다."

이런 나의 주장은, 그들 대다수의 공감을 불러일으켜, 그 후 미쓰비시의 사람들이 나를 만날 때면, 오징어 이야기를 들먹이며 무척 설득력이 강한 이야기였노라 칭찬을 아끼지 않았다. 지나고 나서야 깨닫게 된 사실이지만, 일본 회사와 상대하면서 알아낸 중요한 사항 중의 하나는, 일본 회사와의 협상에서 따로 사적인 부탁이 그다지 큰 소용이 없다는 점이다. 즉, 일본 회사의 실무진에게 어떤 식으로든 전달한 의견은, 그것이 중요한 것이라 판단

될 시엔, 반드시 공식 채널을 통해 보고서가 관련 부서에 전달된다. 따라서 상대회사를 설득하기 위해선, 어설픈 혹은 무리한 청탁으로 수락을 받아내려 애쓰기보다는, 논리적이고 설득력 있는 보고서만으로도 충분히 효과적이라는 점이다. 그러니 협상 회의장에서 제대로 만들지 못한 전략을 들고 높은 사람에게 무리하게 어필을 하려는 것보다는, 협의 목표와 상호 이득에 관한 전략을 철저하게 따져 준비한 보고서를 공식 채널을 통해 전달하는 게 더 나을지도 모른다.

참고로, 일본 회사에서 무시하지 못할 중요한 인간관계는 입사 동기들이다. 평생 고용이 보장된 그들이라, 동기들은 거의 중도 탈락 없이 함께 회사 생활을 지속하게 된다. 그러한 인사 시스템 때문인지 일본 기업은 수직적인 의사소통보다도 횡적인 의사소통이 더 원활해 보였다. 따라서 외부에서 어떤 제안이 들어오면, 일단 상하 쪽보다는 같은 계층의 수평으로 더 잘 퍼져나간다고 보는 것이 좋다. 나와 노 이사는 부지런히 막후 로비를 벌였지만, 기술 제휴 논의는 쉽사리 결론이 나지 않은 채 해를 넘겨 1980년을 맞았다. 미쓰비시 사내 분위기가 점진적으로 협조의 방향으로 움직이는 듯은 했으나, 결정타 같은 한방이 부족한 느낌이었다. 그해 8월, 사장 임기를 마치고 막 회장으로 승진한 구보 씨가 현대자동차 방문 의지를 전격적으로 발표하였다. 정주영 회장을 만나고 싶다는 뜻이 전달되었고, 드디어 미쓰비시와 현대 사이에 뭔가 큰 변화가 생길 조짐이 보였다.

28장

정주영 회장과 구보 회장

　미쓰비시와의 협상이 진전되지 않고 교착 상태로 머물러 모두가 애를 먹고 있을 무렵이었다. 정주영 회장이 울산을 방문, 그간의 교섭 진행 상황을 보고하라고 지시했다. 기획실에서는 미쓰비시가 제시하는, 기술료를 포함한 요구 조건이 너무 높아서 현대가 그것을 그대로 다 받아들이기에는 무리가 있으니, 금액을 어느 정도 낮춘 제안서를 작성하여 미쓰비시로 보내려는 중이라고 보고하였다. 이것을 들은 정주영 회장은 대뜸 큰소리로 꾸짖기 시작했다.

　"기술도 없는 주제에 상대의 기술료를 깎으려고 하지 말란 말이야!

　돈은 다 내줄 테니까 그 대신, 기술이나 잘 가르쳐 달라고 하란 말이야!

　저쪽에도 무슨 이득이 있어야 우리를 도와줄 것 아니야?

　자기만 벌겠다고 해서 서로 협조가 되겠나?

제3부　세계로 뻗는 길　293

서로 이득이 있어야 협력이 되는 거라고.

그러니 작년부터 된다던 것이 지지부진하게 아직까지도 안 되고 있는 거 아니야…"

실무자 처지에서는 한 푼이라도 더 아껴보려고 아등바등 싸우고 있었지만, 정 회장이 보는 시야는 그보다 훨씬 넓었다. 서로 힘을 합쳐 함께 수익을 내는 공동 이익의 관계를 형성해야만, 더욱 긴밀한 협조가 이뤄지고 결속력있는 단단한 관계가 구축된다는 거였다. 현대는 기술이 축적될 때까지 당연히 미쓰비시가 요구하는 기술료를 깎지 않고 그대로 지급하고, 그럼에도 불구하고, 우리는 경쟁력을 갖춘 품질 좋고 저렴한 차를 생산해내도록 노력해야 한다는 뜻이었다. 이런 면에서 미쓰비시 구보 회장도 마찬가지로, 자사 간부들보다는 더 넓은 안목으로 한국을 바라보았다. 젊은 시절 그는 미쓰비시 중공업에 입사하여 제로센 전투기 설계팀에서 비행기 설계를 했었다. 그가 일본 경제사절단을 이끌고 처음 중국에 갔을 때였다. 덩샤오핑을 만나자 그는, 지난날 자신이 비행기를 설계한 뒤, 시험차 중국에 가서 기총소사를 하다 양민을 죽게 한 일이 있었다고 솔직하게 고백하며 머리 숙여 사죄했다고 한다. 이에 덩샤오핑은, 그런 그가 잘못을 감추려 하지 않고 솔직하게 인정하고 사죄를 할 줄 아는 대인이라고 칭송하며, 중국의 자동차 산업 발전에 꼭 도움을 달라는 요청을 했다는 일화가 있다.

구보 회장 주장 중의 하나는, 앞으로는 자동차뿐만이 아니라, 세계 경제가 3개의 경제권으로 나뉘어 서로 경쟁하는 시대가 온다는 거였다. 즉 미국, 유럽, 그리고 아시아라는 세 곳의 경제권으로 나뉘는데, 아시아 나라들은 과거의 굴곡진 역사를 접고 서로 화해하여 새롭게 진정한 동반자로 거듭나 세계시장의 경쟁에서 이기도록 힘을 합해야 한다는 것이었다. 따라서 자기 회사만의 이익추구에만 집착하여, 상호 협력을 깨는 것은 결코 바람직하지 않다는 주장이었다.

구보 회장의 한국 체류 일정은 매우 빡빡했다. 서울 미쓰비시 상사에서 그의 일정을 준비할 때, 머리를 흔들 정도였다. 3박 4일의 짧은 기간 동안, 경주에서의 하룻밤 숙박, 울산 방문, 부여 구경을 꼭 포함 시키도록 주문했다는 거였다. 그 중 특히, 부여 구경을 꼭 하고 싶은 이유가 무엇인지 물어봤을 때, 그는 자신이 규슈 출신이라, 자신의 조상은 틀림없이 백제 이주민일 것으로 믿고 있으며 그래서 조상의 땅인 부여를 꼭 한번 방문하고 싶다고 대답을 했다 한다. 그래서 그런지, 정말 구보 회장은 보통의 일본인들보다 키가 컸고, 얼굴은 언뜻 보면 꼭 한국 사람처럼 보였다. 나중에 정세영 회장이 미쓰비시를 방문하여 그를 다시 만났을 때, 부여 방문에 관해 묻자, 그는 이렇게 대답했다고 한다.

"아, 참 좋았습니다. 아무래도 나는 백제 사람의 후예가 틀림없어요. 부여의 산하를 보니, 내 고향과 똑같지는 않지만, 왠지 전혀 낯설지가 않았고 아늑하게 느껴지더군요. 아마도 내 핏줄에 그 옛날을 기억하는 무언가가 흐르는 게 틀림없어요. 부여를 보자마자 내 조상으로부터 물려받은 망향의 그리움이 왈칵 솟아오름을 확실히 느꼈거든요!"

한국에 도착한 날 밤은 경주에서 묵었고, 다음 날은 현대자동차에 들러 일박하며 정주영 회장과 처음 만났다. 두 사람은 키와 체구, 나이도 비슷하여, 악수하는 순간부터 마치 오랜 친구를 만난 듯 다정하게 보였다. 두 사람 사이에 어떤 대화들이 오갔는지 알 길은 없으나, 그 만남을 계기로 정주영 회장도 미쓰비시 자동차를 방문하게 되었으며, 양사 간의 협의가 급진전을 보게 되었다. 미쓰비시가 일부 출자함으로써 양사 간의 결합은 공고히 하되, 미쓰비시의 현대에 대한 간섭은 일절 없는 것을 기본 조건으로 합의가 이루어졌다.

이렇게 양사 간, 어렵사리 진행되어 온 기술 협력은 마침내 매듭지어졌고 아울러, 포니 이후 성장하게 될 한국 자동차 산업의 거대한 토대를 마련하고 기초를 닦는 일은, 원대한 앞을 내다보는 두 거인의 악수로부터 싹이 트기 시작했다. 그것이 성사되기까지 밑에서 이것저것 잔 일거리를 해왔던 나로서도 무척이나 감개무량한 순간이었다. 그동안의 나의 작은 노력과 수고들이, 비록 한강의 큰 물줄기를 바꾸기엔 턱없이 모자랐어도, 적어도 그것을 위해 자갈을 주워 나르는 일 정도라도 되었기를 바라는 마음과 함께 자못 숙연해지기까지 했다. 동시에, 새삼 자동차 산업의 거대함에 나 자신의 한계를 느꼈던 것일까? 현대자동차와 미쓰비시의 합의가 전격적으로 이루어지자 오랫동안 나를 팽팽하게 옥죄었던 긴장이 한순간에 풀리는가 싶더니 곧이어 나도 모르게 알 수 없는 허탈감에 빠져 버렸다. 그리고 깨달았다, 그 느낌이 무엇인지를. 아, 마침내 내가 이바지할 수 있는 작은 역할이 끝나가고 이제 슬슬 물러날 때가 다가오는구나, 라는.

29장

이루어지지 않은 라이벌과의 제휴

1979년~1980년은 제2차 오일쇼크의 영향으로 우리나라뿐만이 아니라 전세계 경제가 최악으로 치닫고 있던 시절이었다. 자동차 업계는 직격탄을 맞았다. 미국의 빅3 중, 포드가 적자를 냈고 크라이슬러는 도산 직전까지 갔다. 유럽도 마찬가지였다. 오일 쇼크 전, 영국 크라이슬러(미국크라이슬러의자회사)를 인수하며 기세 좋게 몸집을 불려 나가던 프랑스의 푸조는 갑자기 차가 안 팔려 경영 악화로 허덕이고 있었으며, 이탈리아의 피아트도 최악의 고전 중이었다. 그런데 특이하게도, 이 와중에 가파른 성장을 하는 자동차 메이커들이 있었다. 바로 일본 자동차 업계였다. 원래 전통적으로 대형차만을 고집하던 미국인 소비자들이 예기치 않은 오일 쇼크의 충격으로 공황 상태에 빠져들어, 기름을 많이 잡아먹는 대형차를 버리고 하루아침에 소형차 시장으로 쏟아져 들어오기 시작했기 때문이었다.

제3부 세계로 뻗는 길 **297**

처음부터 소형차 제작에 집중하여 출발한 일본 자동차 메이커들은 상대적으로 작은 시장이었던 미국의 소형차 부문에서 그동안 별다른 견제 없이 탄탄한 기반을 다지던 중이었다. 제2차 오일 쇼크로 대형차 시장이 쇠퇴하고 소형차 시장이 갑자기 커지자, 그동안 조용히 소형차의 기술력을 축적해오던 일본 차 메이커들이 타의 추종을 불허하는 독보적 존재로 부각되며 세계 자동차시장의 강자로 떠오르는 형국이었다. 미국은 눈덩이같이 커져가는 소형차 시장에서 자국 회사의 상품이 일본 제품들에 비교하여 가격과 성능 면에서 저만치 뒤처진 것을 발견하고, 그동안 고수해왔던 자동차 정책을 황급히 수정하며 이에 대응해야 하는 국면에 접어들었다.

이 무렵의 흉흉한 상황을 반영하듯, 전 세계의 자동차 산업에 곧 커다란 지각변동이 일어날 것이라는 소문이 그럴싸하게 퍼져나갔다. 전 세계 자동차 업계는 어제의 적·아군을 막론하고 서로에게 도움이 될 상대를 찾아 연합하거나 합병을 하며 재빨리 경쟁력을 높이지 않는다면, 이 치열한 자동차 시장에서 결코 살아남지 못할 것이라는 위기의식이 팽배하였고, 과연 누가 살아남을 것인지에 대한 추측성 보고서까지 등장하였다. 이들 보고서는, 일본에서는 토요타와 닛산, 그리고 군소업체 연합이 살아남을 것이고, 미국에서는 제너럴 모터스와 포드만이 살아남을 것으로 예측하였다. 또 유럽 쪽으로는, 폭스바겐, 르노, 피아트 그리고 푸조가 다른 곳과 연합하여 생존을 모색할 거라는 예견도 나왔다.

현대자동차에 대한 언급은 이런 추측성 보고서의 어디에도 없었다. 당시 현대는 세계 자동차 산업의 지형도에선 있으나 마나 한, 희미한 존재였다. 그 무렵 국내에서 대두되었던 새한 자동차와의 합작 문제도, 표면적으로는 중

화학 공업과 자동차 산업 구조 조정이라는 국내 문제처럼 보였지만, 실은 당시의 급변하는 세계정세의 거대한 변화의 흐름 속에서 적응하고 살아남고자 하는 필사적인 생존의 몸부림이었다고도 할 수 있었다. 1980년 9월 초, 오랫동안 지지부진하던 미쓰비시와의 합작이, 거의 마무리 단계에 접어들어 이제 겨우 한숨 돌리고 있던 내게 기획실에서 연락이 왔다.

"제너럴 모터스 쪽에서 전문가 세 사람이 우리 공장을 방문하기 위해 내려갑니다. 그들을 만나서 의견 교환을 해 주십시오."

기획실 박 차장의 뜬금없는 전화에, 순간 어리둥절해졌다. 당시, 제너럴 모터스는 국내 업체인 새한 자동차와 합작하는 중이어서, 말하자면 우리와는 라이벌 관계에 있는 회사였기 때문이었다. 제너럴 모터스는 현대가 제휴하고 있던 포드와도 오래된 라이벌이었다. 이런 상황에서 그들은 대체 무얼 어떻게 하자는 속셈일까? 라는 의구심에 박 차장에게 물었다.

"이 사람들 우리를 방문하는 배경이 뭡니까? 설마…. 제너럴 모터스에서 우리 회사에 투자하겠다는 건가요?"

"그것이 아니고, 그 사람들, 대우하고 같이 일하고 싶지 않으니까 현대와 파트너가 되어 새한을 인수해 같이 해보자는 것입니다."

"어, 그건 누구 아이디어입니까? 우리가 제의한 건가?"

"아닙니다. 사실은 여러 달 전부터 제너럴 모터스 쪽에서 타진해온 것입니다. 이번에 구체적으로 협의해 보자고 온 모양이에요. 우리 공장을 한번 보여주고, 우리도 새한의 부평공장을 돌아본 뒤에 좀 더 구체적으로 진행해 보자는 것입니다."

"과연 그게 될 법한 일인가? 이번의 중화학 공업 조정시책으로 인해 기아도 승용차 제작을 못 하게 되어, 새한과 우리 두 군데서만 생산하고 있는 판국에 우리가 새한을 인수한다면 독점이 되는 것인데 과연 그게 가능할까?"

"두고 봐야지요. 우리가 미쓰비시와 합작으로 30만대 공장을 짓는 대신, 제너럴 모터스와 합작하여 월드카를 본격적으로 생산한다면, 미국 수출도 손쉽게 가능하다니 한번 생각해볼 만한 가치가 있지 않습니까?"

그동안 전략상 라이벌과도 같았던 제너럴 모터스의 갑작스러운 합작 가능성설을 듣고 당황스러웠으나, 일단 그들 전문가와의 만남을 위해 새로운 전략 구상의 준비를 해야 했다. 전두환 대통령의 취임식이 있은 지 사흘 뒤인 9월 4일, 제너럴 모터스에서 세 명의 전문가가 울산을 방문했다. 그중에는 팀 Tim이라는 한국인 교포도 끼어 있었는데, 우리 공장을 샅샅이 구경하고 난 뒤 그가 내게 말하기를, 제너럴 모터스의 주된 관심사는 현대의 생산기술 능력에 있다는 것이었다. 특히, 우리가 일본식 생산기술에 얼마만큼 숙달한 지, 또 실제로 30만대 공장을 세운다면, 어떤 개념의 공장을 구상하고 있는가에 관심이 있다는 거였다. 나흘 뒤인 9월 8일에는 현대 측의 새한 자동차 방문이 있었다. 처음 마주한 부평공장은 그간 일본식 공장에만 익숙했던 내게 이국적으로 보였다. 개인적으론, 기계 선정이나 공장의 배치 면에서 자재와 사람의 동선을 세밀하게 고려하지 않은 공장 설계가 마음에 들지 않았다.

1970년대 초, 일본 자동차가 미국으로 싼 가격에 수출되자, 미국 자동차 업계에서는 그것을 두고 덤핑이라고 거세게 비난하였다. 그래서 일본의 몇몇 대형 자동차 회사에서는 미국의 회사들을 향해, 자기들 공장을 공개할 터이니 와서 조사해보라는 요청을 띄웠다. 마침내 1977년~1978년 미국은 많은 전문가를 파견, 일본 공장 구석구석을 조사하고 분석한 결과, 일본이 덤핑하는 것이 아니고 생산기술이 그들을 앞질러서, 실제로 저렴한 비용으로 제작했다는 결론에 도달했다. 일본 자동차 회사의 작업자들은, 한 사람 한 사람이 전부 작업을 하면서 동시에 스스로가 품질 관리원이기도 하다. 그래서 자기들이 만든 제품을 점검하여 불량률을 더는 줄일 수 없을 만큼 극소화 시키는 생산방식을 운영하고 있다. 또한, 작업자들의 동선을 연구, 한치의 불필요한 동작도 없는 자재 관리와 운반 방식을 채택하여 생산 비용을 최소화한 공장을 이루고 있었다. 이것을 알게 된 미국의 자동차 생산 전문가들이 혀를 내둘렀지만, 이런 방식은 미국에서는 도저히 흉내를 낼 수 없는 방식이라는 결론에 이르렀다.

소형차와 대형차를 비교해보면, 같은 대수를 판다고 가정했을 때, 재료비나 조립·가공비 차이는 판매 가격 차이에 비하면 미미한 수준이다. 따라서 팔 수만 있다면, 값이 비싼 대형차를 만드는 것이 자동차 회사로서는 수익이 훨씬 크다. 또한, 전통적으로 미국인들은 큰 차를 좋아해서, 자연스레 미국 회사들은 대형차 중심으로 발달해왔다. 미국인 작업자들이 조립 작업을 하기에도 대형차 쪽이 수월하다. 대체로 덩치가 큰 미국인 체형의 특징상, 작업자들이 조그마한 소형차 차체 안으로 육중한 몸을 구겨 넣듯 드나드는 조립 작업이 현실적으로 쉽지 않기 때문이다. 그러나, 두 차례 오일 쇼크는 미국인들의 차에 대한 기호마저 바꾸어버려 기름값이 덜 드는 소형차를 찾게 되었다. 미국 정부도 직접 나서서 연료가 적게 드는 작은 차를 개발하도록 규정을 따로 만들고 자동차 메이커에게 압력을 가하게 되었다. 이에 미국 자동차 메이커들은 기본설계는 본사가 하되, 세계 곳곳에 있는 자회사 공장의 이점을 살려 각각의 공장에서 경쟁력 있는 부품을 만들고 이를 조립하여, 국경을

제3부 세계로 뻗는 길   301

초월한 세계적인 경쟁력을 갖춘 탄탄한 성능의 소형차를 완성하여 일본 소형차와의 대회전$_{大會戰}$을 계획했다. 이것이 바로 포드나 제너럴 모터스가 표방한 월드카 전략의 개념이다.

기계 가공과 차체 용접 조립의 자동화는, 현재의 기술에 적당한 자본의 투입만 더하면 가능하다. 그러나 의장 조립, 즉 차체에 엔진을 얹거나 램프와 내장 부품을 달고, 전기선을 깔고 의자를 다는 등의 작업은 현재의 기술력과 자동차 구조상 자동화가 무척 어렵다. 거의 모든 과정이 사람의 손을 거쳐야만 하기 때문이다. 이런 자동차 제조 공정의 특성 때문에, 유럽과 미국 자동차 회사들이 일본인과 같은 수준으로 일할 수 있는 한국인을, 소형차 제조의 잠재적 파트너로 주목하게 된 것이었다. 특히, 믿을 수 없을 만큼 짧은 초단기간 내에 포니를 생산하고 수출한 사실이 그들로 하여금 한국인이 지닌 가능성을 높이 평가하게 만들었다. 폭스바겐이 현대에 눈독을 들였던 것이나, 제너럴 모터스가 합작하고 싶어 하는 것도 바로 이런 속셈 때문이었다. 한국을 일본과 경쟁하는 교두보로 삼자는 것과 다른 한편으론, 한국을 제2의 일본으로 만들어서는 안 되겠다는 점이었다.

1950년대, 아직 자동차 제조 기술이 미약했던 시절의 일본 회사들은 미국 회사에 수차례 합작을 제의했으나 미국 측에서 모두 거절했었다. 그렇게 하면, 일본이 독자적으로 자동차를 만들 수는 없을 것으로 판단했기에 미국은 별다른 경계도 하지 않았다. 그랬던 일본이 어느 틈엔가 자국을 위협할 만큼 급성장해버린 것을 본 미국은, 한국의 자동차 공업 역시 또 일본의 뒤를 이을지도 모른다는 불안감을 느끼게 된다. 그래서 차라리 한국이 아직 덜 성장했을 때, 미리 손을 잡고 합작을 하여 자신들이 주도권을 쥔 채 조종하고 제어

할 수 있는 상대로 키우자는 밑그림을 그린 듯했다. 이 모두가 한국의 자동차 공업은 장래가 밝다는 사실을 증명하는 것이었다. 상대국의 그런 의중을 알게 된 현대는, 어떻게든 장래에 경영 자립과 함께 독자적 기술개발을 해야 한다는 결심을 더 굳혔다.

기술획득의 어려움 때문에 지금 당장은 어쩔 수 없이 하는 합작이라 하더라도 훗날을 대비, 협상 상대의 현대자동차 경영 불간섭 원칙을 양보하지 않았다. 이 때문인지 그 뒤에 제너럴 모터스와 협의가 몇 차례 진행되었으나 더는 진전을 보지 못하고 무산되었다. 만일, 그때 양측이 악수하며 합작하게 되었더라면, 지금쯤 엑셀과 프레스토 대신 현대자동차가 생산하는 제너럴 모터스의 월드카가 전 세계의 거리를 누비고 있을지도 모른다. 제너럴 모터스는 별수 없이 대우와 다시 손잡고, 해마다 대우 자동차에서 만든 소형차 10여만 대의 차를 미국에 가져가기로 했다. 이제 한국은 명실공히 세계의 주요 자동차 생산국의 하나로 공인을 받게 된 것이다.

30장

포니를 만든 별난 한국인들

이제까지 포니가 개발되고 현대자동차가 자라온 역사의 일부분을, 나의 체험 범위 내에서 몇 가지 에피소드를 곁들여, 담담하게 서술해 보았다. 참고로 이 글을 읽는 독자들에게 꼭 당부드리고 싶은 것은, 이 책의 내용이 결코 포니 개발이나 현대자동차의 역사의 전체가 아니라는 점이다. 다시 말하거니와, 자동차 산업은 너무도 방대하여 어느 한 사람만의 경험이나 보는 시각만으로는 도저히 그것을 다 담아내기 힘들다. 포니 프로젝트가 한창 진행 중이던 시기에 이미 현대자동차는 외형적으로 보더라도, 처음 몇 개 안되던 부서의 숫자가 50여 개를 넘을 정도로 급속하게 자라나, 방대한 회사로 자리잡고 있었다.

이 책의 이야기는 포니 개발 초기, 몇 사람의 중역과 그 아래 부장 중심으로 운영되던 때의, 한 부서를 맡았던 사람으로서의 경험뿐이라서, 아무리 좋

304

게 평가해도 포니 개발 전체로 볼 때는 빙산의 일각에 지나지 않는다. 포니가 만들어져 국내에서 판매되고, 시험 수출을 시작으로 본격적인 수출을 하게 되기까지는, 이 책에서 그려낸 몇몇 부서뿐만 아니라, 회사 전체의 부서 모두가 제각각 처음으로 부딪히는 새로운 도전에 직면하여 이것을 스스로 극복하지 않으면 안 되었다. 따라서 이런 어려움을 겪은 모든 부서마다 각각 책으로 쓰기에도 모자랄 만한 이야기가 있을 것으로 안다. 현재에 이르러 당시를 회고해 보면 별 것 아닌 일들로 보일 수도 있겠지만, 당시로서는 난생처음 맞닥뜨린 생소하고 거대한 문제들을 대항하여 헤쳐나가야 하는 심정은, 마치 천 길 낭떠러지를 사이에 둔 절벽과 절벽을 도움닫기 하여 건너 뛰어넘어야만 하는 절박한 심정이었다는 점을 알려주고 싶다.

기껏해야 작은 협력업체를 방문하여 하도급 계약 후, 부품 검사 때 그 공장에서 시험 운전하는 작은 프레스 작동하는 것이나 지켜보던 사람들이 갑자기 말도 안 통하는 외국에 나가, 800t 큰 프레스를 동시에 열여덟대나 구매하여 돌아와 설치까지 맡아 해야 했다. 금형이 뭔지 제대로 알지도 못한 채, 포니 차체용 커다란 금형을 외국에 발주하고 들여와 차체용 철판을 찍었던 김영목 부장과 송 과장, 제갈 과장의 고생 역시 필설로 다할 수 없는 부분들이다.

한국에는 처음 도입되는 기계식 대형 프레스와 금형에 대해 벼락치기로 각자 독학하고, 외국의 수많은 금형 회사를 직접 방문하여 조사하고 연구하였다. 그들은 프레스의 작동은커녕, 일찍이 그렇게 큰 프레스를 구경조차 해 본 적이 없는 사람들이었지만, 어느 날 문득 그들 앞에 주어진, 포니의 차체를 찍어내고 용접·조립 해내라는 임무에 직면하여 필사적인 노력 끝에 마침내 이를 성공시킨 사람들이다.

철판을 프레스로 누를 때 쓰는 기름이나 철판의 성질에 따라서 찢어지거나 주름이 가는 일도 잦았지만, 그 원인을 바르게 가르쳐주는 사람도 없었다. 전부 자기들 힘으로 찾아 해결할 수밖에 없었다. 미쓰비시와의 기술제휴는 엔진에 대해서만이었고 차체는 포함되어 있지 않았기 때문이었다. 차체의 부품을 찍다가 떨어져 나온 잔여 철판 스크랩을 재활용 처리하는 것도 대량생산을 하다 보니 예기치 않게 큰 문제로 부각되었다. 이것을 모아서 눌러 조그마한 덩어리를 만들어야만 주조공장에서 원료로 쓸 수 있었다. 이 역할을 하는 '베일링 머신Baling machine'을 외국에서 구입하자니 너무 고가라, 처음에는 우리가 만들어 보려, 수십 차례 노력했으나 끝내 제대로 만들 수 없어 사오고 말았다. 최선을 다한 일의 결과가 실패로 돌아갔을 때의 깊은 좌절감을 누가 짐작이라도 할까? 싸늘하게 비웃는 주위의 눈초리를 조용히 삭이며, 혼자 이겨내야 했다.

용접 조립 라인의 고생 또한 극심했다. 하루에 열 대 안팎의 차체를 수작업으로 조립하는 정도로, 대량생산이 뭔지도 모르던 사람들이 하루아침에 갑자기 1일 생산량 백여 대를 조립하는 생산 라인을 만들고 체계적으로 대량 용접을 하는 방법을 새로 배워가며 해내야 했다.

페인트 공장과 의장 조립공장도 마찬가지였다. 그것을 맡아 했던 김병철 부장과 이 과장, 이 대리, 박 대리, 서 대리, 등은 포니의 생산이 시작되기 전에는 말할 것도 없고, 그 후에도 일 년 이상 밤낮없이 현장에서 터지는 문제를 해결하느라, 밤에 다리 한번 제대로 뻗고 잘 수도 없었다.

단조공장도 예외가 아니었다. 단조공장이라고는 일본에 가서 처음 봤던 조 차장과 권 대리는 밤새워 공부한 후, 신입사원들을 훈련하는 임무를 부여

받고, 처음부터 스스로 배우면서 동시에 가르치며 일해야 했으니 그들의 고생이야 어찌 말로 다 할 수 있으랴! 그들은 엔진 공장에 소재를 공급하는 처지였으므로, 말하자면 공장 내에서의 하청 공장이나 다름없는 처지였다. 이들이 공들여 만든 소재는 자주 열처리가 잘못되었다는 이유로 다른 부서로부터 타박을 듣고 퇴짜 맞기가 일쑤였고, 그들은 늘 죄지은 사람처럼 머리를 숙이고 다니며 조마조마한 마음으로 일을 해야 했다.

그런 사정은 주조공장도 마찬가지였다. 엔진 공장처럼 새로 훈련한 사람만으로 움직이는 자동주조 라인에서 뽑아낸 주물의 치수가 0.5 밀리미터만 틀려도 엔진 공장에서 기계 라인에 투입하지 못했기 때문에 주물 소재를 엔진 공장에 보낼 때마다 주조공장의 생산 담당자들은 매번 간수가 죄인 따라오듯 소재를 쫓아와서 확인하고는 가슴을 쓸어내리곤 했다. 특히, 박 차장과 이 과장은 항상 주물사가 얼굴에 까맣게 붙은 채 공장을 돌아다녔기에 멀리서도 금방 눈에 띄었다. 그들은 그때 자신들의 얼굴을 돌아볼 겨를이 없이 자기들의 주조부품에 영혼을 실었다.

생산을 담당한 부서는 그나마 나은 편이었다. 더 고생한 부서는 아마 기술센터와 자재부가 아니었을까 생각된다. 남이 그린 설계도면을 들여다보기만 했지 스스로 설계해 본 일이라곤 한 번도 없던 사람들 몇이 모여 이탈리아어를 번갯불에 콩 구워 먹듯 공부하고는, 토리노에 가서 1년이 넘도록 자취를 하면서, 낮에는 도면 그리는 것을 어깨너머로 구경하며 베끼고, 밤에는 그것을 공부했다. 이들은 귀국하자마자 기술센터를 설립하고 어려운 임무를 시작했다. 그 위대한 업적의 주인공들이 바로 정주화 차장, 김 과장, 박 과장, 허 과장, 이 과장^('이대리 노트'로 알려진 이충구 전 현대자동차 사장)이다.

이들은 조립 현장에서 문제가 생길 때마다 해결사 역할을 맡아 했는데, 그때마다 현장으로 즉시 달려가 검토하고 판단하여, 필요시엔 공법과 설계도를 수정했을 뿐만 아니라 주행시험까지[1] 담당해야 했다. 나중에는 주행시험 담당 부서가 생겼으나, 포니 개발 당시엔 설계자들이 이것을 담당했는데, 생산라인에서 나온 초도물량을 판매에 앞서 극도로 가혹한 조건에서 수만km 달려, 발생 가능한 고장을 미리 찾아내는 작업이었다.

주행시험은 4교대로 운전자를 교체해가며 24시간 주야로 달리게 했다. 수만km의 주행이 빨리 완주 되어야 차체의 어디가 약한지, 어느 부품의 성능이 문제가 있는지를 알 수 있었기 때문이다. 그런 부분이 발견되면 생산부서와 협의하여 설계 일부를 고치게 된다. 그런데 이때, 포니의 출시 일정이 빡빡하게 짜인 채, 온갖 기계 설치와 시운전으로 밤잠조차 제대로 못 잔 생산부는 지칠 대로 지쳐 있었기 때문에, 추가 설계변경으로 인해 공정을 바꾸고 새로 준비해야 하는 점에 대해선 불만이 엄청날 수밖에 없었고 현장관리자들 사이에서 설계변경이 발생할 때마다 상스러운 욕이 터져 나올 정도로 공장 분위기가 험악해지곤 했다.

설계자들은 단지 도면을 그렸다는 이유 하나만으로, 자신들에게 쏟아지는 각종 비난과 불만을 오롯이 감내해야 했다. 국내 최초로 자체 제작된 승용차 설계도인 탓에 실제 생산에 이르기까지, 시행착오 과정에서 수정해야 할 부분들이 속출하는 것은, 어쩌면 너무도 당연한 수순이었으나, 이러한 과정이 수십 차례 반복됨에 따라, 그와 비례하여 폭발적으로 쏟아지는 야유와 멸시 또한 초인적인 인내심으로 버텨낼 수밖에 없는 것이 그들의 또 다른 임무였다.

부품 개발 부서는, 나중에 신입사원을 뽑아 늘리긴 했지만, 포니 개발 초

---

[1] 주행시험: 초도물량 판매에 앞서, 생산라인을 거쳐 양산차와 똑같이 만드는 시험용 차를 파일럿 카라고 하는데, 이 파일럿 카를 이용해서 출시할 차량의 성능을 미리 시험하는 것을 말함.

기, 몇 명 되지 않는 부원으로 시작하여 워낙 많은 부품을 동시에 개발해야 했기 때문에 1인당 맡은 부품이 수십 개를 넘었다. 그들은 각자 자신이 맡은 외주부품을 제작해줄 공장을 찾아 각지를 돌아다니고, 협의하고, 수주 계약 후, 진행 상황 체크 및 발생하는 문제 해결을 위해, 또다시 수시로 공장 시찰을 다니는 일을 했다. 부품 협력업체 공장들의 소재지는 부산, 대구, 경인 지역 등, 온 사방에 흩어져 있었다. 업무량이 많다 보니 새벽부터 한밤 중까지 운전해야 했고, 지친 몸으로 울산으로 돌아오다 교통사고도 잦아지 더니, 결국은 담당 부서장이 생명까지 잃는 참사가 발생했다. 필사의 노력 이라는 말이 있지만, 그들은 정말 목숨을 바치는 노력을 했다.

자재부의 역할은 부품 개발뿐만이 아니라 당시 국내에서 생산이 안 되던 특수 철판과 강재 도입, 그리고 국내 제작 기술이 없거나, 또는 국내수요가 적어 만들지 않는 부품의 해외수입 등이었고, 이에 더하여 수입하는 모든 기계 설비의 통관 업무도 맡아야 했다. 세관에서는 처음 보는 기자재 수입이 대부분이어서, 통관 때마다 한바탕 씨름이 벌어지곤 했다. 바쁜 일정에 쫓긴 공장에서는 빨리 기계를 가져오라고 아우성치고, 통관은 되지 않고, 매번 법규 조항을 꼬치꼬치 따지는 세관원들과 다투느라 심신은 지쳐갔다. 전체 금액으로 따졌을 때 현대자동차보다 더 많은 기자재를 수입하는 회사로 당시 한국중공업이 있었으나, 기자재의 종류의 숫자로 따져본다면 아마 포니 개발 당시 현대자동차가 한국중공업 보다 수십 배 더 많았으리라 생각한다. 공작기계만 해도 400여 대가 전부 다른 종류의 전용기계였으니 그럴 만도 했다.

한편, 총무부는 아무리 일을 잘해도 칭찬보다는 욕 얻어먹기가 더 쉬운 부서였다. 포니 프로젝트가 진행되는 동안 총무부 직원들이 해낸 일들을 보면, 인원의 추가 배정 없이도 어떻게 그 많은 일을 다 해냈는지 그저 신기할 뿐이었다. 1975년~1976년 중에 현대자동차를 찾은 외국인만 해도 족히 수백 명에 가까웠다. 그중에는 사장이 접대한 거물급 인사들도 많았고, 공장에 오래 머물면서 기계의 시운전과 기술 지도를 한 사람도 적지 않았다. 겨우 몇 명에 불과한 소수의 총무부 직원들이 이 모든 방문객의 체류 기간 동안 관리하고 보살핌을 해낸 것은 정말 장한 일이 아닐 수 없다. 게다가, 동 기간 중 3천 명이던 현대자동차의 현장 직원 수가 1만 명으로 급속히 불어났다. 늘어난 직원들을 채용하고 훈련 일정을 짜는 등, 신입사원 관리 와 그들의 숙소 마련 등 세세한 뒷바라지 또한 얼마나 힘들었을지 그 노고는 감히 상상키도 힘들 정도였다.

1975년 초, 아직 포니의 출시가 언제일지 확실치도 않은 어느 날, 볼 때마다 자꾸만 야위어가는 재정부의 오준문 이사를 보기 안타까워 "얼마나 어려우십니까?"라며 안색을 조심스레 살펴보았다. 야윌 대로 야위어 광대뼈가 튀어나온 채, 흐느적거리며 힘없는 얼굴로 멍하니 허공을 바라보며 탄식하듯 그가 말했다. "정말 말이 안 나옵니다…. 돈 들어오는 구멍은 바늘귀만 한 데 나가는 구멍은 송수관 봇물 터지듯 하니, 이 짓을 언제까지 견딜 수 있을는지 모르겠습니다. 회사가 자빠지기 전에 내가 먼저 자빠질 것 같습니다." 기어들어 가는 그의 목소리엔 깊은 근심과 절망이 가득했다.

일개 중역에 불과한 나로서는, 당시 밑 빠진 독에 물 붓듯 끝없이 들어가야 하는 자금을, 회사가 어떻게 뒷받침을 해내는지, 도무지 알 수 없는 노릇이었다. 기계 설비는 외국 차관으로 도입했다고 하지만, 수만 평의 땅에 모든 공장을 동시에 짓는 건설 비용이며, 갑자기 늘어난 사원들의 급여, 그 밖의 수많은 거액의 지출을 어떻게 조달하고 감당해냈는지, 그 끝없는 저력과 내공에 또 하나의 기적을 보는 듯했다.

1974년 가을 토리노에서 열린 모터쇼에 처음으로 포니를 출품한 이후 마침내 해외 세일즈 활동을 개시한 영업 부서원들의 스토리는, 그들 중 어느 누구를 붙잡고 들어봐도 파란만장하고 아슬아슬하여 마치 한편의 스펙터클한 영화 같았다. 아프리카와 중동에서 약속된 목적지로 가는 비행기가 제때 뜨지 못해 말도 안 통하는 사람들을 붙잡고 수소문하여 간신히 고물 비행기를 얻어 타고 다니다가 죽을 뻔한 이야기며, 호텔을 얻지 못해 남의 사무실에서 구걸하여 의자 몇 개 겨우 빌려 새우잠을 자며 버티면서 구매자를 찾아 헤맨 이야기들은, 당시 제품을 수출하는 다른 어떤 기업에서든 얼마든 일어날 수 있는 흔한 일이라 치더라도, '코리아'라는 이름을 한 번도 들어 보지도 못한 사람들에게 찾아가, 카탈로그를 들이밀며 '이게 우리가 만든 자동차입니다.'라는 말이 채 끝나기도 전에, 사기꾼 취급을 받으며 문전박대 당했던 영업부 사람들의 고충을 어찌 글로 다 표현할 수 있을까?

포니 프로젝트를 성공시키기 위해 이밖에도 여기서 미처 소개하지 못한 여타 많은 부서들이, 우리가 직접 겪어보지 않고서는 감히 상상조차 힘들 만치의 어려움에 직면하여, 몸이 부서져라 노력을 아끼지 않고 이를 헤쳐나갔다. 특히 프로젝트의 주체가 되어 각 부서를 통제하며 대 정부 관계 일을 보아야 했고, 기술제휴 대상인 외국 회사들과의 까다로운 이해관계를 딛고, 갖가지 힘든 협상을 벌여야 했던 기획실의 고충 또한 말이 필요 없을 정도였다.

곁에서 내가 직접 목격한 예를 들자면, 처음 그 일을 맡았던 기획실 신 이사의 젊고 팽팽했던 얼굴이 프로젝트가 끝날 무렵, 쭈글쭈글 주름투성이 노인 얼굴로 변했는데 이것으로 약간의 설명이 되었으면 하는 바람이다.

정세영 사장의 노고 또한, 회사 내의 그 누구보다도 적지 않았다. 큰 기업의 사장쯤 되면, 저녁에 일찍 퇴근하여 친구들과 술이나 한잔하며 여유 있는 생활을 즐길 것으로 아는 사람이 많을 것이다. 그러나 어느 기업가나 마찬가지겠지만, 회사에서 사장이라는 자리만큼 책임이 막중한 자리도 또 없다. 정 사장 역시, 모든 일의 무한 책임자로서 현대자동차에 몸과 마음을 다 바친 사람이었다. 정세영 사장을 외모로만 언뜻 봤을 때는 그렇게까지 강인한 체력의 소유자로 예상하긴 어렵다. 그러나 잠시도 쉴 새 없이 비즈니스 여행을 하고, 교섭 상대를 접대하고, 관공서에 들어가 일선 공무원에게까지 깍듯이 인사하는 등, 주어진 24시간 365일이 턱없이 모자랄 정도로 바쁜 일정을 소화해내는 그를 보면 혀를 내두를 정도였다. 체력이라면 웬만한 사람에게는 지지 않을 자신이 있던 나도 그를 수행하면서는 가끔 힘에 부쳐 헉헉대는 일이 있을 정도였다.

이렇게까지 쓰면, 이제 우리가 처음에 아무것도 없는 맨땅에서 시작하여 스스로 자동차를 개발하고 생산하게 되기까지 겪어야 했던 지독한 고난과 어려움을 독자들께 조금이라도 전달이 되었을까? 그리고 필자가 맡았던 엔진이나 기아 부문이 자동차 전체로 봤을 땐, 몇 개의 부품에 지나지 않는다는 것 또한 어렴풋이나마 짐작할 수 있었으리라 기대해본다. 자동차 산업을 일으키고 그것을 유지하고 발전시키는 거대한 사업에 한두 사람의 주역으로 될 리가 없다. 포니 프로젝트에 종사했던 모든 사람이 다 주역인 것이다. 현대자동차가 이제 미국으로 본격적인 자동차 수출을 하게 되었다는 사실은 여러모로 놀라운 일이다. 그토록 최단기간 내에 미국에 수출할 수 있는 차를 만들었다는 사실도 놀라운 일이고, 차를 만들며 거의 동시에 공장을 세웠다는 것도, 또

자동차를 만들어 본 경험이 전혀 없는 사람들을 뽑아 훈련과 작업을 동시에 진행하며 임무를 완수했다는 것도, 미국에 우리 손으로 만든 자동차를 안정적으로 수출하는 시장을 구축했다는 것도, 어느 것 하나 놀랍지 않은 일이 없지만, 그중에서도 가장 경이로운 것은 바로 '끝을 알 수 없는 한국인들의 무한한 잠재능력'이다.

그 한계가 어디까지인지 도무지 알 수 없는 우리의 숨은 능력, 끝없이 새로운 일에 도전하고, 불가능에서 가능으로, 무에서 유를 창조하는 우리의 무한한 능력만이 천연자원이 없는 우리나라가 가진 유일하고도 최고로 값진 자원이 아닐까? 외국인들이 우리를 별난 한국인들이라 불러도 좋다. 보통 인간이 아닌 별종으로 보아도 좋다. 강대국 사이에 갇혀있는 이 작은 땅에서 우리 스스로의 힘으로 꿋꿋하게 살아남기 위해, 그리고 세계 시장이라는 소리 없는 전쟁터에서 그들과 당당히 어깨를 겨루고 승리하기 위해, 우리가 가진 유일한 자원, 우리 한국인만이 가진 초인적 능력을 더욱 키우고 개발해야 할 것이다. 우리 조상들이 대대로 물려주신 한반도에서 우리 후손들의 무궁한 발전과 번영을 간절히 기원하며 이 글을 마친다.

제3부 세계로 뻗는 길   313

헌사

과거에서 미래로 울리는 메아리

강명한 님의 원저 '포니를 만든 별난 한국인들'이 절판된 지 25년 만에 새로운 제목과 현대적인 문체로 재탄생하여 출간됨을 진심으로 환영합니다.

저는[1] 30여 년간 현대자동차에서 생산기술을 개발하며 신입사원에서부터 임원이 될 때까지 엔지니어로서 근무하였습니다. 이 책은, 현대차 엔지니어와 디자이너들에게는 바이블과도 같은 존재였으며, 난관이 있을 때마다 저도 이 책을 통하여 용기를 얻었습니다. 제가 입사했던 1991년에는, 현대차의 포니에 이어 엑셀, 그랜저 모델 등이 미국으로 수출되고, 캐나다 브로몽 공장이 가동을 시작한 지 몇 년 되지 않은 시점이었습니다. 그런데 당시 현대차의 품질은 급속한 신장세를 따라가지 못해 안정화되지 않아, 미국 현지에서 현대차를 산 고객들의 불만이 줄을 이었고, 이런 불만을 즉각 해결해 줄 네트워크도 없어서 미국 언론에까지 악평이 나는 지경에 이르렀습니다. 결국, 캐나

---

[1] 최재호: 1991년 현대자동차 공작기계 사업부에 입사하여 요소생기 개발실장 및 스마트팩토리 개발실장을 역임하였다. IDC 디지털 트랜스포메이션어워드 대상 (2018), IR52 유연 생산시스템 장영실상 (2012), EuroCarBody Award 올해의 유럽자동차차체상 (2011) 등을 수상한 바 있다.

314

다 브로몽 공장은 적자 누적으로 폐쇄되었고 현대차의 해외 수출은 무모한 도전으로 결론이 나는 듯했습니다.

하지만, 2000년 현대차 정몽구 회장의 경영 시작으로 반전이 일어났습니다. 당시, 현대차를 판매하는 해외 딜러들로부터 불평과 조롱을 듣던 정몽구 회장은, 양재동 본사에 24시간 글로벌 클레임을 접수하는 품질감시단을 만들고 여기서 접수된 품질 문제는 반드시 해결해야 하는 과제로 엔지니어들에게 전달하기 시작했습니다. 단순히 품질 문제를 없애는 것이 아니라, 문제가 발생하는 원인부터 추적해서 부품이나 원재료부터 최종 고객 인도 전까지의 모든 과정을 재검사하여 원천적으로 품질 문제가 일어나지 않는 것을 목표로 개선을 시작하였습니다. 원가보다 품질이 우선이었고, 품질은 모든 의사결정의 기준이었습니다. 이러한 노력이 서서히 빛을 발하면서, 해외 품질조사기관의 품질 순위가 매년 상승하고, 해외 소비자들에게도 인정받기 시작했습니다.

2005년~2015년은 현대자동차의 해외 진출이 꽃을 피우던 시기이었습니다. 품질과 가격으로 무장한 현대자동차의 모델들은 현지 공장에서 생산되어 그 나라의 소비자에게 호평받았고, 2015년에는 현지 공장의 생산 대수가 한국 내 생산 대수보다 더 많은 수준까지 성장하였습니다. 이후 현대차는 2008년 두 번째의 도전을 시작합니다. 그동안 독일 차와 일본 차가 장악한 고급차 시장을 제네시스Genesis라는 브랜드로 문을 두드립니다. 이 시기에 현대차에는 외국인 디자이너와 기술자들이 영입되며 디자인과 기술 그리고 품질의 향상과 변화가 시작됩니다. 시행착오 끝에 제네시스는 독립 브랜드로 소비자들에게 각인되고, 이제는 국내외 시장에서 해외 유명 고급 차들과 당당히 경쟁하고 있습니다.

현대차의 세 번째 도전은 미래로 향한 도전입니다. 2000년 현대차 최초의 수소차인 싼타페 FCEV를 시작으로, 전기차, 자율주행차 등 새로운 개념의 자동차를 개발하여 시장에 출시하였고, 모빌리티, 인공지능 로봇, 도심항공-모빌리티 등 향후 10년 이내 다가올 미래를 준비하기 위하여 다양한 분야에의 투자와 연구를 하고 있습니다. 저는 수소 연료전지 스택과 전기차 배터리의 생산기술 개발에 참여하였고, 자율주행, 도심항공-모빌리티, 인공지능 로봇 등의 미래기술 개발에도 직간접으로 참여하였습니다. 10년 전쯤에 최고경영자가 참석한 회의 석상에서 수소자동차를 양산하는 안건이 토의되는 자리에 참석했습니다. 많은 임원과 경영진들이 수익성과 인프라를 걱정하며 시기상조라는 입장이었지만, 수소자동차는 수익성의 문제가 아니라 현대차 생존의 문제라고 설득하던 최고경영자의 모습이 눈에 선합니다.

세계가 탈탄소, 탄소중립을 외치며 내연기관의 퇴출을 요구하는 오늘날에는 일찍이 수소자동차 양산체제를 확립하여, 현대자동차의 이미지와 더불어 대한민국의 국위까지 선양하게 된 현재의 모습을 보니 감회가 새롭습니다. 인공지능 로봇과 도심항공-모빌리티 또한 수소자동차와 같은 미래의 먹거리로 성장하여 다시 한번 현대차와 대한민국의 위상을 높이게 될 날을 기대합니다. 선대 창업자인 정주영 전 회장의 "해 보기는 했는가"라는 질문은 현대차그룹의 정신이며, 이 책의 원저 '포니를 만든 별난 한국인들'은 그 질문에 대한 엔지니어 버전의 답이라고 생각합니다.

그리고 이 책을 통하여, 오늘날의 젊은 엔지니어들과 공학도들이, 열악한 환경 속에서도 열정과 도전을 불태웠던 선배 엔지니어들의 발자취를 느껴보며, 상상과 희망으로 미래를 준비해 나가는 시간을 가질 수 있기를 희망합니다.

나가며
플라스틱 모델 자동차

책의 편집을 마치고, 돌이켜 보니 이 책의 배경이 된 1970년대로부터 벌써 50년이나 지났다는 게 믿어지지 않을 정도로, 글 속의 사건들이 바로 엊그제 같은 느낌으로 생생하게 다가옵니다.

아버지께서 어느 날 1/8 스케일의 커다란 플라스틱 모델 조립 자동차 키트를 사 들고 집에 오셨던 게 기억이 납니다. 아버지가 저에게 선물을 주는 줄 알고 큰 상자를 막 뜯어보려는 찰나에 아버지는 "그건 내 거야. 네 것은 이거다."라며, 작은 상자를 내밀어 주셨습니다. 아버지는 커다란 자동차 모델을 조립하고 있었고, 저는 곁에서 작은 모델을 조립하며, 아버지의 커다란 자동차가 탐나 곁눈질로 흘끔거렸습니다. '람보르기니 미우라Lamborghini Miura'라고 하는 자동차 모델이었는데, 헤드램프가 움직여 올라오고, 서스펜션과 조향 장치가 실물 자동차처럼 움직이는 신기한 장난감이었습니다. 아버지는 커다

317

란 책상 위에 부품들을 펼쳐두고 며칠간 조심스레 조립했는데, 저를 노려보시며, 펼쳐둔 부품을 몰래 만지지 말라고 말씀하시곤 했습니다.

나중에 생각해보니 그때 아버지가 막 현대자동차에서 일을 시작하게 되어 자동차의 구조를 자세히 파악하기 위해 공부 삼아 플라스틱 장난감을 조립한 것이었다는 걸 알게 되었습니다.

아버지는 제게 굉장히 엄한 분이셨습니다. '이것은 이렇게 해야 된다, 저것은 저렇게 해야 된다.'라는 식으로, 늘 마치 세상의 모든 걸 다 알고 있다는 듯 말씀하셨고, 한번 정한 신념을 절대로 굽히지 않는 분이셨습니다. 저는 그런 아버지를 존경 반, 두려움 반으로 대하며 점점 아버지의 말씀을 비판 없이 따르는 사람이 되어갔던 거 같습니다.

그러던 어느 날 불현듯, 어떤 계기로 아버지가 원하는 아들의 모습에서 탈출하여, 스스로 제 본연의 모습을 찾아보고자 먼 길을 떠났고, 이제 다시 돌아온 저는 아버지가 남기신 글에서 당신을 이해하려 합니다. 기억 속 아버지는 하나의 사건을 마주함에 있어, 보는 사람에 따라 여러 가지 다양한 시각이 있음을, 그래서 해결 방법 또한 다양한 각도에서 찾은, 여러 가지 답도 나름대로 다 맞는다는 것을, 왜 인정하지 않았을까? 왜 한가지 시각의 한가지 답만이 최선이라고 단언을 하는 생을 살았을까? 한때 이런 비판의 시각을 가진 적이 있습니다.

저는 그것을 우리 아버지 세대의 가치관이라 결론 내리고 싶습니다. 그 시대에는 개인의 다양성이나 개성을 논할 만큼의 정신적, 물리적 여유가 없었고, 오로지 굶느냐 사느냐의 이분법적인 생존문제에 직면하여, 응집된 한 방향으로 모든 역량을 집중하여 궁핍을 떨쳐내고 새로운 창조와 건설에 이바지해야만 했던, 그 시대의 가치관이라 생각하고 싶습니다.

서울의 드높은 아파트 숲을 거닐다가, 작은 공원에서 본, 비눗방울을 불고 있던 꼬마가 생각납니다. 수없이 많은 공기 방울들이 바람에 실려 날아가고, 또 사라지는 모습을 보며 우리 인생도 각자 꿈을 실어 보내는 한낱 풍선과도 같은 존재가 아닐까 하는 생각을 해 보았습니다. 과거에 우리 선배들이 날렸던 풍선의 모습들은 어땠을까? 나의 풍선은 어디를 날고 있을까? 행복해 보이는 꼬마의 모습을 한참 지켜보는 저의 머리에 많은 상념이 교차했습니다.

이제 우리는 보다 다양한 개인의 선택과 행복을 추구하는 시대에 살고 있습니다. 더 이상 전체를 위해 개인을 희생해야 하는 시대가 아닙니다. 그러나 이러한 오늘이 있기까지는 우리 할아버지·아버지 세대의 희생과 각고의 노력이 있었음을 한 번쯤은 상기해볼 수 있는 그런 시간이, 그런 기회가 되길 바라는 작은 마음의 한 자락을 책의 귀퉁이에 살포시 얹어봅니다.

편저자 강태호

응답하라 포니원 포니를 만든 별난 한국인들
Reply Pony One

1판 1쇄 발행 2022년 3월 9일
1판 2쇄 발행 2024년 5월 8일

원저자 강명한
편저자 강태호

발행처 컬처앤미디어
발행인 강태호
주소 51176 경상남도 창원시 의창구 원이대로 259 상아빌딩 6층
등록 2021년 7월 28일 (제567-2021-000045호)
전화 055.265.2959
팩스 055.265.2958
전자우편 info@cultureandmedia.co.kr
홈페이지 www.cultureandmedia.co.kr

편집인 류을상 **기획·편집** 이강일 **교정·교열** 송다경 **디자인** 얼루션

ISBN 979-11-975521-0-6

ⓒ 컬처앤미디어

이 책은 저작권법에 의해 보호를 받는 저작물이므로 저자와 출판사의 허락 없이
내용의 일부를 인용하거나 발췌하는 것을 금합니다.
책값은 뒤표지에 있습니다.
잘못된 책은 구입하신 곳에서 바꾸어 드립니다.

"It is not in the stars to hold our destiny but in ourselves."

"우리의 운명을 결정짓는 것은 별들이 아니고, 바로 우리들 자신이다."

- 윌리엄 셰익스피어 -